边做边学——Premiere Pro CS4视频编辑案例教程

3.5-梦幻特效

4.1-飘落的枫叶

4.1.4-转动的风车

4.2-脱色特效

4.2.4-冬日雪景

4.3-锯像效果

4.3.4-变形画面

4.4-局部马赛克

4.5-夕阳斜照

5.2-淡彩铅笔画

5.3-抠像效果

5.4-单色保留

6.1-时尚追踪

6.2-科技在线

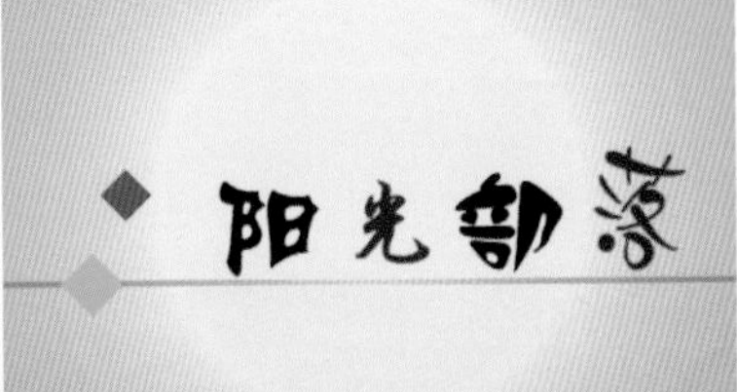

6.2.4-节目片头

6.3-滚动字幕

6.3.4-节目预告

6.4-影视播报

7.1-使用调音台调整音频

7.1.4-超重低音效果

7.2-录制声音

7.2.4-声音的变调与变速

7.3-音频的剪辑

7.4-音频的调节

中等职业教育数字艺术类规划教材

边做边学
Premiere Pro CS4
视频编辑案例教程

■魏　哲主　编
■赵裕军　副主编

人民邮电出版社
北　京

图书在版编目（CIP）数据

Premiere Pro CS4视频编辑案例教程 / 魏哲主编
. -- 北京 : 人民邮电出版社, 2013.5(2021.5重印)
(边做边学)
中等职业教育数字艺术类规划教材
ISBN 978-7-115-31404-8

Ⅰ. ①P… Ⅱ. ①魏… Ⅲ. ①视频编辑软件－中等专业学校－教材 Ⅳ. ①TN94

中国版本图书馆CIP数据核字(2013)第071907号

内 容 提 要

本书全面系统地介绍 Premiere 的基本操作方法及影视编辑技巧，内容包括初识 Premiere Pro CS4， Premiere Pro CS4 影视剪辑技术，视频切换效果，视频特效应用，调色、抠像、透明与叠加技术，字幕、字幕特技与运动设置，加入音频效果和文件输出。

本书内容的讲解均以课堂实训案例为主线，通过案例的操作，学生可以快速熟悉影视后期编辑思路。书中的软件相关功能解析部分使学生能够深入学习软件功能；课堂实战演练和课后综合演练，可以拓展学生的实际应用能力，提高学生的软件使用技巧。本书配套光盘中包含了书中所有案例的素材及效果文件，以利于教师授课，学生学习。

本书可作为中等职业学校数字艺术类专业 Premiere 及相关课程的教材，也可作为相关人员的参考用书。

◆ 主　　编　魏　哲
副 主 编　赵裕军
责任编辑　王　平

◆ 人民邮电出版社出版发行　　北京市丰台区成寿寺路 11 号
邮编　100164　　电子邮件　315@ptpress.com.cn
网址　http://www.ptpress.com.cn
三河市君旺印务有限公司印刷

◆ 开本：787×1092　1/16　　彩插：1
印张：14　　2013 年 5 月第 1 版
字数：339 千字　　2021 年 5 月河北第 18次印刷

ISBN 978-7-115-31404-8

定价：38.00 元（附光盘）

读者服务热线：(010)81055256　印装质量热线：(010)81055316
反盗版热线：(010)81055315
广告经营许可证：京东市监广登字 20170147 号

前言

Premiere是由Adobe公司开发的影视编辑软件，它的功能强大、易学易用，深受广大影视制作爱好者和影视后期编辑人员的喜爱，已经成为这一领域最流行的软件之一。目前，我国很多中等职业学校的数字艺术类专业都将Premiere作为一门重要的专业课程。为了帮助职业学校的教师全面、系统地讲授这门课程，使学生能够熟练地使用Premiere来进行影视编辑，我们几位长期在职业学校从事Premiere教学的教师和专业影视制作公司经验丰富的设计师合作，共同编写了本书。

根据现代职业学校的教学方向和教学特色，我们对本书的编写体系做了精心的设计。每章按照“课堂实训案例－软件相关功能－课堂实战演练－课后综合演练”这一思路进行编排，力求通过课堂实训案例演练，帮助学生快速熟悉设计制作思路和软件功能；通过软件相关功能解析，帮助学生深入学习软件功能和制作特色；通过课堂实战演练和课后综合演练，帮助学生拓展实际应用能力。在内容编写方面，力求细致全面、重点突出；在文字叙述方面，注意言简意赅、通俗易懂；在案例选取方面，强调案例的针对性和实用性。

本书配套光盘中包含了书中所有案例的素材及效果文件。另外，为方便教师教学，本书配备了详尽的课堂实战演练和课后综合演练的操作步骤文稿、PPT课件、教学大纲，附送商业实训案例文件等丰富的教学资源，任课教师可登录人民邮电出版社教学服务与资源网（www.ptpedu.com.cn）免费下载使用。本书的参考学时为36学时，各章的参考学时参见下面的学时分配表。

章　节	课 程 内 容	学 时 分 配
第1章	初识Premiere Pro CS4	3
第2章	Premiere Pro CS4影视剪辑技术	5
第3章	视频切换效果	6
第4章	视频特效应用	6
第5章	调色、抠像、透明与叠加技术	5
第6章	字幕、字幕特技与运动设置	5
第7章	加入音频效果	4
第8章	文件输出	2
课 时 总 计		36

本书由魏哲任主编，赵裕军任副主编。由于编者水平有限，书中难免存在缺漏和不妥之处，敬请广大读者批评指正。

编　者

2013年2月

目　录

第4章 视频特效应用

第 7 章 加入音频效果

第 8 章 文件输出

第1章 初识 Premiere Pro CS4

本章将对 Premiere Pro CS4 的基本知识和基本操作进行详细讲解。通过本章的学习，读者可以快速了解并掌握 Premiere Pro CS4 的入门知识，为后续章节的学习打下坚实的基础。

课堂学习目标

- Premiere Pro CS4 概述
- Premiere Pro CS4 基本操作

1.1 Premiere Pro CS4 概述

1.1.1 【操作目的】

通过打开文件，熟悉新建文件操作。通过为素材添加切换转场特效，了解面板的使用方法。

1.1.2 【操作步骤】

步骤 1 启动 Premiere Pro CS4，弹出“欢迎使用 Adobe Premiere Pro”欢迎界面，单击“打开项目”按钮，如图 1-1 所示。弹出“打开项目”对话框，选择光盘中的“Ch01\水果\水果.prproj”文件，如图 1-2 所示。

图 1-1

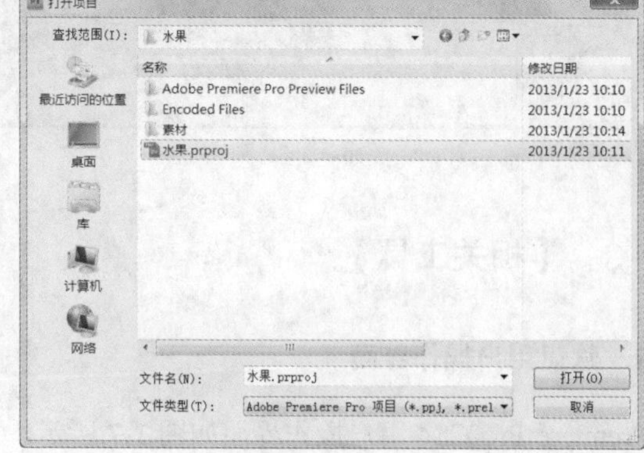

图 1-2

步骤 2 单击“打开”按钮打开文件，如图 1-3 所示。选择左下角的“效果”面板，展开“视频切换效果”分类选项，单击“擦除”文件夹前面的三角形按钮▶将其展开，选中“风车”特效，如图 1-4 所示。

步骤 3 将“风车”特效拖曳到“时间线”面板中的“01”文件的结尾处和“02”文件的开始处，如图 1-5 所示。在“节目”窗口中单击“播放开关”按钮▶预览效果，如图 1-6 所示。

图 1-3

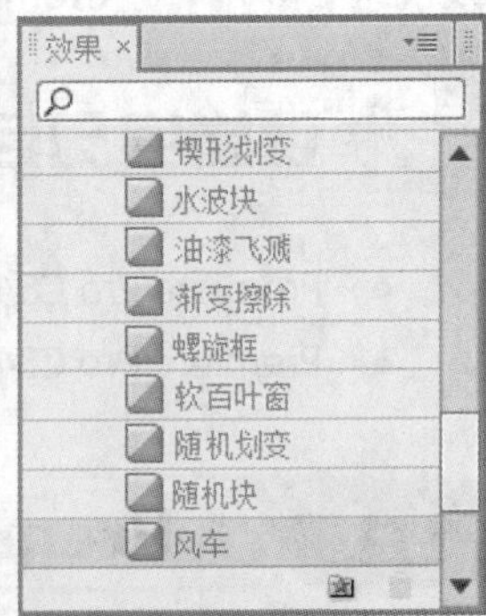

图 1-4

图 1-5

图 1-6

1.1.3 【相关工具】

1. 认识用户操作界面

Premiere Pro CS4 用户操作界面如图 1-7 所示，从图中可以看出，该界面由标题栏、菜单栏、“项目”面板、“来源监视器”/“特效控制”/“调音台”面板组、“节目监视器”面板、“历史”/“信息”/“效果”面板组、“时间线”面板、“音频控制”面板、“工具”面板等组成。

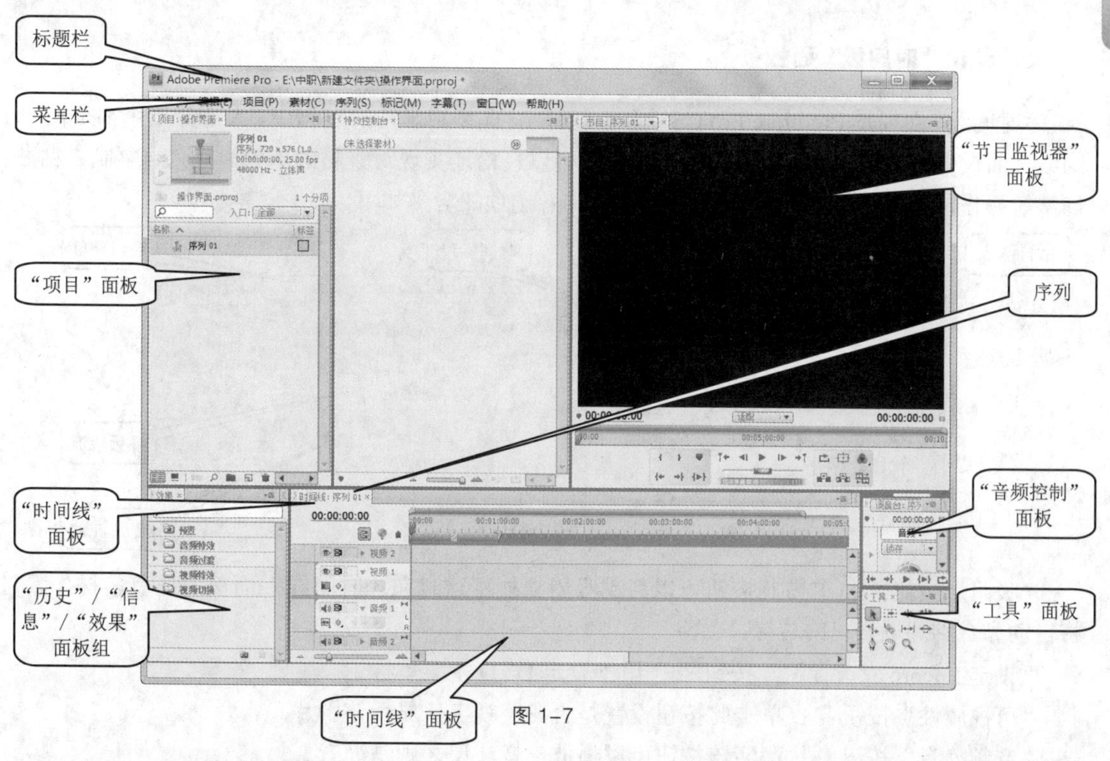

图 1–7

2. 熟悉"项目"面板

"项目"面板主要用于输入、组织和存放供"时间线"面板编辑合成的原始素材，如图 1-8 所示。该面板主要由素材预览区、素材目录栏和面板工具栏 3 部分组成。

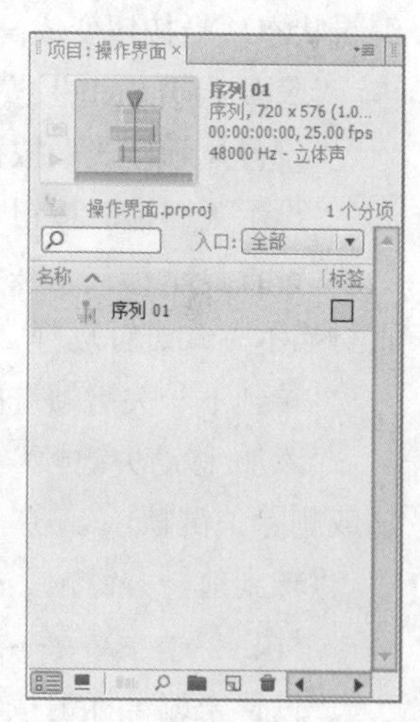

图 1–8

在素材预览区用户可预览选中的原始素材，同时还可查看素材的基本属性，如素材的名称、媒体格式、视音频信息、数据量等。

在"项目"面板下方的工具栏中共有 7 个功能按钮，从左至右分别为"列表显示"按钮、"图标显示"按钮、"自动排序"按钮、"查找"按钮、"新建文件夹"按钮、"新建分项"按钮和"清除"按钮，各按钮的含义如下。

"列表显示"按钮：单击此按钮可以将素材窗口中的素材以列表形式显示。

"图标显示"按钮：单击此按钮可以将素材窗口中的素材以图标形式显示。

"自动排序"按钮：单击此按钮可以将素材自动调整到时间线。

"查找"按钮：单击此按钮可以按提示快速查找素材。

"新建文件夹"按钮：单击此按钮可以新建文件夹，以便管理素材。

"新建分项"按钮：分类文件中包含多项不同素材的名称文件，单击此按钮可以为素材添加分类，以便更有序地进行管理。

"清除"按钮：选中不需要的文件，单击此按钮即可将其删除。

3. 认识"时间线"面板

"时间线"面板是 Premiere Pro CS3 的核心部分，在编辑影片的过程中，大部分工作都是在"时间线"面板中完成的。通过"时间线"面板，可以轻松地实现对素材的剪辑、插入、复制、粘贴、修整等操作，如图 1-9 所示。"时间线"面板中各选项的含义如下。

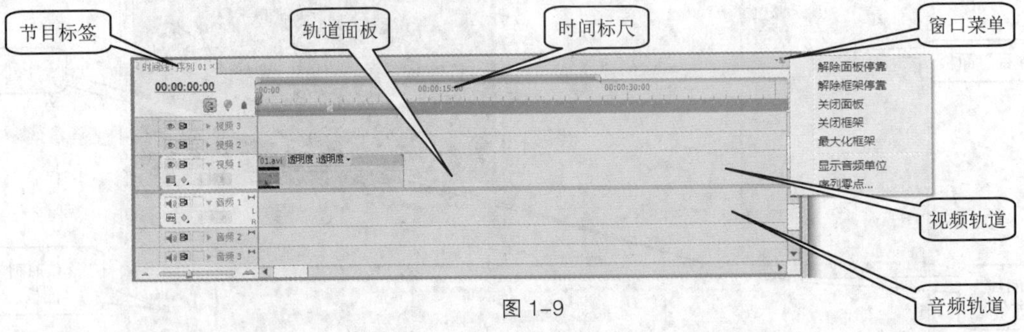

图 1-9

"吸附"按钮：单击此按钮可以启动吸附功能，这时在"时间线"面板中拖曳素材，素材将自动黏合到邻近素材的边缘。

"设定 Encore 章节标记"按钮：用于设定 DVD 主菜单标记。

"可视属性"按钮：单击此按钮设置是否在监视窗口显示该影片。

"音频静音"按钮：激活该按钮可以播放声音，反之则是静音。

"切换同步锁定"按钮：单击该按钮，当按钮变成形状时，当前轨道被锁定，处于不能编辑状态；当按钮变成形状时，可以编辑操作该轨道。

"隐藏/展开轨道"按钮：隐藏/展开视频轨道工具栏或音频轨道工具栏。

"设置显示样式"按钮：单击此按钮将弹出下拉菜单，在其中可选择显示的命令。

"显示关键帧"按钮：单击此按钮可选择显示当前关键帧的方式。

"设置显示样式"按钮：单击此按钮将弹出下拉菜单，在菜单中可以根据需要对音频轨道素材显示方式进行选择。

"转到下一关键帧"按钮：设置时间指针定位在被选素材轨道上的下一个关键帧上。

"添加/移动关键帧"按钮：在时间指针所处的位置上，在轨道中被选素材的当前位置上添加或删除关键帧。

"转到前一关键帧"按钮：设置时间指针定位在被选素材轨道上的上一个关键帧上。

滑块：放大、缩小音频轨道中关键帧的显示程度。

"设置未编号标记按钮"按钮：单击此按钮，在当前帧的位置上设置标记。

时间码 00:00:00:00：在这里显示播放影片的进度。

节目标签：单击相应的标签可以在不同的节目间相互切换。

轨道面板：对轨道的退缩、锁定等参数进行设置。

时间标尺：对剪辑的组进行时间定位。

窗口菜单：对时间单位及剪辑参数进行设置。

视频轨道：为影片进行视频剪辑的轨道。

音频轨道：为影片进行音频剪辑的轨道。

4. 认识“监视器”窗口

“监视器”窗口分为“素材源”窗口和“节目”窗口，分别如图 1-10 和图 1-11 所示，所有编辑或未编辑的影片片段都在此显示效果。“监视器”窗口中各选项的含义如下。

图 1–10

图 1–11

“设置入点”按钮：设置当前影片位置的起始点。

“设置出点”按钮：设置当前影片位置的结束点。

“设置未编号标记”按钮：设置影片片段未编号标记。

“跳转到前一编辑点”按钮：调整时差滑块移动到当前位置的前一个标记处。

“步进”按钮：此按钮是对素材进行逐帧播放的控制按钮。每单击一次该按钮，播放就前进 1 帧，按住<Shift>键的同时单击此按钮，每次前进 5 帧。

“播放/停止切换”按钮/：控制监视器窗口中素材的时候，单击此按钮，会从监视窗口中时间标记的当前位置开始进行播放，在“节目”监视器窗口中，在播放时按<J>键可以进行倒播。

“步退”按钮：此按钮是对素材进行逐帧倒播的控制按钮，每单击一次该按钮，播放就会后退一帧，按住<Shift>键的同时单击此按钮，每次后退 5 帧。

“跳转到下一编辑点”按钮：调整时差滑块移动到当前位置的下一个标记处。

“循环”按钮：控制循环播放的按钮。单击此按钮，监视窗口就会不断循环播放素材，直至按下停止按钮。

“安全框”按钮：单击该按钮为影片设置安全边界线，以防影片画面太大播放不完整，再次单击可隐藏安全线。

“输出”按钮：单击此按钮可在弹出的菜单中对导出的形式和导出的质量进行设置。

“跳转到入点”按钮：单击此按钮，可将时间标记移到起始点位置。

“跳转到出点”按钮：单击此按钮，可将时间标记移到结束点位置。

“播放入点到出点”按钮：单击此按钮播放素材时，只在定义的入点到出点之间播放素材。

“飞梭”：在播放影片时，拖曳中间的滑块，可以改变影片的播放速度。向左拖曳将倒放影片，向右拖曳将正播影片。按钮离中心点越近，播放速度越慢，反之则越快。

“微调”：将鼠标指针移动到它的上面，单击并按住鼠标左右拖曳，可以仔细地搜索影片中的某个片段。

“提升”按钮：用于将轨道上入点与出点之间的内容删除，删除之后仍然留有空间。

“提取”按钮：用于将轨道上入点与出点之间的内容删除，删除之后不留空间，后面的素材会自动连接前面的素材。

“修整监视器”按钮：单击此按钮，弹出修整面板，可修整每一帧的影视画面效果。

“插入”按钮：单击此按钮，当插入一段影片时，重叠的片段将后移。

“覆盖”按钮：单击此按钮，当插入一段影片时，重叠的片段将被覆盖。

“跳转到前一标记”按钮：表示到同一轨道上当前编辑点的前一个编辑点。

“跳转到下一标记”按钮：表示到同一轨道上当前编辑点的后一个编辑点。

5. 其他功能面板概述

除了以上介绍的面板，在 Premiere Pro CS4 中还提供了其他一些方便编辑操作的功能面板。下面将逐一进行介绍。

◎ **“效果”面板**

“效果”面板存放着 Premiere Pro CS4 自带的各种音频特效、视频特效、预设的特效等。“效果”面板按照功能分为 5 大类，包括预置、音频特效、音频过渡、视频特效和视频切换。每一大类又按照效果细分为很多小类，如图 1-12 所示。如果用户安装了第三方特效插件，也将出现在该面板的相应类别文件中。

默认设置下，“效果”面板与“历史”面板、“信息”面板合并为一个面板组，用鼠标单击“效果”标签，即可切换到“效果”面板。

◎ **“特效控制”面板**

同“效果”面板一样，在 Premiere Pro CS4 的默认设置下，“效果控制”面板与“素材源”窗口、“调音台”面板合为一个面板组。“效果控制”面板主要用于控制对象的运动、透明度、切换、特效等设置，如图 1-13 所示。当为某一段素材添加了音频、视频或切换特效后，就需要在该面板中进行相应的参数设置和添加关键帧，画面的运动特效也是在这里进行设置，该面板会根据素材和特效的不同显示不同的内容。

◎ **“调音台”面板**

该面板可以更加有效地调节项目的音频，可以实时混合各轨道的音频对象，如图 1-14 所示。

图 1-12

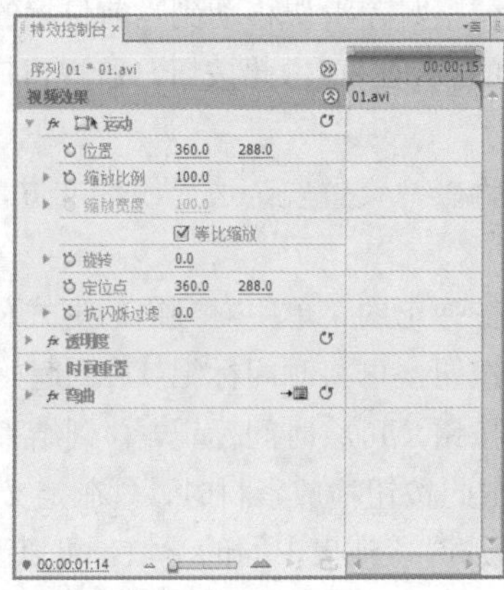

图 1-13

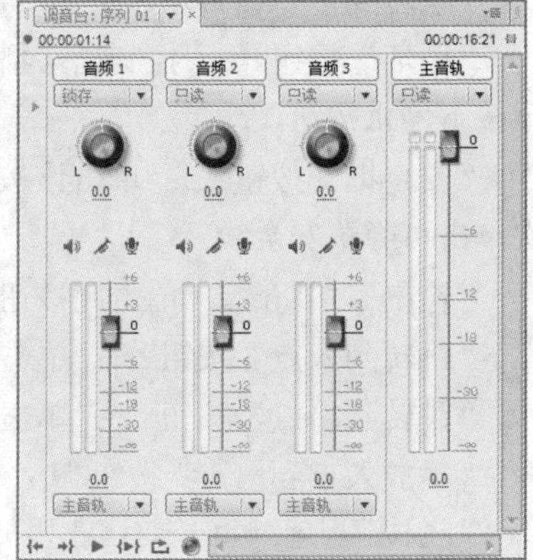

图 1-14

◎ **“历史”面板**

“历史”面板可以记录用户从建立项目开始以来进行的所有操作，如果在执行了错误操作后，

单击该面板中相应的命令，即可撤销错误操作，并重新返回到错误操作之前的某一个状态，如图 1-15 所示。

◎ **“信息”面板**

在 Premiere Pro CS4 中，“信息”面板作为一个独立面板显示，其主要功能是集中显示所选定素材对象的各项信息。不同的对象，“信息”面板的内容也不尽相同，如图 1-16 所示。

默认设置下，“信息”面板是空白的，如果在“时间线”面板中放入一个素材并选中它，“信息”面板将显示选中素材的信息，如果有过渡，则显示过渡的信息；如果选定的是一段视频素材，“信息”面板将显示该素材的类型、持续时间、帧速率、入点、出点及光标的位置；如果选定的是静止图片，“信息”面板将显示素材的类型、持续时间、帧速率、开始点、结束点及鼠标指针的位置。

◎ **“工具”面板**

“工具”面板如图 1-17 所示，主要用来对时间线中的音频、视频等内容进行编辑。

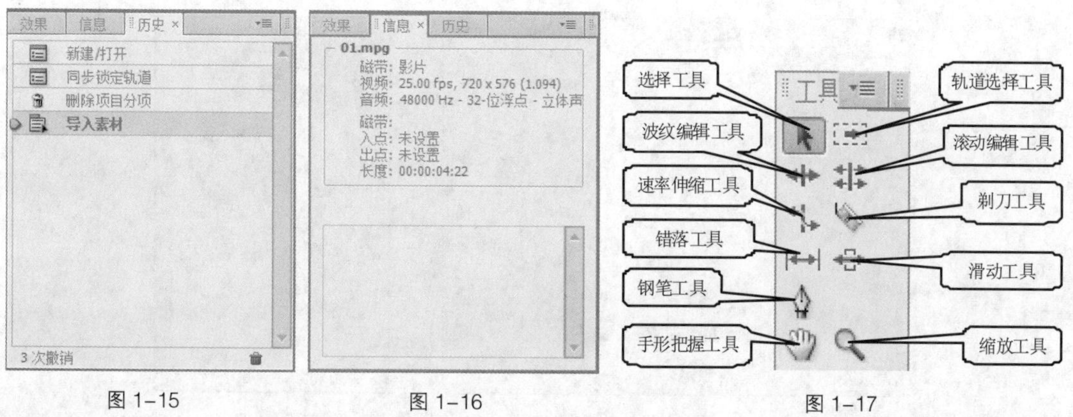

图 1-15　　图 1-16　　图 1-17

1.2 Premiere Pro CS4 基本操作

1.2.1 【操作目的】

通过导入文件命令，熟练掌握导入命令。通过将素材添加到时间线中，了解面板的使用方法。通过切割素材，熟练掌握工具的操作方法。通过关闭新建文件，熟练掌握保存和关闭命令。

1.2.2 【操作步骤】

步骤 1 启动 Premiere Pro CS4，弹出“欢迎使用 Adobe Premiere Pro”欢迎界面，单击“新建项目”按钮，如图 1-18 所示，弹出“新建项目”对话框。单击“确定”按钮，弹出“新建序列”对话框，在左侧的列表中展开“DV-PAL”选项，选中“标准 48kHz”模式，设置“位置”选项，选择保存文件路径，在“名称”文本框中输入文件名“鱼”，如图 1-19 所示，单击“确定”按钮。

步骤 2 选择“文件 > 导入”命令，弹出“导入”对话框，选择光盘中的“Ch01\鱼\素材\ 01”文件，如图 1-20 所示，单击“打开”按钮，导入素材。导入后的文件将排列在“项目”面板中，效果如图 1-21 所示。

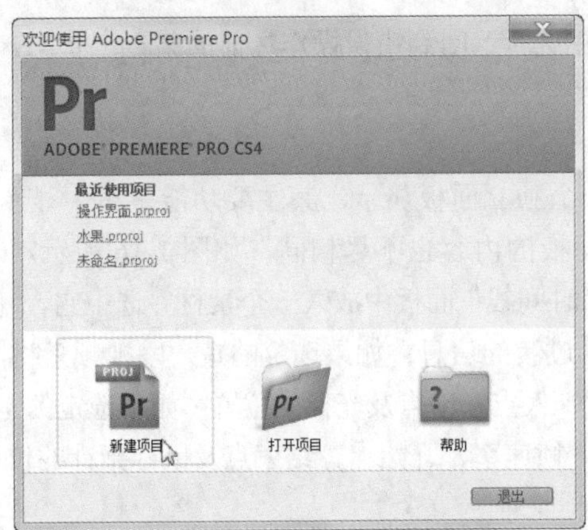

图 1-18

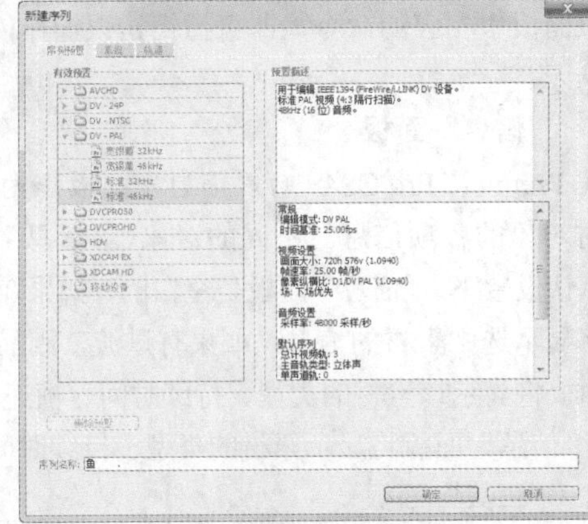

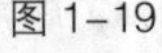

图 1-19

图 1-20

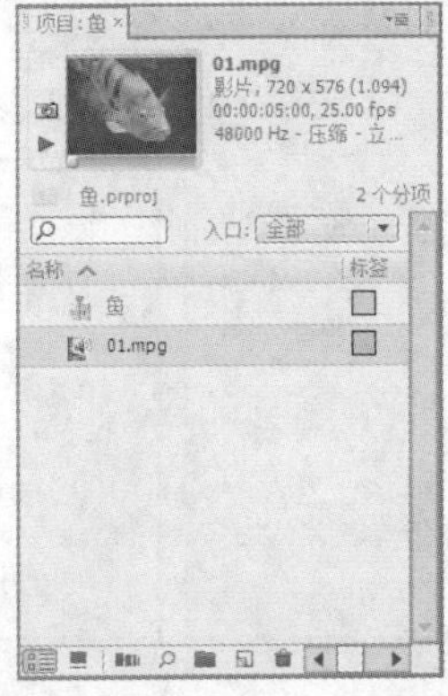

图 1-21

步骤 3 在“项目”面板中选中“01”文件，将其拖曳到“时间线”面板中的“视频 1”轨道中，如图 1-22 所示。在“节目”窗口中预览效果，如图 1-23 所示。

图 1-22

图 1-23

步骤 4 将时间指示器放置在 03:11s 的位置上，如图 1-24 所示。选择“剃刀工具”，在指定的位置上单击，将素材切割为两个素材，如图 1-25 所示。

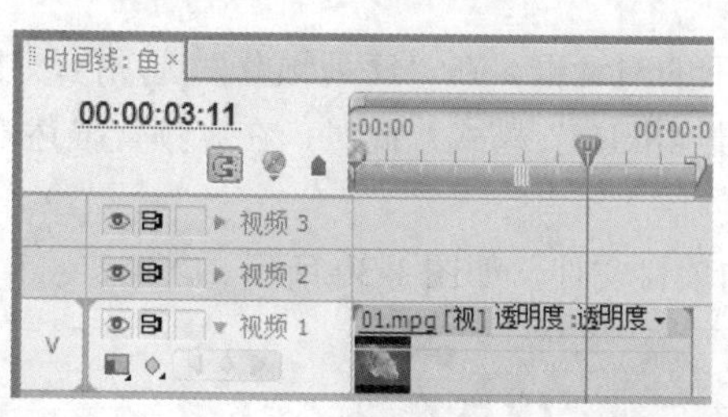

图 1-24

图 1-25

步骤 5 选择“选择”工具，选择第 1 段视频素材，按<Delete>键将其删除。选择第 2 段视频素材向前移动，效果如图 1-26 所示。将时间指示器放置在 0s 的位置上，“节目”窗口中的效果如图 1-27 所示。

步骤 6 选择“文件 > 保存”命令，将文件保存。选择“文件 > 关闭项目”命令，将文件关闭，弹出“欢迎使用 Adobe Premiere Pro”欢迎界面，单击 退出 按钮退出程序。

图 1-26

图 1-27

1.2.3 【相关工具】

1. 项目文件操作

在启动 Premiere Pro CS4 开始进行影视制作时，必须首先创建新的项目文件或打开已存在的项目文件，这是 Premiere Pro CS4 最基本的操作之一。

◎ **新建项目文件**

新建项目文件分为两种，一种是启动 Premiere Pro CS4 时直接新建一个项目文件，另一种是在 Premiere Pro CS4 已经启动的情况下新建项目文件。

◎ **在启动 Premiere Pro CS4 时新建项目文件**

在启动 Premiere Pro CS4 时新建项目文件的具体操作步骤如下。

步骤 1 选择“开始 > 所有程序 > Adobe Premiere Pro CS4”命令，或双击桌面上的 Adobe Premiere Pro CS4 快捷图标，弹出启动窗口，单击“新建项目”按钮，如图 1-28 所示。

步骤 2 弹出“新建项目”对话框，如图 1-29 所示。在“常规”选项卡中设置活动与字幕安全区域及视频、音频、采集项目名称，单击“位置”选项右侧的“浏览”按钮，在弹出的对话框中选择项目文件保存路径。在“名称”选项的文本框中设置项目名称。

步骤 3 单击“确定”按钮，弹出如图 1-30 所示的对话框。在“序列预置”选项区域中选择项目文件格式，如“DV-PAL”制式下的“标准 48kHz”模式，此时，在“预置描述”选项区域中将列出相应的项目信息。

步骤 4 单击“确定”按钮，即可创建一个新的项目文件，如图 1-30 所示。

图 1–28

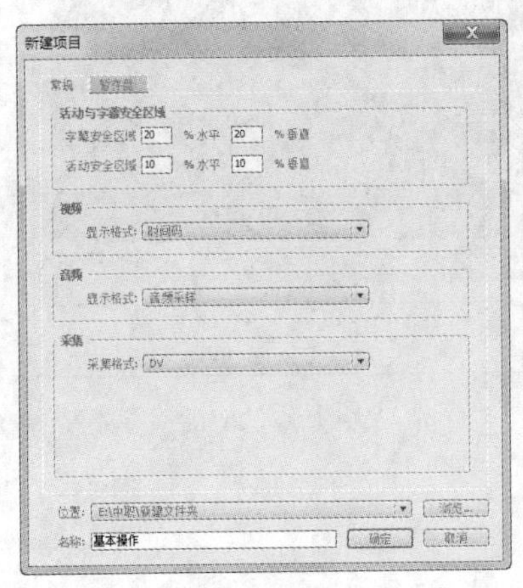

图 1–29

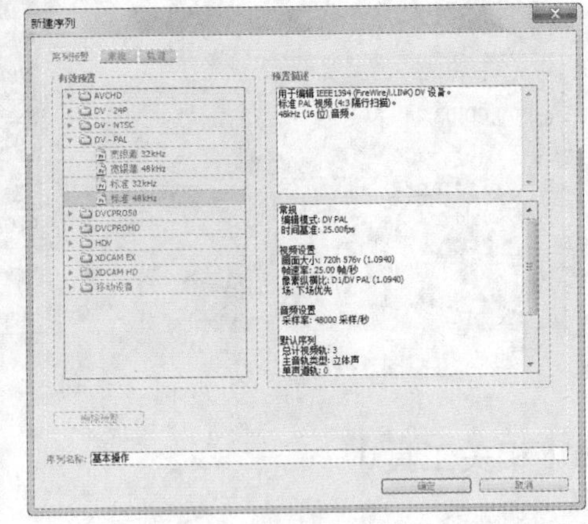

图 1–30

◎ **利用菜单命令新建项目文件**

如果 Premiere Pro CS4 已经启动，此时可利用菜单命令新建项目文件，具体操作步骤如下。

选择“文件 >新建 > 项目”命令或按<Ctrl>+<Alt>+<N>组合键，在弹出的“新建项目”对话框中按照上述方法选择合适的设置，单击“确定”按钮即可，如图 1-31 所示。

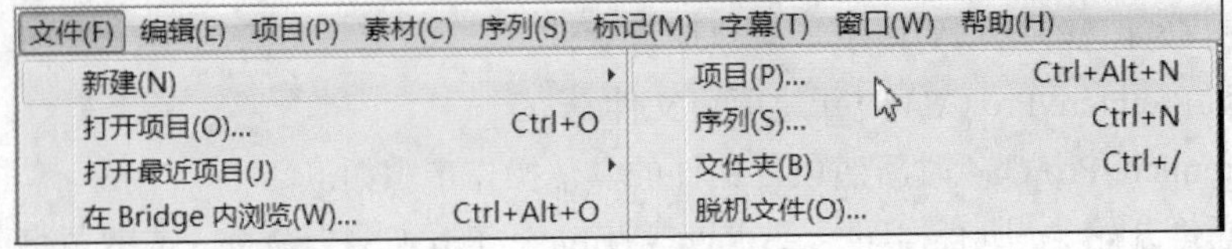

图 1–31

提 示 如果正在编辑某个项目文件，此时要采用这一方法新建项目文件，则系统会将当前正在编辑的项目文件关闭，因此，在采用此方法新建项目文件之前一定要保存当前的项目文件，防止数据丢失。

◎ **打开已有的项目文件**

要打开一个已存在的项目文件进行编辑或修改，可以使用如下 4 种方法。

（1）通过启动窗口打开项目文件。启动 Premiere Pro CS4，在弹出的启动窗口中单击“打开项目”按钮，如图 1-32 所示，在弹出的对话框中选择需要打开的项目文件，如图 1-33 所示，单击“打开”按钮，即可打开已选择的项目文件。

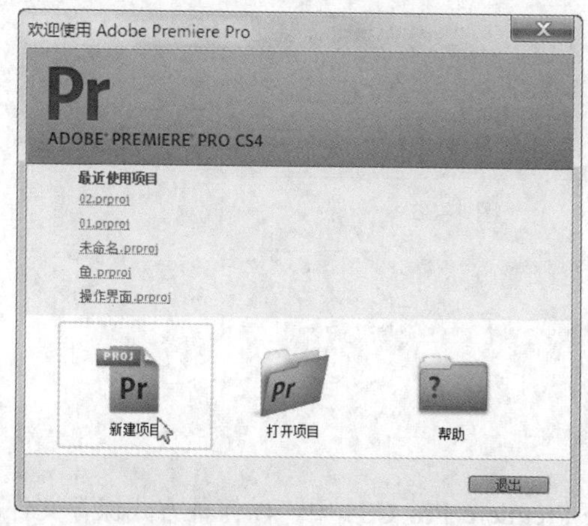

图 1-32

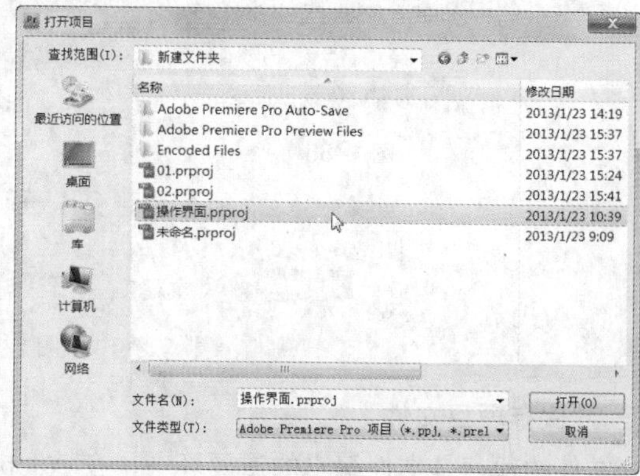

图 1-33

（2）通过启动窗口打开最近编辑过的项目文件。启动 Premiere Pro CS4，在弹出的启动窗口的“最近使用项目”选项中单击需要打开的项目文件，打开最近保存过的项目文件，如图 1-34 所示。

图 1-34

（3）利用菜单命令打开项目文件。在 Premiere Pro CS4 程序窗口中，选择“文件 > 打开项目”命令或按<Ctrl>+<O>组合键，在弹出的对话框中选择需要打开的项目文件，如图 1-35 和图 1-36 所示，单击“打开”按钮，即可打开所选的项目文件。

（4）利用菜单命令打开近期的项目文件。Premiere Pro CS4 会将近期打开过的文件保存在“文件”菜单中，选择“文件 > 打开最近项目”命令，在其子菜单中选择需要打开的项目文件，如图 1-37 所示，即可打开所选的项目文件。

图 1–35

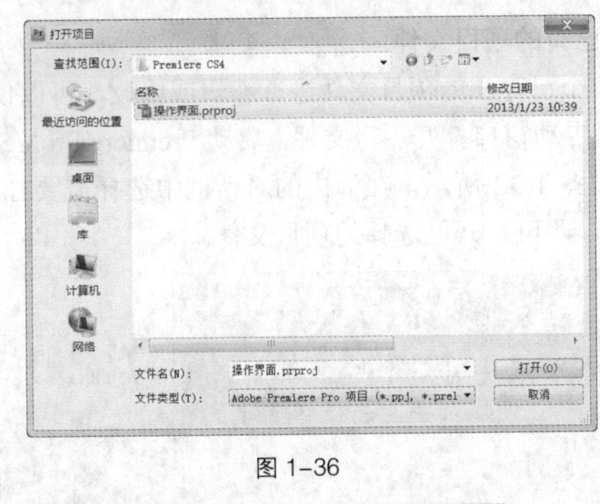

图 1–36

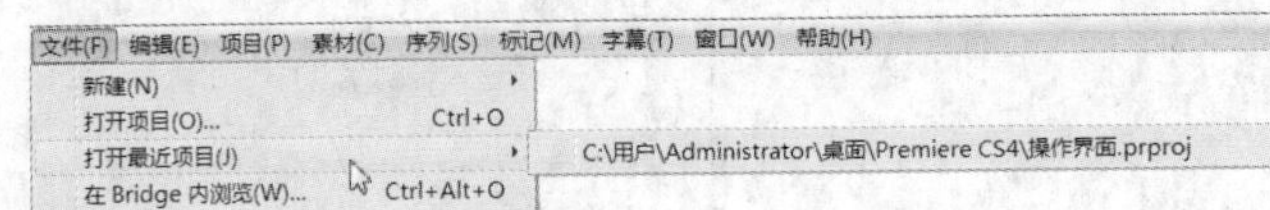

图 1–37

◎ **保存项目文件**

文件的保存是文件编辑的重要环节，在 Adobe Premiere Pro CS4 中，以何种方式保存文件对图像文件以后的使用有直接的关系。

刚启动 Premiere Pro CS4 软件时，系统会提示用户先保存一个设置了参数的项目，因此，对于编辑过的项目，直接选择“文件 > 保存”命令或按<Ctrl>+<S>组合键，即可直接保存，另外，系统还会隔一段时间自动保存一次项目。

除此方法外，Premiere Pro CS4 还提供了“另存为”和“保存副本”命令。

保存项目文件副本的具体操作步骤如下。

步骤 1 选择“文件 > 另存为”命令（或按<Ctrl>+ <Shift >+<S>组合键），或者选择“文件 > 保存副本”命令（或按<Ctrl>+ <Alt>+<S>组合键），弹出“保存项目”对话框。

步骤 2 在“保存在”下拉列表中选择保存路径。

步骤 3 在“文件名”文本框中输入文件名。

步骤 4 单击“保存”按钮即可保存项目文件。

◎ **关闭项目文件**

如果要关闭当前项目文件，选择“文件 > 关闭项目”命令即可。其中，如果对当前文件做了修改却尚未保存，系统将会弹出如图 1-38 所示的提示对话框，询问是否要保存该项目文件所做的修改。单击“是”按钮，保存项目文件；单击“否”按钮，则不保存文件并直接退出项目文件。

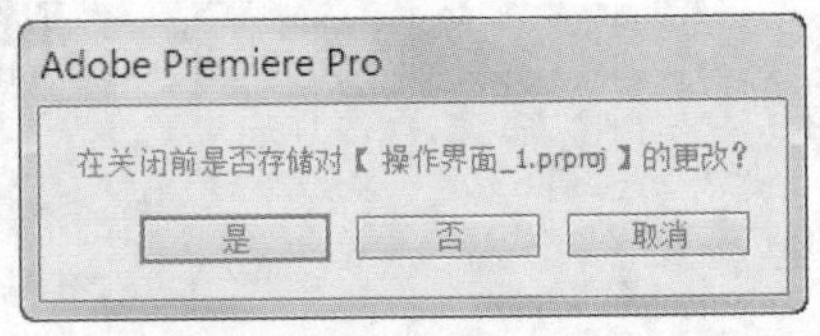

图 1–38

2. 撤销与恢复操作

通常情况下，要制作一个完整的项目需要经过反复地调整、修改与比较才能完成，因此，Premiere Pro CS4 为用户提供了“撤销”与“恢复”命令。

在编辑视频或音频时，如果用户的上一步操作是错误的，或对操作得到的效果不满意，选择“编辑 > 撤销”命令即可撤销该操作，如果连续选择此命令，则可连续撤销前面的多步操作。

如果取消撤销操作，可选择“编辑 > 重做”命令。例如，删除一个素材，通过“撤销”命

令来撤销操作后，如果还想将这些素材片段删除，则只要选择“编辑 > 重做”（重做）命令即可。

3. 建立工作项目操作

Premiere Pro CS4 在开始工作前，需要对工作项目进行设置，以确定编辑影片时所使用的各项指标。在默认情况下，Premiere Pro CS4 弹出预置项目供剪辑人员使用。

步骤 1 启用 Premiere Pro CS4，弹出 Premiere Pro CS4 欢迎界面，在“最近使用项目”列表中显示最近打开的项目，可以打开需要的项目并进行编辑。如果项目不在列表中，可以单击“打开项目”按钮，在弹出的对话框中找到项目并将其打开。

步骤 2 单击“新建项目”按钮，可以在弹出的“新建项目”对话框中新建项目，如图 1-39 所示。

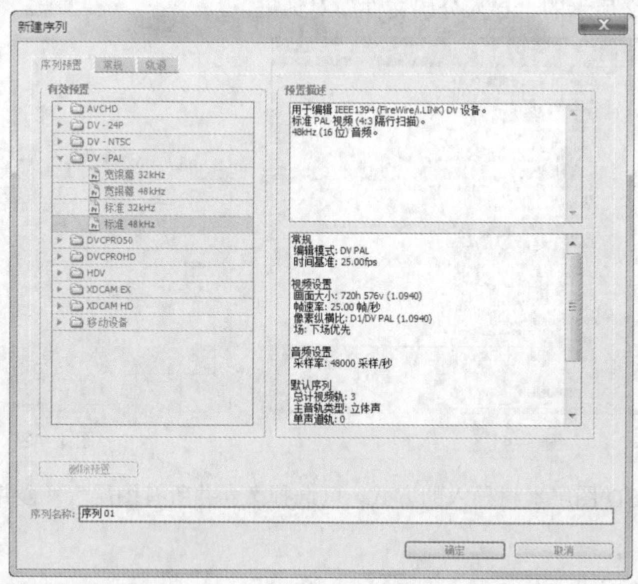

图 1-39

4. 自定义设置

Premiere Pro CS4 预置为影片剪辑人员提供了常用的 DV-NTSC 和 DV-PAL 设置。如果需要自定义项目设置，则可在对话框中切换到“自定义设置”选项卡，进行参数设置；如果运行 Premiere Pro CS4 过程中需要改变项目设置，则需选择“项目 > 项目设置”命令。

在“常规”选项卡中，可以对影片的编辑模式、时间基数、视频、音频等基本指标进行设置，如图 1-40 所示。

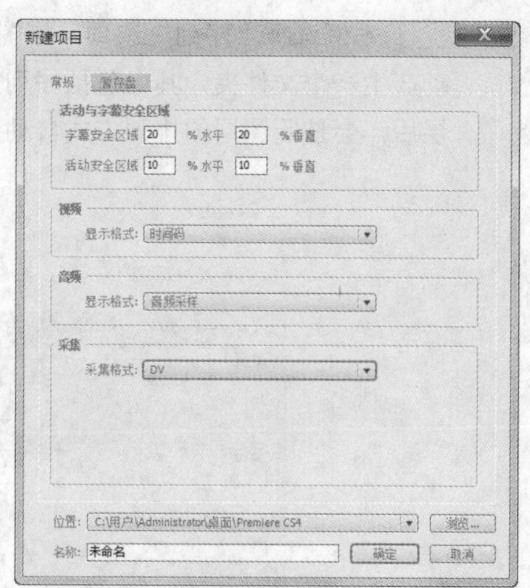

图 1-40

字幕安全区域：可以设置字幕安全框的显示范围，以“帧大小”设置数值的百分比计算。

活动安全区域：在此设置动作影像的安全框显示范围，以“帧大小”设置数值的百分比计算。

视频显示格式：显示视频素材的格式信息。

音频显示格式：显示音频素材的格式信息。

采集格式：用来设置设备参数及采集方式。

5. 导入素材

Premiere Pro CS4 支持大部分主流的视频、音频以及图像文件格式，导入素材的一般方式为选择“文件 > 导入”命令，在“导入”对话框中选择所需要的文件格式和文件即可，如图 1-41 所示。

◎ 导入图层文件

步骤 1 以素材的方式导入图层的方法。选择“文件 > 导入”命令，在“导入”对话框中选择 Photoshop、Illustrator 等含有图层的文件格式，选择需要导入的文件后单击“打开”按钮，会弹出如图 1-42 所示的“导入分层文件”对话框。

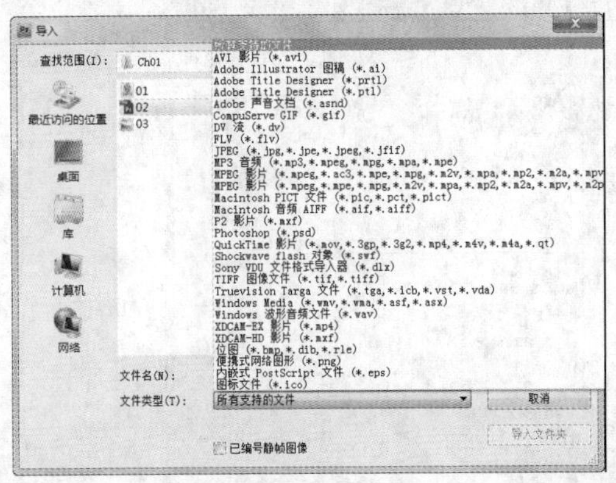

图 1-41

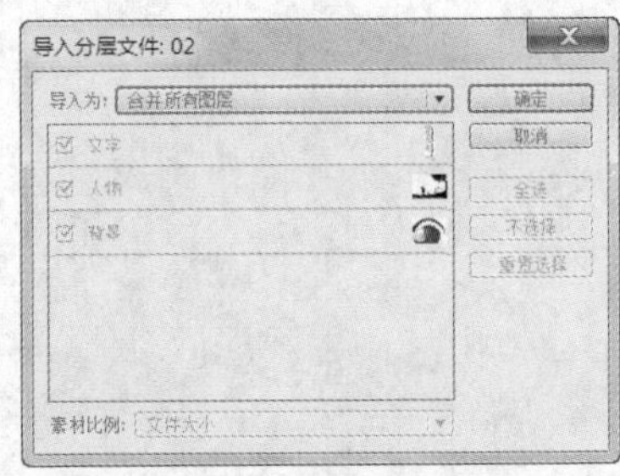

图 1-42

导入为：设置 PSD 图层素材导入的方式，可选择“合并所有图层”、“合并图层”、“单个图层”或“序列”。

提 示 以素材的方式导入图层文件的时候，可以选择导入某个图层或者合并图层。

步骤 2 本例选择“序列”选项，如图 1-43 所示，单击“确定”按钮，在“项目”窗口中会自动产生一个文件夹，其中包括序列文件和图层素材，如图 1-44 所示。以序列的方式导入图层后，会按照图层的排列方式自动产生一个序列，可以打开该序列设置动画，进行编辑。

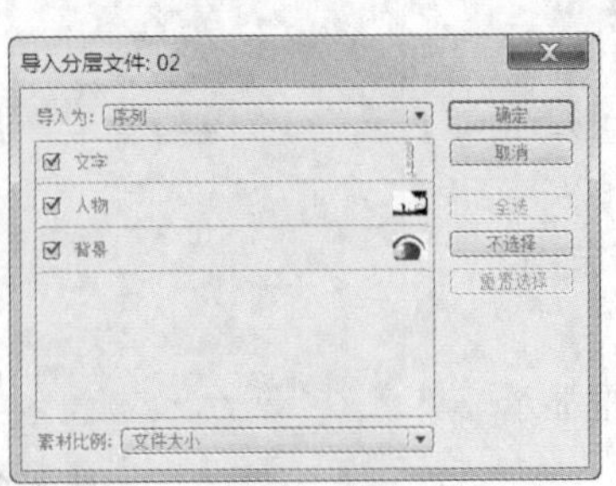

图 1-43

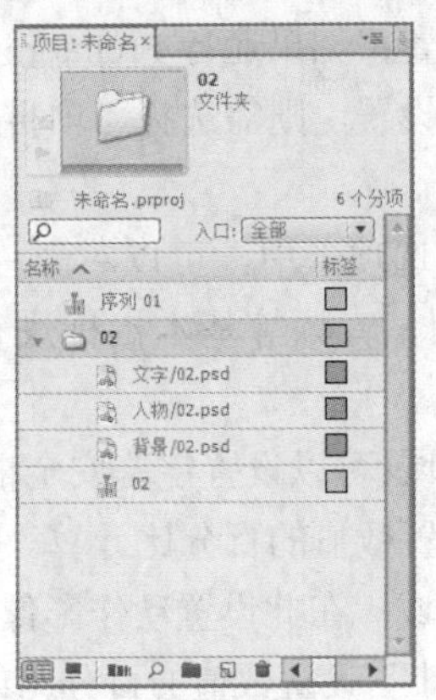

图 1-44

◎ **导入图片**

序列文件是一种非常重要的源素材，它由若干幅按序排列的图片组成，记录活动影片，每幅图片代表 1 帧。通常可以在 3ds Max、After Effects、Combustion 软件中产生序列文件，然后再导入 Premiere Pro CS4 中使用。

序列文件以数字序号为序进行排列。当导入序列文件时，应在首选项对话框中设置图片的帧速率，也可以在导入序列文件后，在解释素材对话框中改变帧速率。导入序列文件的步骤如下。

步骤 1 在“项目”窗口的空白区域双击鼠标，弹出“导入”对话框，找到序列文件所在的目录，如图 1-45 所示。

步骤 2 勾选“已编号静帧图像”复选框，单击“打开”按钮，导入素材。序列文件导入后的状态如图 1-46 所示。

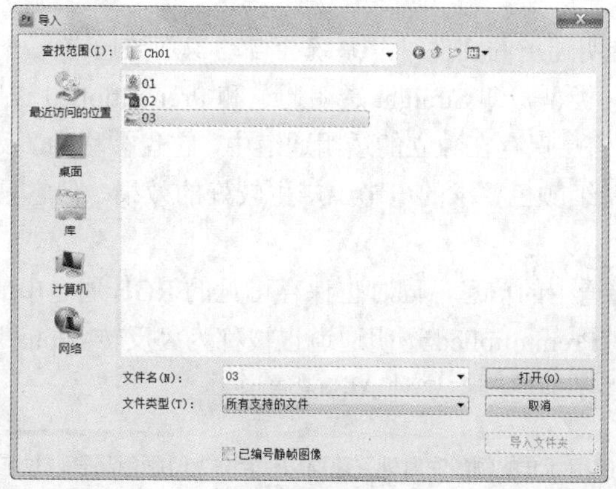

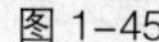

图 1-45

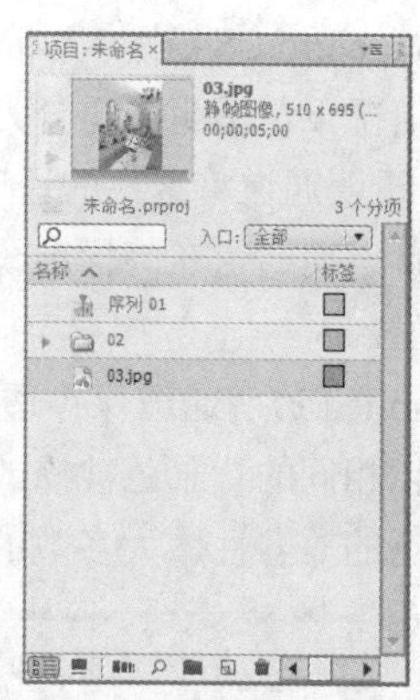

图 1-46

6. 解释素材

对于项目的素材文件，可以通过解释素材来修改其属性。在“项目”窗口中的素材上单击鼠标右键，在弹出的快捷菜单中选择“定义影片”命令，弹出“定义影片”对话框，如图 1-47 所示。

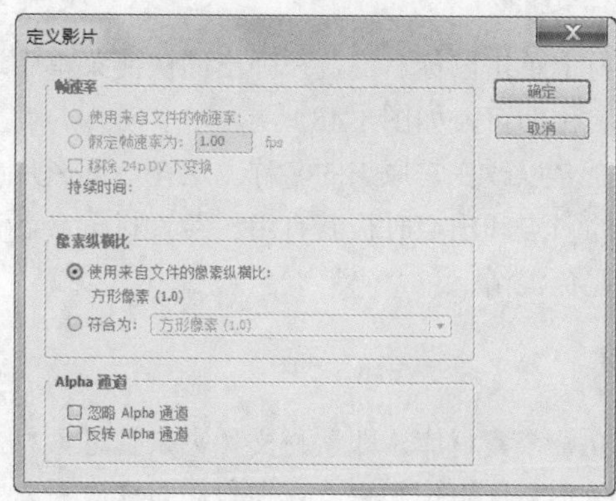

图 1-47

◎ **设置帧速率**

在“帧速率”选项组中可以设置影片的帧速率。

选择“使用来自文件的帧速率”单选钮，则使用影片的原始帧速率，剪辑人员也可以在“假定帧速率为”选项的数值框中输入新的帧速率，下方的“持续时间”选项显示影片的长度。改变帧速率，影片的长度也会发生改变。

◎ **设置像素纵横比**

“像素纵横比”选项用于设置影片的像素宽、高比。

一般情况下，选择“使用来自文件的像素纵横比”单选钮，则使用影片素材的原像素宽、高比。剪辑人员也可以在“符合为”选项的下拉列表中重新指定像素的宽、高比。

提 示 如果在一个显示方形像素的显示器上显示矩形像素并不做处理，则会出现变形现象。

◎ **设置 Alpha 通道**

在 Premiere Pro CS4 中导入带有透明通道的文件时，系统会自动识别该通道。

在一般情况下，透明通道分为两种类型，即 Straight 透明通道和 Premultiplied 透明通道。

Straight 透明通道将素材的透明度信息保存在独立的透明通道中，它也被称为“反转 Alpha 通道”。Straight 透明通道在高标准、高精细颜色要求的电影中产生较好的效果，但它只有在少数程序中才能产生。

Premultiplied 透明通道保存透明通道中的信息，同时也保存可见的 RGB 通道中的相同信息，因为它们是以相同的背景色被修改的。Premultiplied 透明通道也被称为“反转 Alpha 通道”，它的优点是有广泛的兼容性，大多数的软件都能够产生这种 Alpha 通道。

提 示 视频编辑除了使用标准的颜色深度外，还可以使用 32 位颜色深度。32 位颜色实际上是在 24 位颜色深度上添加了一个 8 位的灰度通道，为每一个像素存储透明度信息。这个 8 位灰度通道被为 Alpha 通道。

如果素材的透明通道解释错误，有时候会出现一些问题。若图解释错误，则出现绿边；若图正确解释，则显示正常。

7. 改变素材名称

在“项目”窗口中的素材上单击鼠标右键，在弹出的快捷菜单中选择“重命名”命令，素材会处于可编辑状态，输入新名称即可，如图 1-48 所示。

剪辑人员可以给素材重命名以改变它原来的名称。这在一部影片中重复使用一个素材或复制了一个素材，并为之设定新的入点和出点时极其有用。给素材重命名有助于在“项目”窗口和序列中观看一个复制的素材时避免混淆。

8. 利用素材库组织素材

可以在“项目”窗口建立一个素材库，即素材文件夹来管理素材。使用素材文件夹，可以将节目中的素材分门别类、有条不紊地组织起来，这在组织包含大量素材的复杂节目时特别有用。

单击“项目”面板下方的“新建文件夹”按钮，会自动创建新文件夹，如图 1-49 所示。单击此按钮可以返回上一层级素材列表，依此类推。

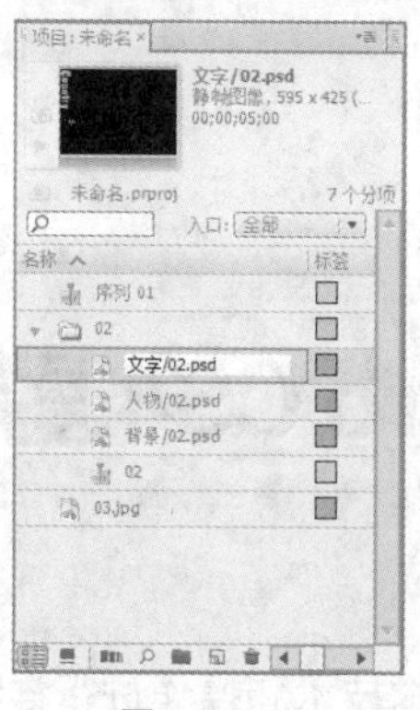
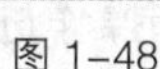

图 1-48

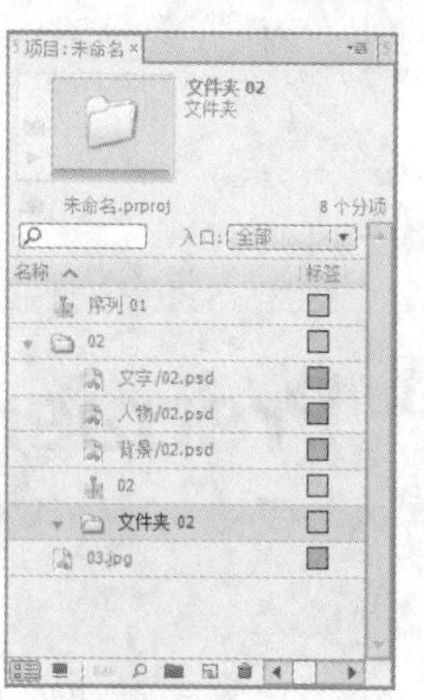

图 1-49

9. 离线素材

当打开一个项目文件时，系统提示找不到源素材，如图 1-50 所示，这可能是源文件被改名或存在磁盘上的位置发生了变化造成的。可以直接在磁盘上找到源素材，然后单击“选择”按钮，也可以单击“跳过”按钮选择略过素材，或单击“脱机”按钮，建立脱机文件代替源素材。

由于 Premiere Pro CS4 使用直接方式进行工作，因此如果磁盘上的源文件被删除或者移动，就会发生在项目中无法找到其磁盘源文件的情况。此时，可以建立一个离线文件。离线文件具有和其所替换的源文件相同的属性，可以对其进行同普通素材完全相同的操作。当找到所需文件后，可以用该文件替换离线文件，以进行正常编辑。离线文件实际上起到一个占位符的作用，它可以暂时占据丢失文件所处的位置。

在“项目”面板中单击“新建分项”按钮，在弹出的列表中选择“脱机文件”选项，弹出“脱机文件”对话框，如图 1-51 所示。

在“包含”选项的下拉列表中可以选择建立含有影像和声音的脱机素材，或者仅含有其中一项的脱机素材，在“磁带名”选项的文本框中输入磁带卷标，在“文件名”选项的文本框中指定脱机素材的名称，在“描述”选项或其他选项的文本框中可以输入一些备注，在“时间码”选项组中可以指定脱机素材的时间。

如果要以实际素材替换脱机素材，则可以在“项目”面板中的脱机素材上单击鼠标右键，在弹出的快捷菜单中选择“链接媒体”命令，在弹出的对话框中指定文件并进行替换。“项目”面板中脱机图标的显示如图 1-52 所示。

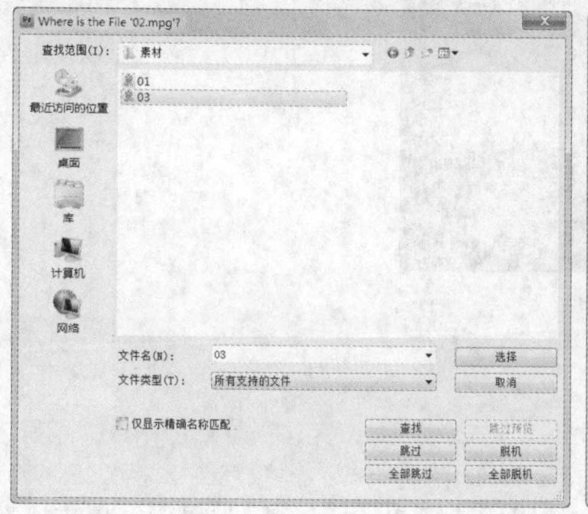

图 1-50

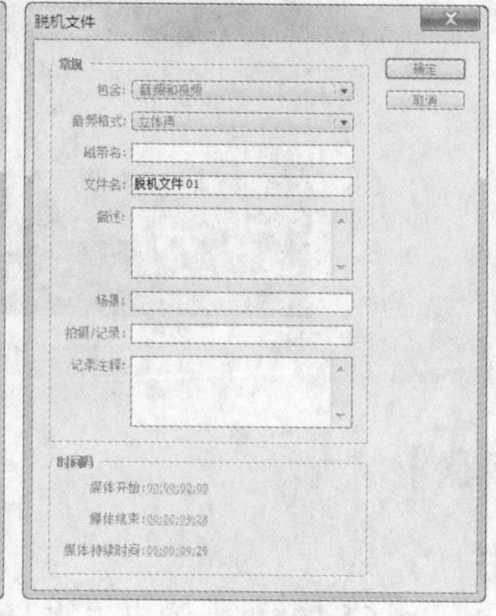

图 1-51

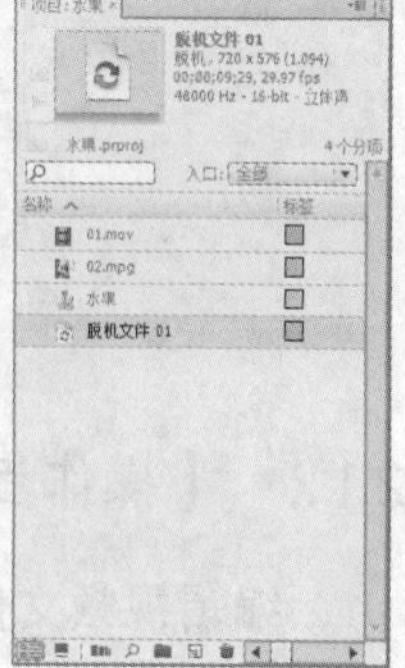

图 1-52

第2章 Premiere Pro CS4 影视剪辑技术

本章将对 Premiere Pro CS4 中剪辑影片的基本技术和操作进行详细介绍，其中包括分离素材、群组、采集和上载视频、使用 Premiere Pro CS4 创建新元素的多种方式等。通过本章的学习，读者可以掌握剪辑技术的使用方法和应用技巧。

课堂学习目标

- 了解“监视器”窗口
- 使用 Premiere Pro CS4 剪辑素材
- 使用 Premiere Pro CS4 分离素材
- 使用通用倒计时
- 创建彩色蒙版

2.1 日出与日落

2.1.1 【操作目的】

使用“导入”命令导入视频文件；使用“位置”和“缩放比例”选项编辑视频文件的位置与大小；使用“交叉叠化”命令制作视频之间的转场效果。（最终效果参看光盘中的“Ch02\日出与日落\日出与日落.prproj”，见图 2-1。）

图 2-1

2.1.2 【操作步骤】

1．编辑视频文件

步骤 1 启动 Premiere Pro CS4 软件，弹出“欢迎使用 Adobe Premiere Pro”界面，单击“新建

项目”按钮，弹出“新建项目”对话框，设置“位置”选项，选择保存文件路径，在“名称”文本框中输入文件名“日出与日落”，如图 2-2 所示。单击“确定”按钮，弹出“新建序列”对话框，在左侧的列表中展开“DV-PAL”选项，选中“标准 48kHz”模式，如图 2-3 所示，单击“确定”按钮。

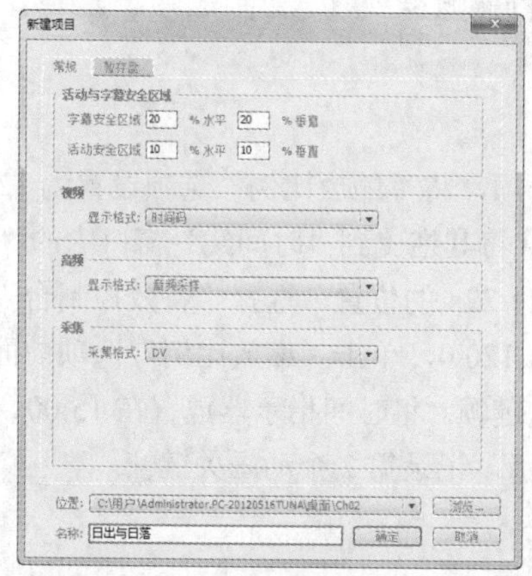

图 2–2

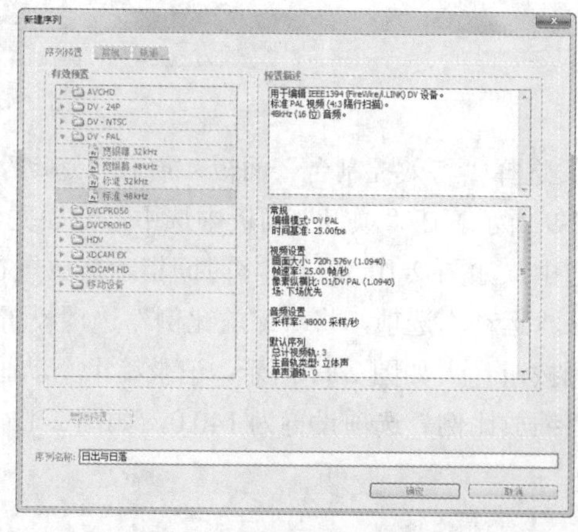

图 2–3

步骤 2 选择“文件 > 导入”命令，弹出“导入”对话框。选择光盘中的“Ch02/日出与日落/素材/ 01、02、03、04 和 05”文件，单击“打开”按钮，导入视频文件，如图 2-4 所示。导入后的文件排列在“项目”面板中，如图 2-5 所示。

图 2–4

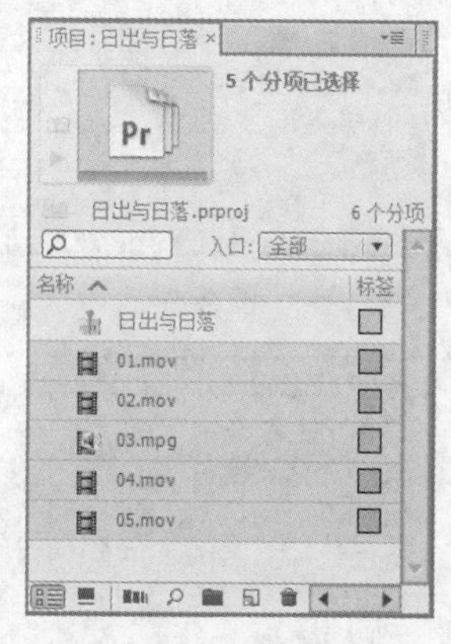

图 2–5

步骤 3 在“项目”面板中，选中“01”文件并将其拖曳到“时间线”窗口中的“视频 1”轨道中，如图 2-6 所示。将时间指示器放置在 2s 的位置，在“视频 1”轨道上选中“01”文件，将鼠标指针放在“01”文件的起始位置，当鼠标指针呈形状时，向后拖曳鼠标到 2s 的位置上，如图 2-7 所示。再拖曳 01 文件到“视频 1”的起始位置，如图 2-8 所示。

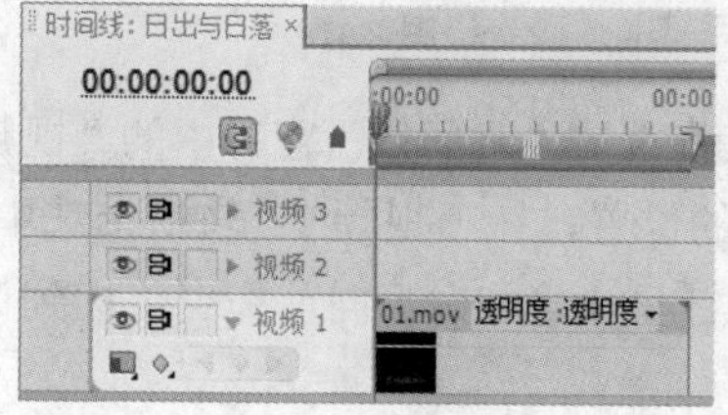

图 2–6

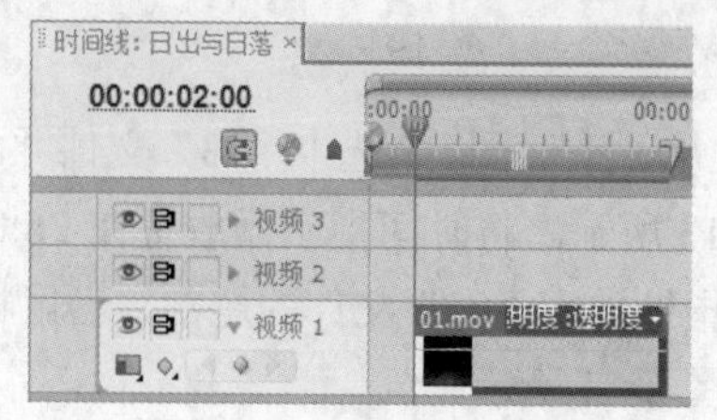

图 2–7

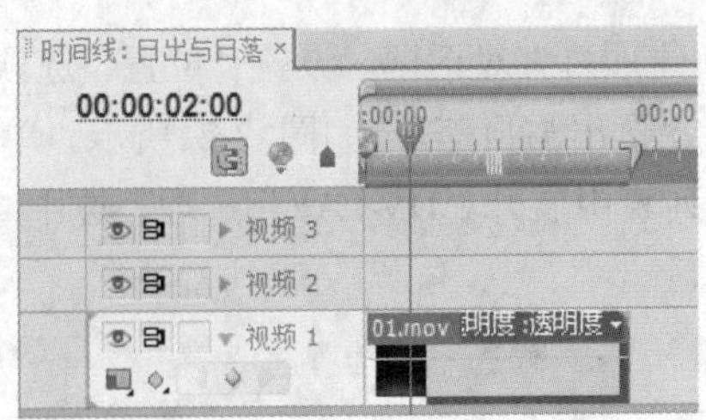

图 2-8

步骤 4 选择“特效控制台”面板，展开“运动”选项，将“缩放比例”选项设置为 120.0，如图 2-9 所示。在“项目”面板中选中“02”文件并将其拖曳到“时间线”窗口中的“视频 1”轨道中，如图 2-10 所示。将时间指示器放置在 11:22s 的位置，选择“特效控制台”面板，展开“运动”选项，将“缩放比例”选项设置为 120.0，单击“缩放比例”选项前面的切换动画按钮，如图 2-11 所示，记录第 1 个动画关键帧。将时间指示器放置在 15:00s 的位置，将“缩放比例”选项设置为 140.0，如图 2-12 所示，记录第 2 个动画关键帧。

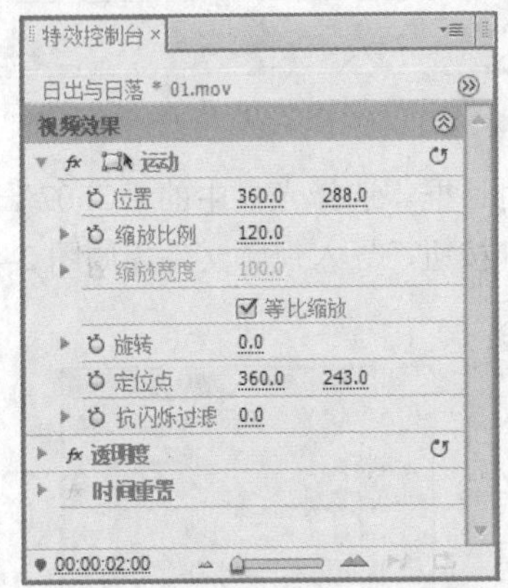

图 2-9

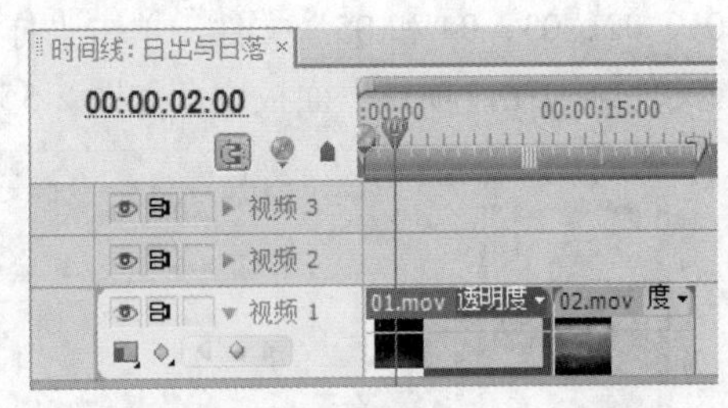

图 2-10

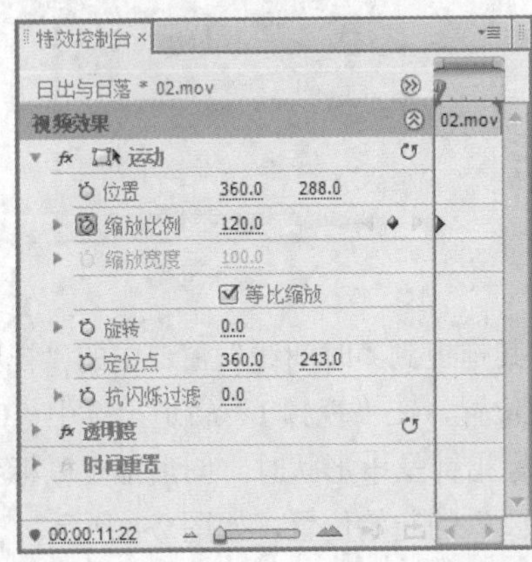

图 2-11

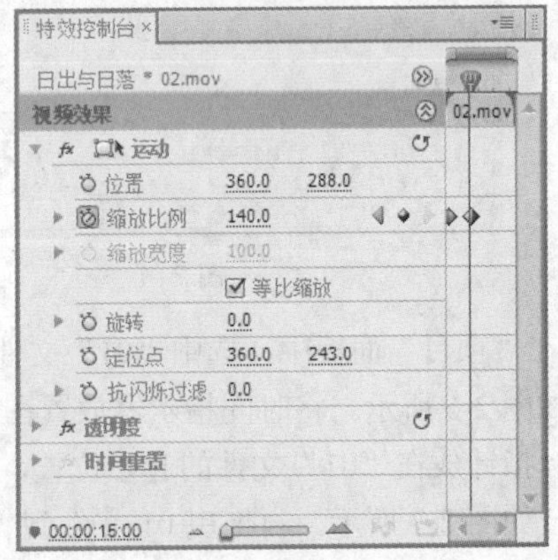

图 2-12

步骤 5 在“项目”面板中选中“03”文件并将其拖曳到“时间线”窗口中的“视频 1”轨道中，如图 2-13 所示。将时间指示器放置在 26:00s 的位置，在“视频 1”轨道上选中“03”文件，将鼠标指针放在“03”文件的尾部，当鼠标指针呈形状时，向前拖曳鼠标到 26:00s 的位置上，如图 2-14 所示。

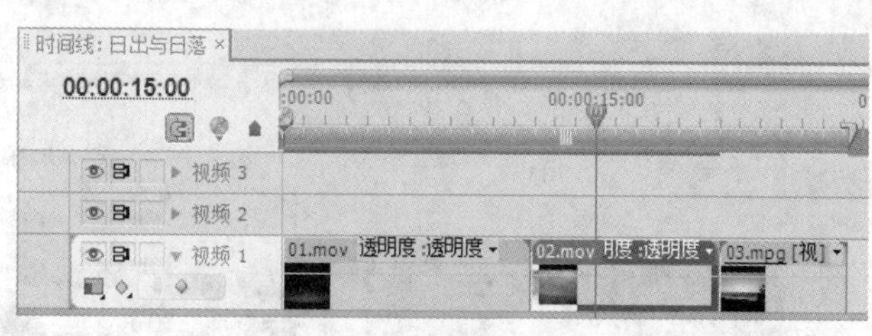

图 2-13

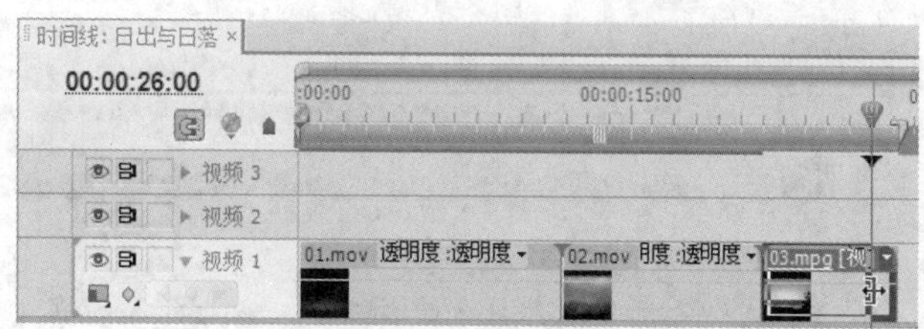

图 2-14

步骤 6 在“项目”面板中选中“04”文件并将其拖曳到“时间线”窗口中的“视频 1”轨道中，如图 2-15 所示。将时间指示器放置在 33：00s 的位置，在“视频 1”轨道上选中“04”文件，将鼠标指针放在“04”文件的尾部，当鼠标指针呈 形状时，向前拖曳鼠标到 33s 的位置上，如图 2-16 所示。

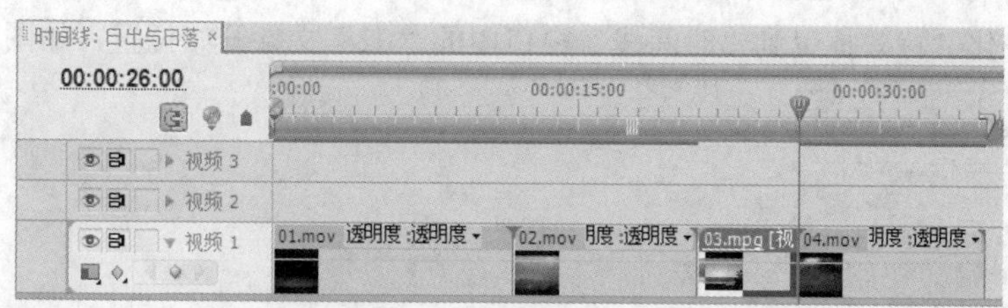

图 2-15

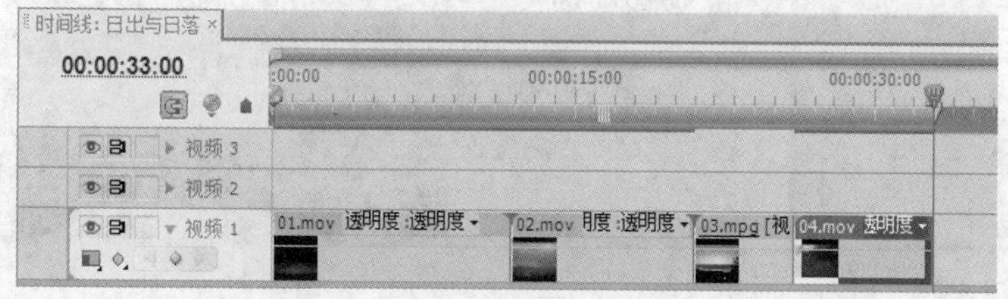

图 2-16

步骤 7 选择“特效控制台”面板，展开“运动”选项，将“缩放比例”选项设置为 120.0，如图 2-17 所示。

步骤 8 在“项目”面板中选中“05”文件并将其拖曳到“时间线”窗口中的“视频 1”轨道中，如图 2-18 所示。将时间指示器放置在 40s 的位置，在“视频 1”轨道上选中“05”文件，将鼠标指针放在“05”文件的尾部，当鼠标指针呈 形状时，向前拖曳鼠标到 40s 的位置上，如图 2-19 所示。选择“特效控制台”面板，展开“运动”选项，将“缩放比例”选项设置为 120.0。

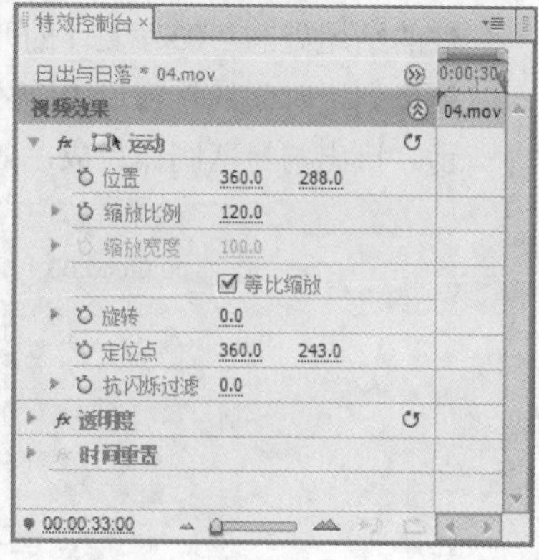

图 2-17

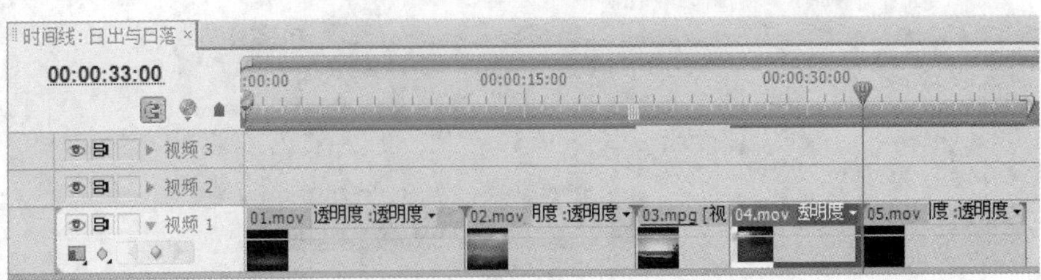

图 2-18

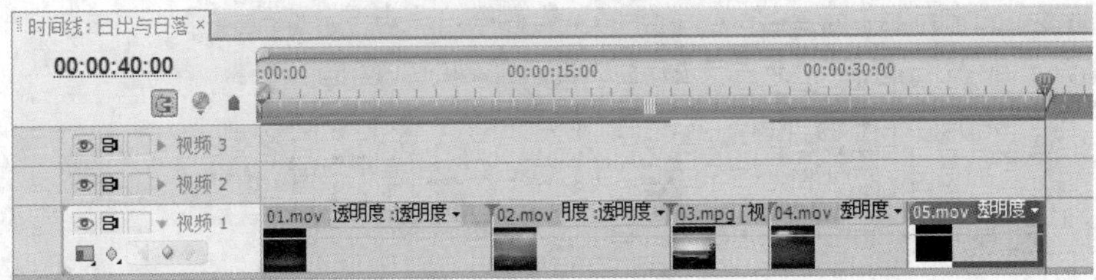

图 2-19

2. 制作视频转场效果

步骤 1 选择“窗口 > 效果”命令，弹出“效果”面板，展开“视频切换”特效分类选项，单击“叠化”文件夹前面的三角形按钮▶将其展开，选中“交叉叠化”特效，如图 2-20 所示。将“交叉叠化”特效拖曳到“时间线”窗口中的“02”文件开始位置，如图 2-21 所示。

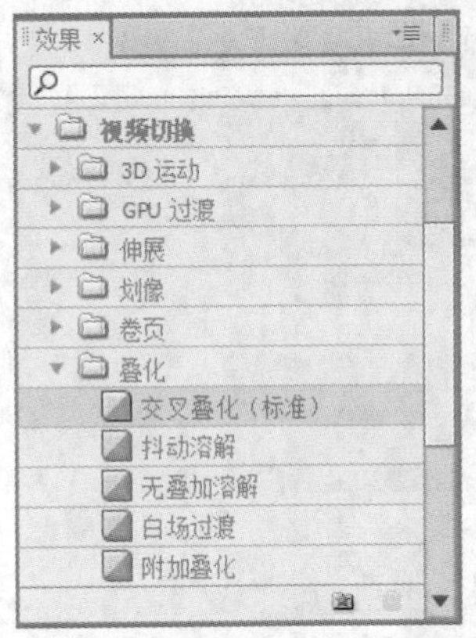

图 2-20

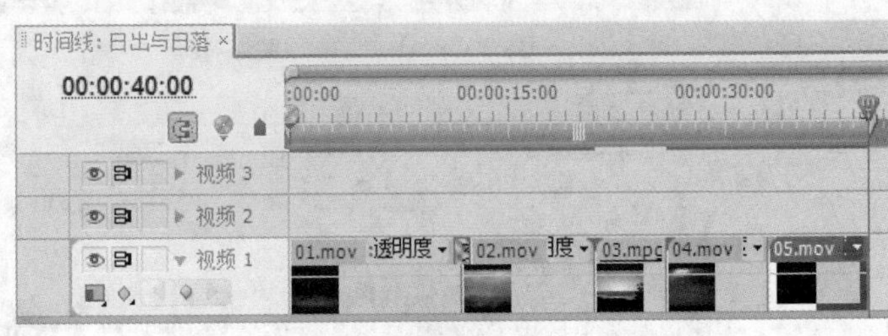

图 2-21

步骤 2 选择“效果”面板，选中“交叉叠化”特效并将其拖曳到“时间线”窗口中的“02”文件的结尾处与“03”文件的开始位置，如图 2-22 所示。选中“交叉叠化”特效，分别将其拖曳到“时间线”窗口中的“04”文件的开始位置和“05”文件的开始位置，如图 2-23 所示。日出与日落制作完成，效果如图 2-24 所示。

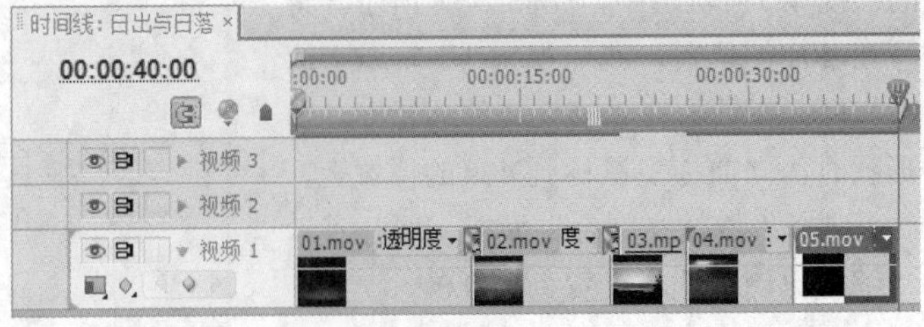

图 2-22

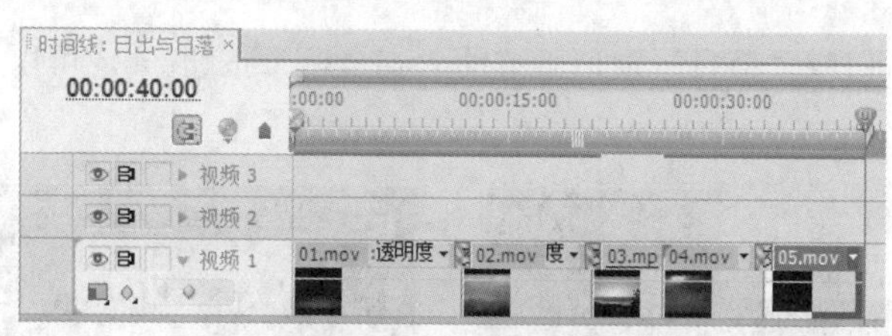

图 2-23

图 2-24

2.1.3 【相关工具】

1. 认识“监视器”窗口

“监视器”窗口有两个，即“素材源”窗口与“节目”窗口，分别用来显示素材与作品在编辑时的状况。如图 2-25 所示，左图为“素材源”窗口，显示和设置节目中的素材；右图为“节目”窗口，显示和设置序列。

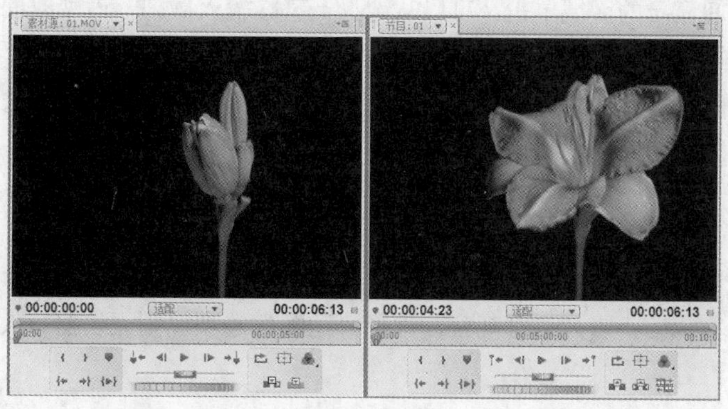

图 2-25

在“素材源”窗口中，单击上方的标题栏或黑色三角按钮，将弹出下拉列表，列表中提供了已经调入“时间线”面板中的素材序列表，可以更加快速方便地浏览素材的基本情况，如图 2-26 所示。

“监视器”窗口可以设置安全域。用户可以在“素材源”窗口和“节目”窗口中设置安全区域，这对输出设备为电视机播放的影片非常有用。

安全区域的产生是由于电视机在播放视频图像时，屏幕的边缘会切除部分图像，这种现象叫做“溢出扫描”，而不同的电视机溢出的扫描量不同，所以要把图像的重要部分放在安全区域内。在制作影片时，需要将重要的场景元素、演员、图表放在运动安全区域内，将标题、字幕放在标题安全区域内。如图 2-27 所示，位于工作区域外侧的方框为运动安全区域，位于内侧的方框为标题安全区域。

单击“素材源”窗口或“节目”窗口下方的“安全框”按钮，可以显示或隐藏“监视器”窗口中的安全区域。

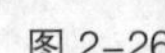

图 2–26

图 2–27

2. 在“素材源”窗口中播放素材

不论是已经导入节目的素材还是使用打开命令观看的素材，系统都会将其自动打开在“素材”窗口中，用户可以在“素材”窗口中播放和观看素材。

在“项目”和“时间线”面板中双击要观看的素材，素材都会被自动显示在“素材源”窗口中。使用窗口下方的工具栏可以对素材进行播放控制，方便查看剪辑，如图 2-28 所示。

当时间标记所对应的监视器处于被激活的状态时，其上显示的时间将会从灰色转变为蓝色。

拖曳鼠标到时间显示的区域单击，可以从键盘上直接输入数值，改变时间显示，影片会自动跳到输入的时间位置。

如果输入的时间数值之间无间隔符号，如“1234”，则 Premiere Pro CS4 会自动将其认为是帧数，并根据所选用的时间编码，将其换算为相应的时间。

窗口右侧的持续时间计数器显示影片入点与出点间的长度，即影片的持续时间，并显示为黑色。

缩放列表在“素材源”窗口或“节目”窗口的正下方，可改变窗口中影片的大小，如图 2-29 所示。可以通过放大或缩小影片进行观察，选择“适配”选项，则无论窗口大小，影片会匹配视窗，完全显示影片内容。

图 2–28

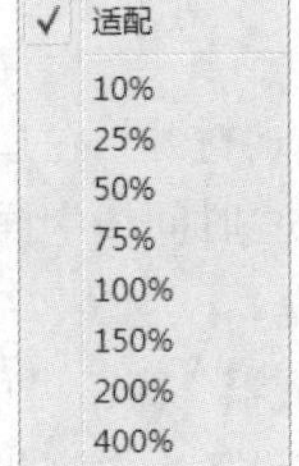

图 2–29

3. 剪裁素材

剪辑可以增加或删除帧以改变素材的长度。素材开始帧的位置被称为入点，素材结束帧的位

置被称为出点。用户可以在“素材源”窗口和“时间线”面板中剪裁素材。

◎ **在“素材源”窗口剪裁素材**

在“节目”窗口中改变入点和出点的具体操作步骤如下。

步骤 1 在“节目”窗口中双击要设置的入点和出点的素材，将其在“素材源”窗口中打开。

步骤 2 在“素材源”窗口中拖曳时间标记或按<空格>键，找到要使用的片段的开始位置。

步骤 3 单击“素材源”窗口下方的“设置入点”按钮或按<I>键，“素材源”窗口中显示当前素材入点画面，“素材源”窗口右上方显示入点标记，如图 2-30 所示。

图 2–30

步骤 4 继续播放影片，找到使用片段的结束位置。单击“素材源”窗口下方“设置出点”按钮或按<O>键，窗口下方显示当前素材出点。入点和出点间显示为深色，两点之间的片段即入点与出点间的素材片段，如图 2-31 所示。

图 2–31

步骤 5 单击“跳转到前一标记”按钮，可以自动跳到影片的入点位置；单击“跳转到下一标记”按钮，可以自动跳到影片出点的位置。

当声音同步要求非常严格时，用户可以为音频素材设置高精度的入点。音频素材的入点可以使用高达 1/600s 的精度来调节。对于音频素材，入点和出点指示器出现在波形图相应的点处，如图 2-32 所示。

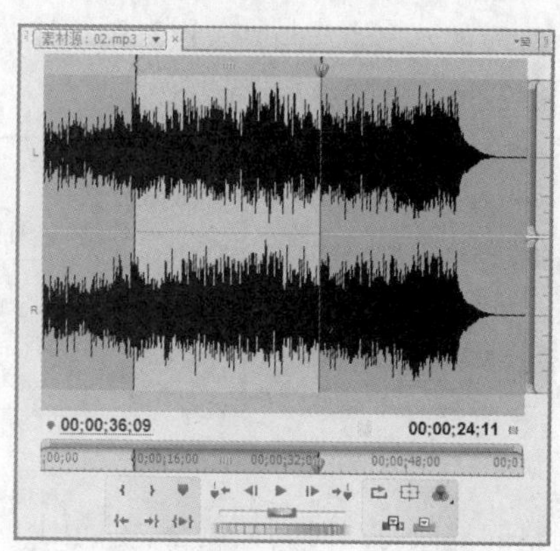

图 2–32

当用户将一个同时含有影像和声音的素材拖入“时间线”窗口时，该素材的音频和视频部分会被放到相应的轨道中。

用户在为素材设置入点和出点时，对素材的音频和视频部分同时有效，也可以为素材的视频和音频部分单独设置入点和出点。

为素材的视频或音频部分单独设置入点和出点的具体操作步骤如下。

步骤 1 在“素材源”窗口中选择要设置入点和出点的素材。

步骤 2 播放影片，找到使用片段的开始或结束位置。

步骤 3 用鼠标右键单击窗口中的标记，在弹出的快捷菜单中选择“设置素材标记”命令，如图 2-33 所示。

步骤 4 在弹出的子菜单中分别设置连接素材的入点和出点，在“素材源”窗口和“时间线”面板中的形状分别如图 2-34 和图 2-35 所示。

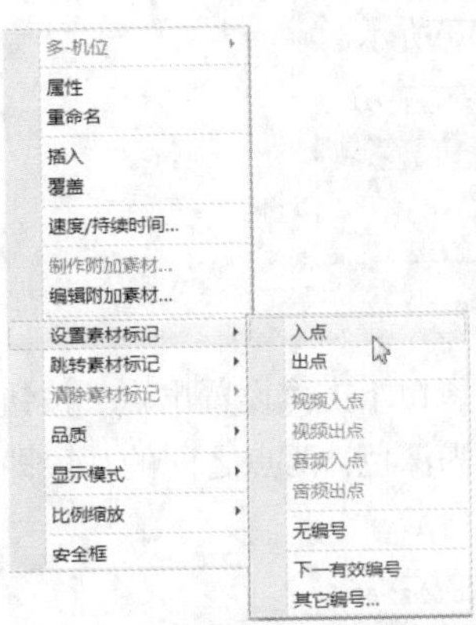

图 2-33

图 2-34

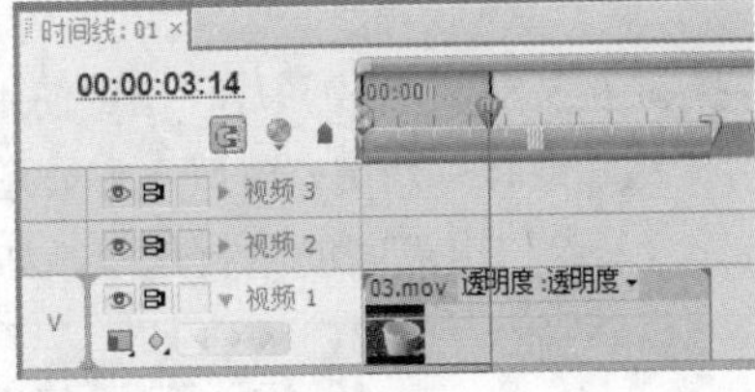

图 2-35

◎ 在“时间线”面板中剪辑素材

Premiere Pro CS4 提供了 4 种编辑片段的工具，分别是“轨道选择”工具、“滑动”工具、“错落”工具和“滚动编辑”工具。

下面介绍如何应用这些编辑工具。

利用“轨道选择”工具，可以调整一个片段在其轨道中的持续时间，而不会影响其他片段的持续时间，但会影响到整个节目片段的时间。具体操作步骤如下。

步骤 1 选择“轨道选择”工具，在“时间线”面板中单击需要编辑的某一个片段。

步骤 2 将鼠标指针移动两个片段的“出点”与“入点”相接处，即两个片段的连接处，左右拖曳鼠标编辑影片片段，如图 2-36 和图 2-37 所示。

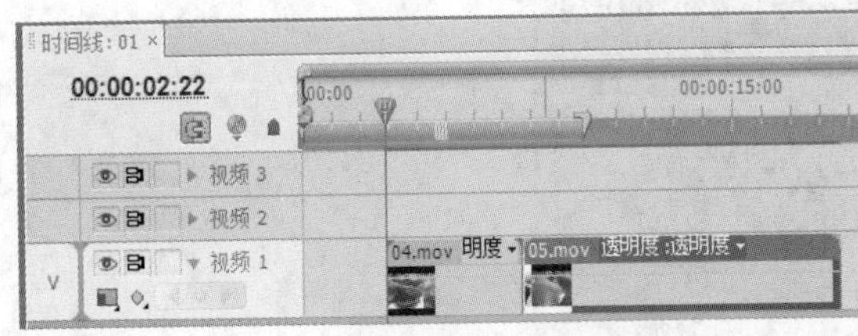

图 2-36

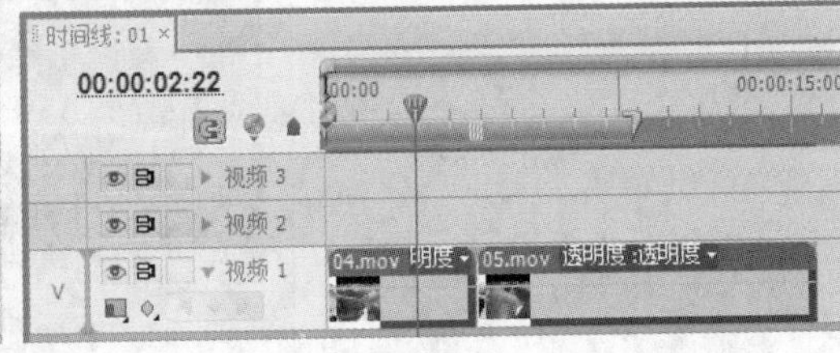

图 2-37

步骤 3 释放鼠标后，需要调整的片段持续时间被调整，轨道上的其他片段持续时间不会变，但整个节目所持续的时间随着调整片段的增加或缩短而发生了相应的变化。

“滑动”工具可以使两个片段的入点与出点发生本质上的位移，并不影响片段持续时间与节目的整体持续时间，但会影响编辑片段之前或之后的持续时间，迫使前面或后面的影片片段出点与入点发生改变。具体操作步骤如下。

步骤 1 选择“滑动”工具，在“时间线”面板中单击需要编辑的某一个片段。

步骤 2 将鼠标指针移动到两个片段的结合处，当鼠标指针呈形状时，左右拖曳鼠标进行编辑，如图 2-38 和图 2-39 所示。

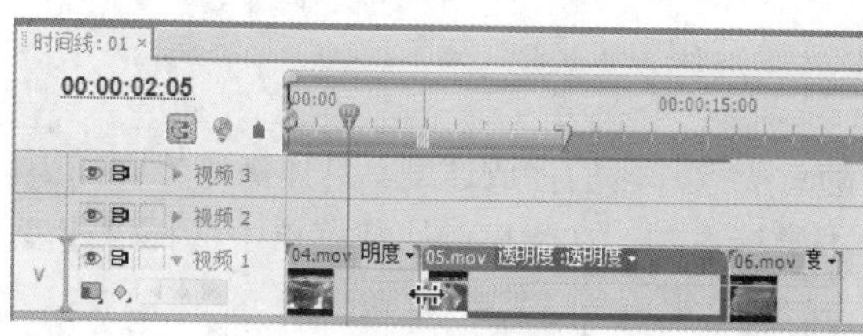

图 2–38

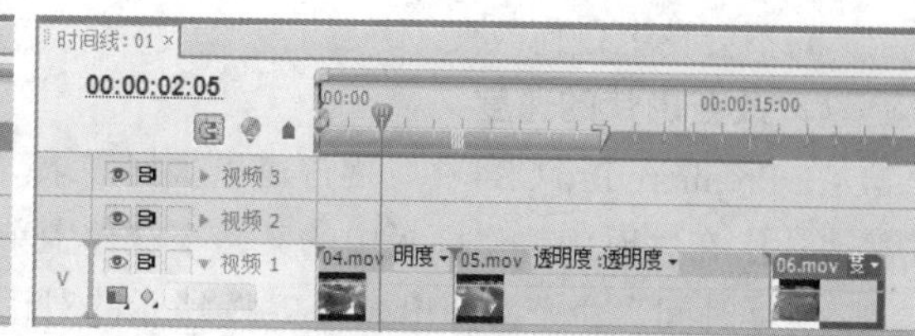

图 2–39

步骤 3 在拖曳过程中，“节目”窗口中将会显示被调整片段的出点与入点，以及未被编辑的出点与入点。

使用“错落”工具编辑影片片段时，会更改片段的入点与出点，但它的持续时间不会改变，并不会影响其他片段的入点、出点时间，节目总的持续时间也不会发生任何改变。具体操作步骤如下。

步骤 1 选择“错落”工具，在“时间线”面板中单击需要编辑的某一个片段。

步骤 2 将鼠标指针移动到两个片段的结合处，当鼠标指针呈形状时，左右拖曳鼠标进行编辑，如图 2-40 所示。

步骤 3 在拖曳鼠标时，“节目”窗口中将会依次显示上一片段的出点和下一片段的入点，同时显示画面帧数，如图 2-41 所示。

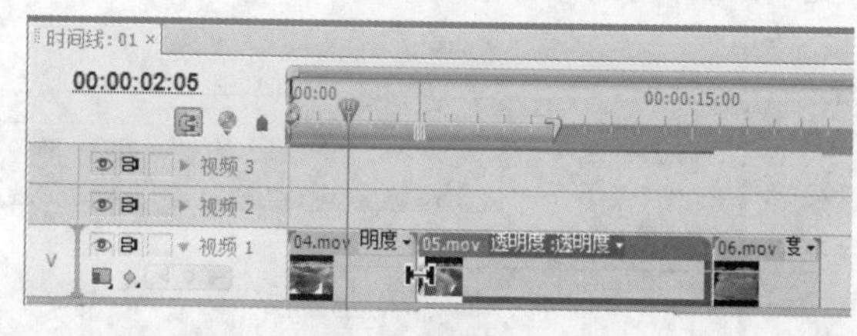

图 2–40

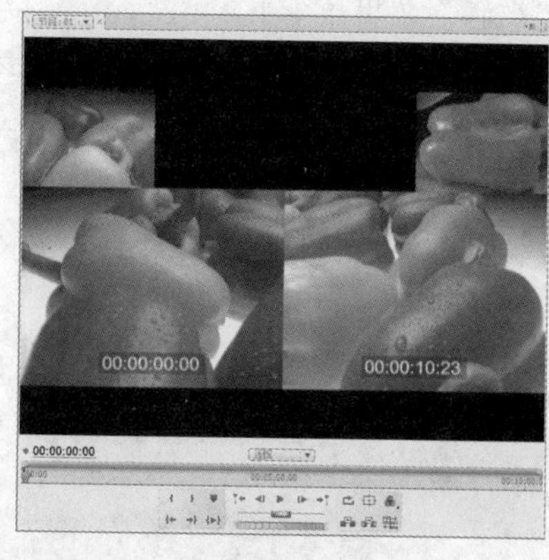

图 2–41

使用“滚动编辑”工具编辑影片片段，片段时间的增长或缩短会由其相接片段进行替补。在编辑过程中，整个节目的持续时间不会发生任何改变，该编辑方法同时影响其轨道上的片段在时间轨中的位置。具体操作步骤如下。

步骤 1 选择“滚动编辑”工具，在“时间线”面板中单击需要编辑的某一个片段。

步骤 2 将鼠标指针移动到两个片段的结合处，当鼠标指针呈形状时，左右拖曳鼠标进行编辑，如图 2-42 所示。

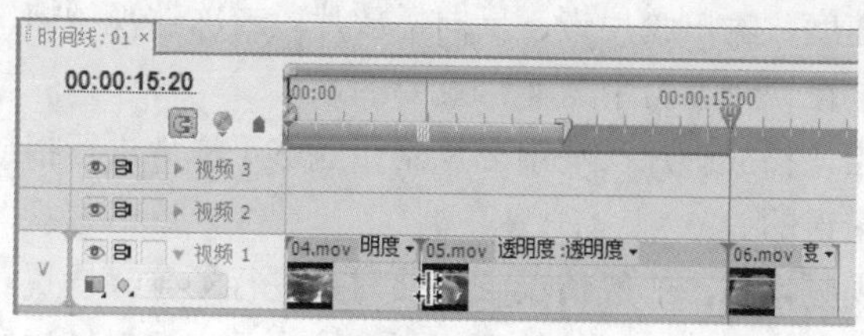

图 2–42

步骤 3 释放鼠标后，被修整片段的帧增加或减少会引起相邻片段的变化，但整个节目的持续时间不会发生任何改变。

◎ **改变影片的速度**

在 Premiere Pro CS4 中，用户可以根据需求，随意更改片段的播放速度。具体操作步骤如下。

步骤 1 在“时间线”面板中的某一个文件上单击鼠标右键，在弹出的快捷菜单中选择“速度/持续时间”命令，弹出如图 2-43 所示的对话框。

速度：在此设置播放速度的百分比，以决定影片的播放速度。

持续时间：单击选项右侧的时间码，当时间码变为如图 2-44 所示时，在此导入时间值。时间值越长，影片播放的速度越慢；时间值越短，影片播放的速度越快。

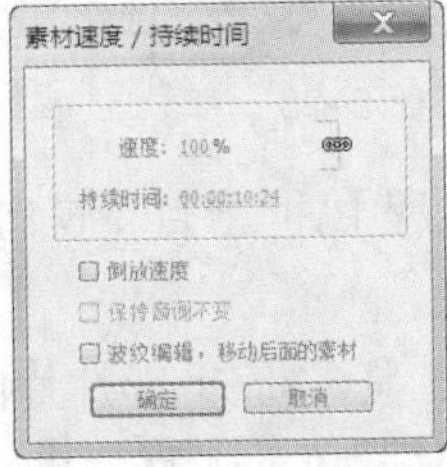

图 2-43

持续时间：00:00:10:24

图 2-44

倒放速度：勾选此复选框，影片片段将向反方向播放。

保持音调不变：勾选此复选框，将保持影片片段的音频播放速度不变。

步骤 2 设置完成后，单击“确定”按钮返回主页面。

◎ **在“时间线”面板中粘贴素材**

Premiere Pro CS4 提供了标准的 Windows 编辑命令，用于剪切、复制和粘贴素材，这些命令都在“编辑”菜单命令下。

使用“粘贴插入”命令的具体操作步骤如下。

步骤 1 选择素材，然后选择“编辑 > 复制”命令。

步骤 2 在“时间线”面板中将时间标记移动到需要粘贴的位置，如图 2-45 所示。

步骤 3 选择“编辑 > 粘贴插入”命令，复制的影片被粘贴到时间标记的位置，其后的影片等距离后退，如图 2-46 所示。

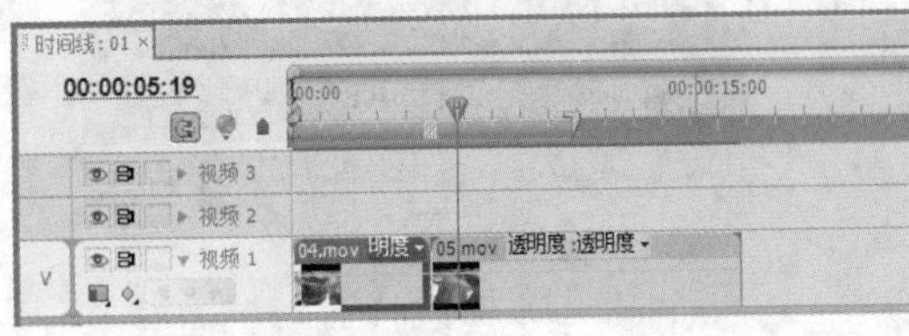

图 2-45

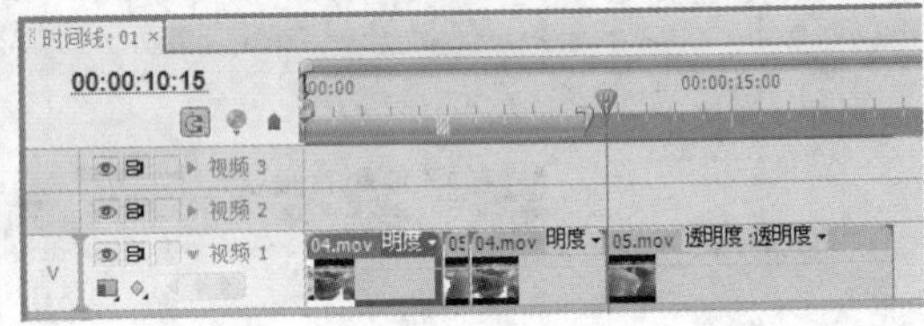

图 2-46

“粘贴属性”即粘贴一个素材的属性（包括滤镜效果、运动设定及不透明度设定等）到另一个素材目标上。

◎ **场设置**

在使用视频素材时，会遇到交错视频场的问题，它会严重影响最后的合成质量。随着视频格式、采集和回放设备的不同，场的优先顺序也是不同的。如果场顺序反转，运动会僵持和闪烁。在编辑中，改变片段的速度、输出胶片带、反向播放片段或冻结视频帧，都有可能遇到场处理问题，所以，正确的场设置在视频编辑中是非常重要的。

在选择场顺序后，应该播放影片，观察影片是否能够平滑地进行播放，如果出现了跳动的现象，则说明场的顺序是错误的。

对于采集或上载的视频素材，一般情况下都要对其进行场分离设置。另外，如果要将计算机中完成的影片输出到用于电视监视器播放的领域，在输出前也要对场进行设置，输出到电视机的

影片是具有场的。用户也可以为没有场的影片添加场，如使用三维动画软件输出的影片，在输出前添加场，用户可以在渲染设置中进行设置。

一般情况下，在新建节目的时候就要指定正确的场顺序，这里的顺序一般要按照影片的输出设备来设置。在“新建项目”对话框中选择“常规”选项，在右侧的“场”下拉列表中指定编辑影片所使用的场方式，如图 2-47 所示。在编辑交错场时，要根据相关的视频硬件显示奇偶场的顺序，选择“上场优先”或者“下场优先”选项，在输入影片的时候，也有类似的选项设置。

如果在编辑过程中，得到的素材场顺序都有所不同，则必须使其统一，并符合编辑输出的场设置。调整方法是在“时间线”面板中的素材上单击鼠标右键，在弹出的快捷菜单中选择“场选项”命令，在弹出的“场选项”对话框中进行设置，如图 2-48 所示。

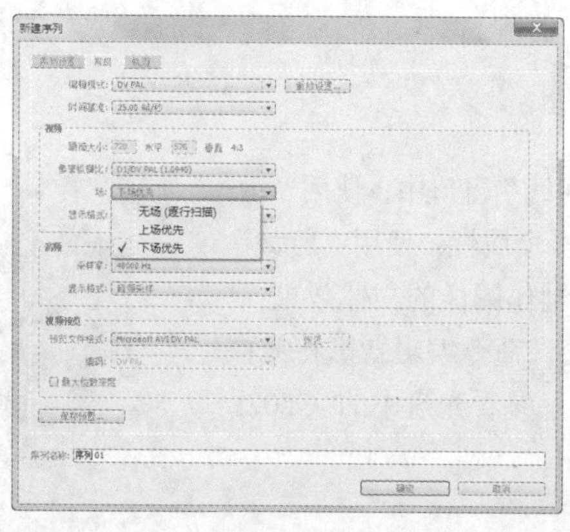

图 2-47

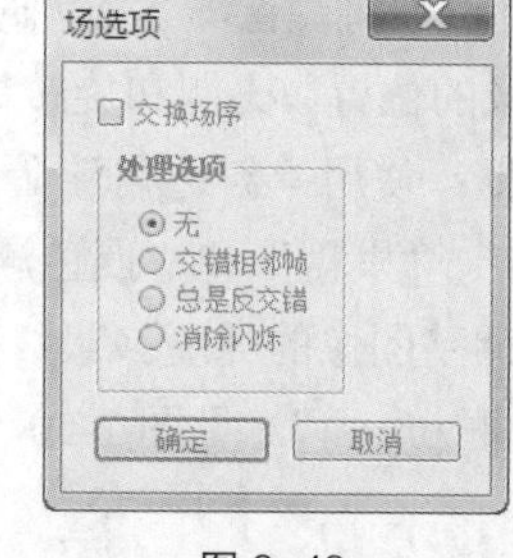

图 2-48

交换场序：如果素材场顺序与视频采集卡顺序相反，则勾选此复选框。

无：不处理素材场控制。

交错相邻帧：将非交错场转换为交错场。

总是反交错：将交错场转换为非交错场。

消除闪烁：该选项用于消除细水平线的闪烁。当该选项没有被选择时，一条只有一个像素的水平线只在两场中的其中一场出现，则在回放时会导致闪烁；选择该选项将使扫描线的百分值增加或降低以混合扫描线，使一个像素的扫描线在视频的两上场中都出现。在 Premiere Pro CS4 中播出字幕时，一般都要将该项打开。

◎ **删除素材**

如果用户决定不使用“时间线”面板中的某个素材片段，则可以在“时间线”面板中将其删除。从“时间线”面板中删除一个素材并不会在“项目”面板中删除。当用户删除一个已经运用于“时间线”面板的素材后，在“时间线”面板的轨道上该素材处留下空位。用户也可以选择波纹删除，将该素材轨迹上的内容向左移动，覆盖被删除的素材留下的空位。

删除素材的方法如下。

（1）在“时间线”面板中选择一个或多个素材。

（2）按<Delete>键或选择“编辑 > 清除”命令。

波纹删除素材的方法如下。

（1）在“时间线”面板中选择一个或多个素材。

（2）如果不希望其他轨道的素材移动，可以锁定该轨道。

（3）单击鼠标右键，在弹出的快捷菜单中选择“波纹删除”命令。

2.1.4 【实战演练】城市夜景相册

使用“字幕”命令添加相册主题文字；使用“特效控制台”面板制作文字与图像的位置和透明度动画；使用“效果”面板添加照片之间的切换特效。（最终效果参看光盘中的“Ch02\城市夜景相册\城市夜景相册.prproj”，见图 2-49。）

图 2-49

2.2 立体相框

2.2.1 【操作目的】

使用“插入”选项将图像导入到“时间线”窗口中；使用“运动”选项编辑图像的位置、比例和旋转等多个属性；使用“剪裁”命令剪裁图像边框；使用“斜边角”命令制作图像的立体效果；使用“杂波 HLS”、“棋盘”和“四色渐变”命令编辑背影特效；使用“色阶”命令调整图像的亮度。（最终效果参看光盘中的“Ch02\立体相框\立体相框.prproj”，见图 2-50。）

图 2-50

2.2.2 【操作步骤】

1. 导入图片

步骤 1 启动 Premiere Pro CS4 软件，弹出“欢迎使用 Adobe Premiere Pro”界面，单击“新建项目”按钮，弹出“新建项目”对话框，设置“位置”选项，选择保存文件路径，在“名称”文本框中输入文件名“立体相框”，如图 2-51 所示。单击“确定”按钮，弹出“新建序列”对话框，在左侧的列表中展开“DV-PAL”选项，选中“标准 48kHz”模式，如图 2-52 所示，单击“确定”按钮。

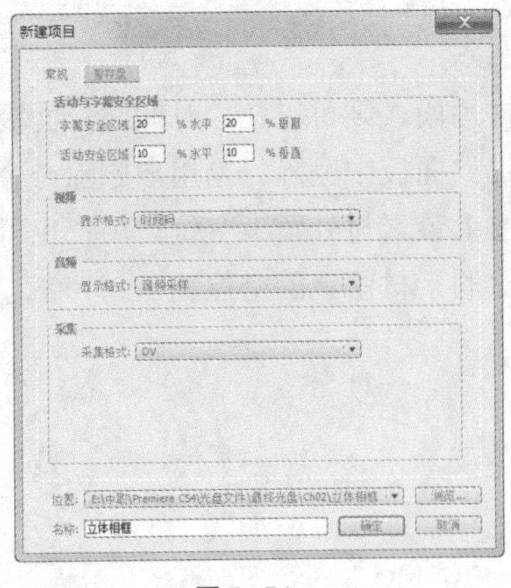

图 2-51

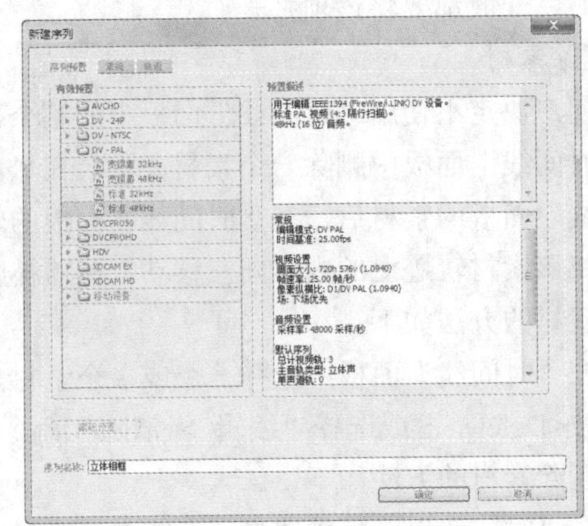

图 2-52

步骤 2 选择“文件 > 导入”命令，弹出“导入”对话框，选择光盘中的“Ch02/立体相框/素材/ 01 和 02”文件，单击“打开”按钮，导入视频文件，如图 2-53 所示。导入后的文件排列在“项目”面板中，如图 2-54 所示。

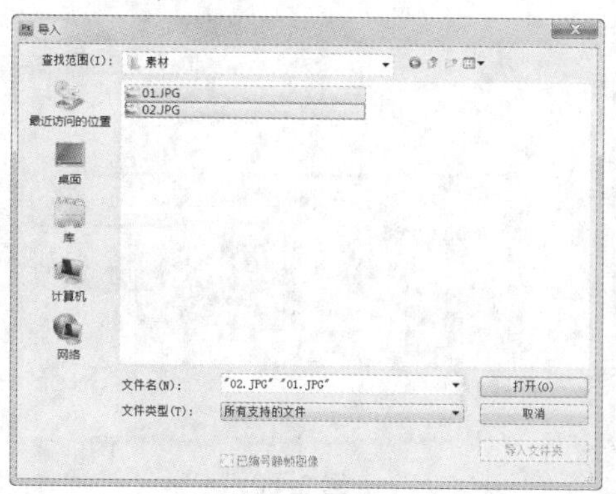

图 2-53

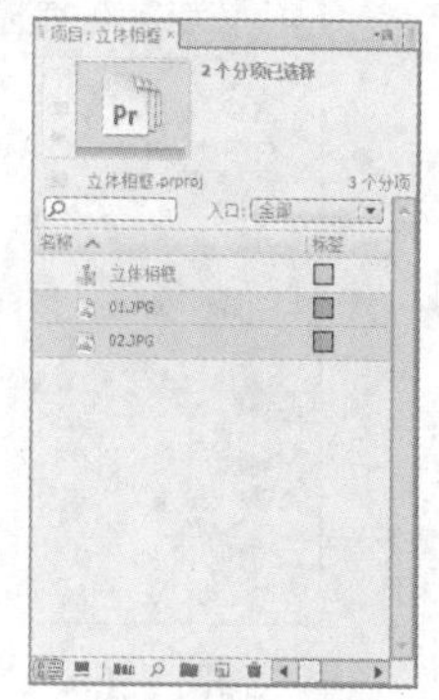

图 2-54

步骤 3 在“时间线”窗口中选中“视频 3”轨道，选中“项目”面板中的“01”文件，单击鼠标右键，在弹出的快捷菜单中选择“插入”命令，如图 2-55 所示，文件被插入到“时间线”窗口中的“视频 3”轨道中，如图 2-56 所示。

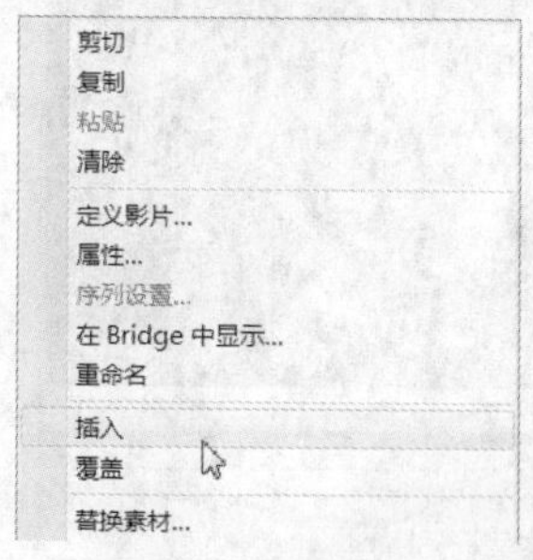

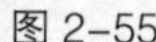

图 2-55

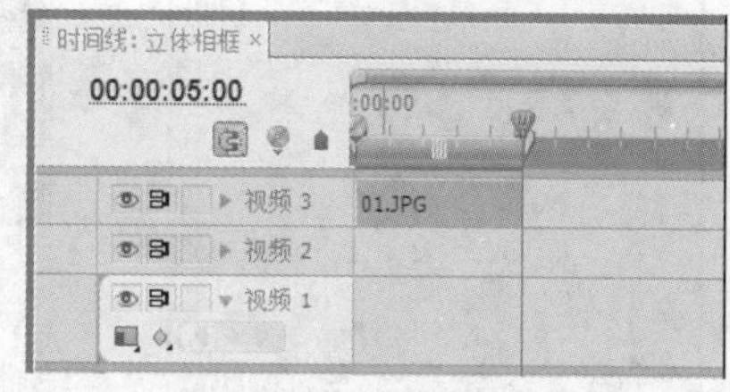

图 2-56

2．编辑图像立体效果

步骤 1 在“时间线”窗口中选中“视频 3”轨道中的“01”文件，选择“特效控制台”面板，展开“运动”选项，将“位置”选项设置为 255.1 和 304.7，“缩放比例”选项设置为 36.8，“旋转”选项设置为-11.0°，如图 2-57 所示。在“节目”窗口中预览效果，如图 2-58 所示。

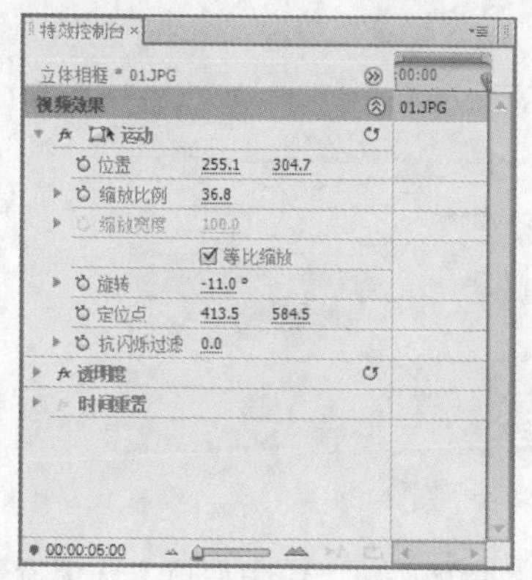

图 2-57

图 2-58

步骤 2 选择“窗口 > 效果”命令，弹出“效果”面板，展开“视频特效”选项，单击“变换”

文件夹前面的三角形按钮▷将其展开，选中“裁剪”特效，如图 2-59 所示。将“裁剪”特效拖曳到“时间线”窗口中的“视频 3”轨道上的“01”文件上，如图 2-60 所示。

图 2-59

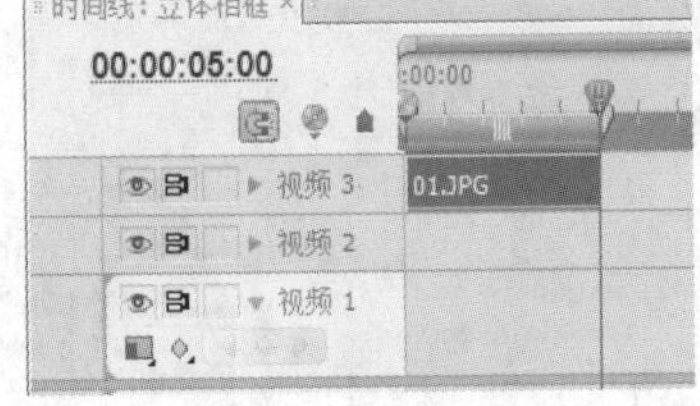

图 2-60

步骤 3 选择“特效控制台”面板，展开“裁剪”特效，将“左侧”选项设置为 9.0%，“底部”选项设置为 6.0%，如图 2-61 所示。在“节目”窗口中预览效果，如图 2-62 所示。

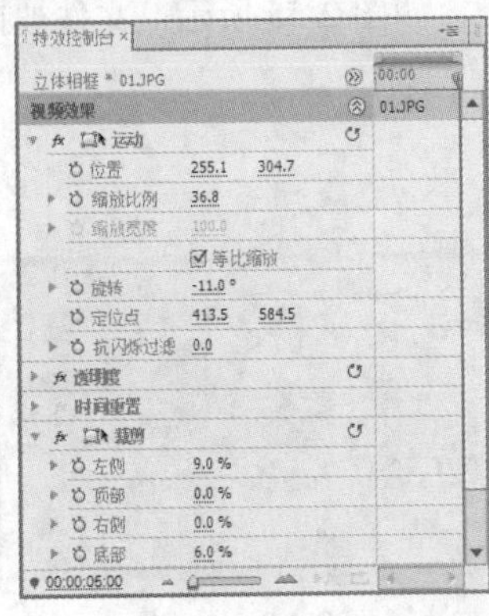

图 2-61

图 2-62

步骤 4 选择“效果”面板，展开“视频特效”选项，单击“透视”文件夹前面的三角形按钮▷将其展开，选中“斜角边”特效，如图 2-63 所示。将“斜角边”特效拖曳到“时间线”窗口中的“视频 3”轨道上的“01”文件上，如图 2-64 所示。

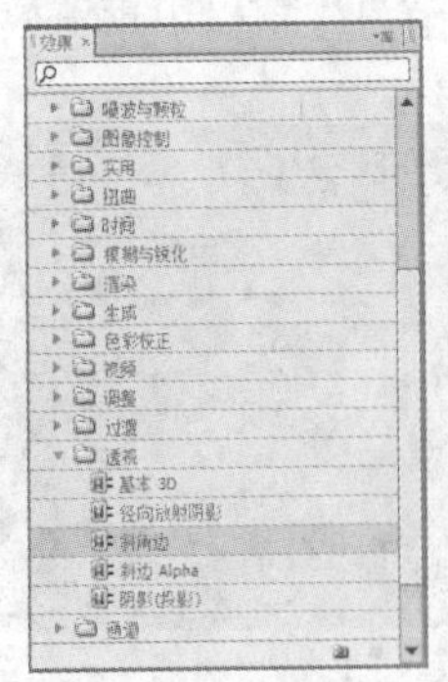

图 2-63

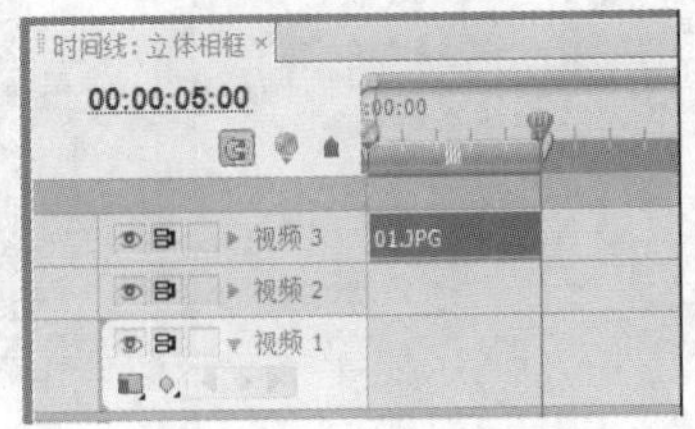

图 2-64

步骤 5 选择“特效控制台”面板，展开“斜角边”特效，将“边角厚度”选项设置为 0.06，“照明角度”选项设置为-40.0°，其他设置如图 2-65 所示。在“节目”窗口中预览效果，如图 2-66 所示。

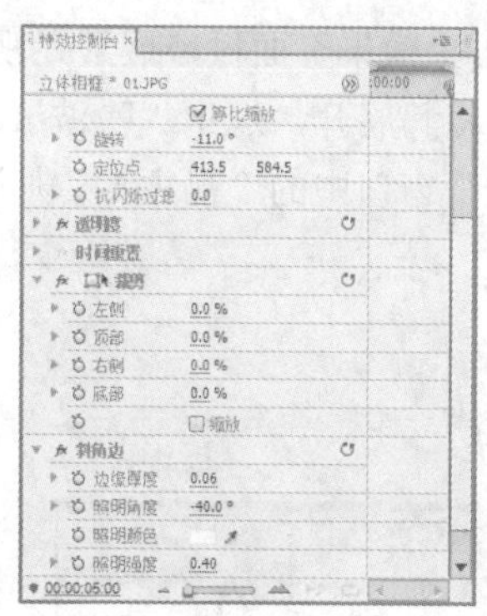

图 2-65

图 2-66

3. 编辑背景

步骤 1 选择“文件 > 新建 > 彩色蒙版”命令，弹出“新建彩色蒙版”对话框，如图 2-67 所示。单击“确定”按钮，弹出“颜色拾取”对话框，设置颜色的 R、G、B 值分别为 255、166、50，如图 2-68 所示。单击“确定”按钮，弹出“选择名称”对话框，输入“墙壁”，如图 2-69 所示。单击“确定”按钮，在“项目”面板中添加一个“墙壁”层，如图 2-70 所示。

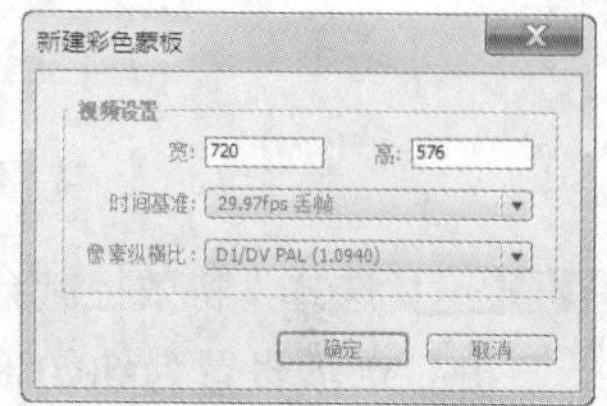

图 2-67

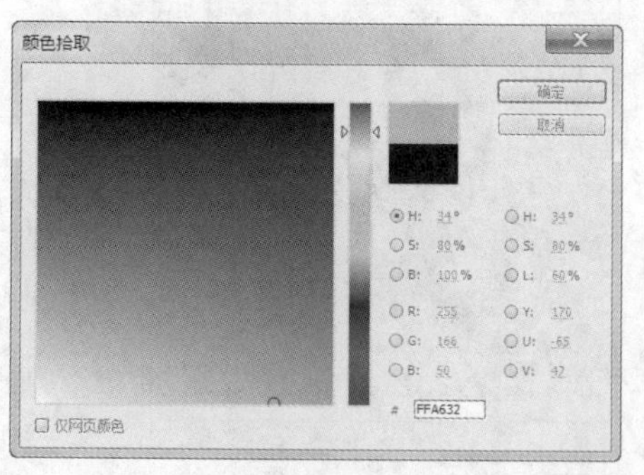

图 2-68

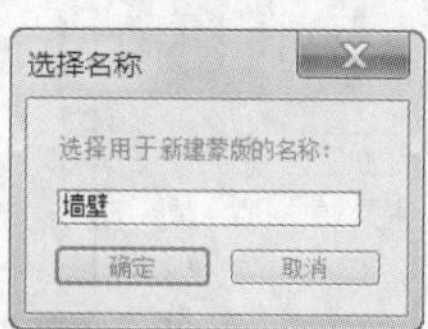

图 2-69

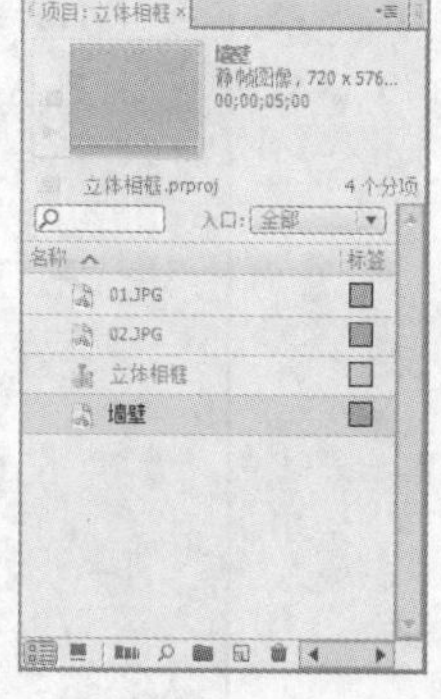

图 2-70

步骤 2 在“项目”面板中选中“墙壁”层，将其拖曳到“时间线”窗口中的“视频 1”轨道中，如图 2-71 所示。在“节目”窗口中预览效果，如图 2-72 所示。

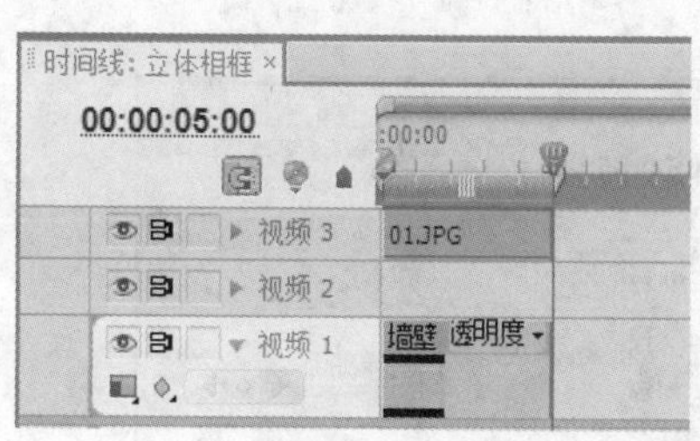

图 2-71

图 2-72

步骤 3 选择“窗口 > 工作区 > 效果”命令，弹出“效果”面板，展开“视频特效”选项，单击“噪波与颗粒”文件夹前面的三角形按钮▷将其展开，选中“噪波 HLS”特效，如图 2-73 所示。将“杂波 HLS”特效拖曳到“时间线”窗口中的“视频 1”轨道上的“墙壁”层上，如图 2-74 所示。

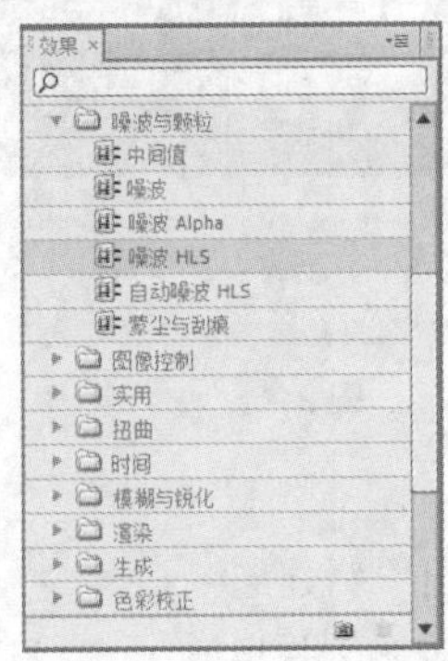

图 2-73

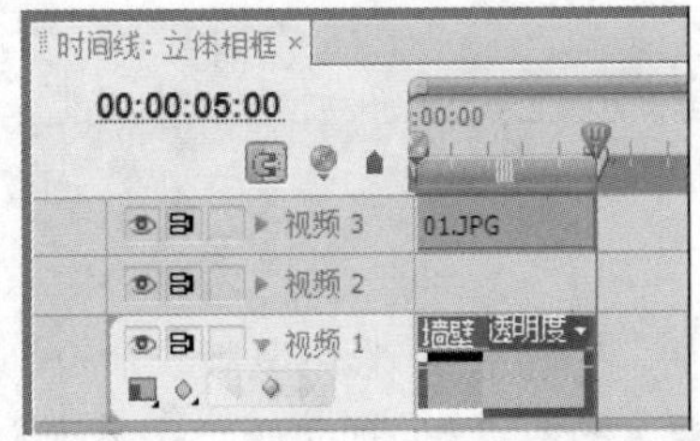

图 2-74

步骤 4 选择“特效控制台”面板，展开“杂波 HLS”特效，将“色相”选项设置为 50.0%，“明度”选项设置为 50.0%，“饱和度”选项设置为 60.0%，“颗粒大小”选项设置为 2.00，其他设置如图 2-75 所示。在“节目”窗口中预览效果，如图 2-76 所示。

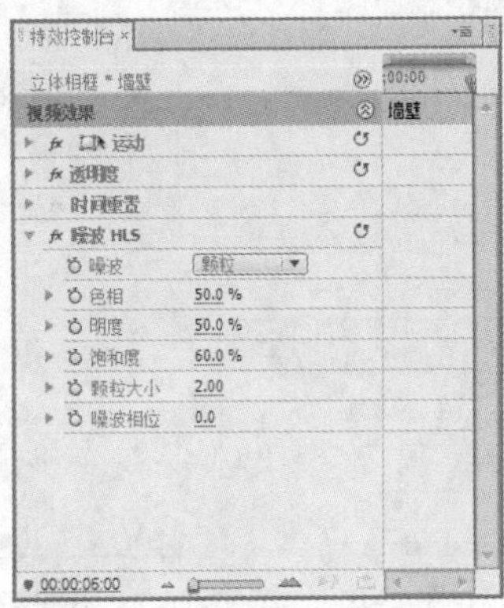

图 2-75

图 2-76

步骤 5 选择“窗口 > 工作区 > 效果”命令，弹出“效果”面板，展开“视频特效”选项，单击“生成”文件夹前面的三角形按钮▷将其展开，选中“棋盘”特效，如图 2-77 所示。将“棋盘”特效拖曳到“时间线”窗口中的“视频 1”轨道上的“墙壁”层上，如图 2-78 所示。

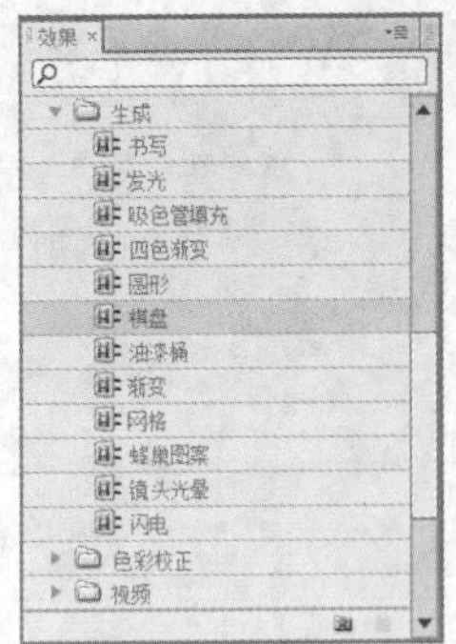

图 2-77

图 2-78

步骤 6 选择“特效控制台”面板，展开“棋盘”特效，将“边角”选项设置为400.0和330.0，单击“混合模式”选项后面的按钮，在弹出的下拉列表中选择“添加”，其他设置如图2-79所示。在“节目”窗口中预览效果，如图2-80所示。

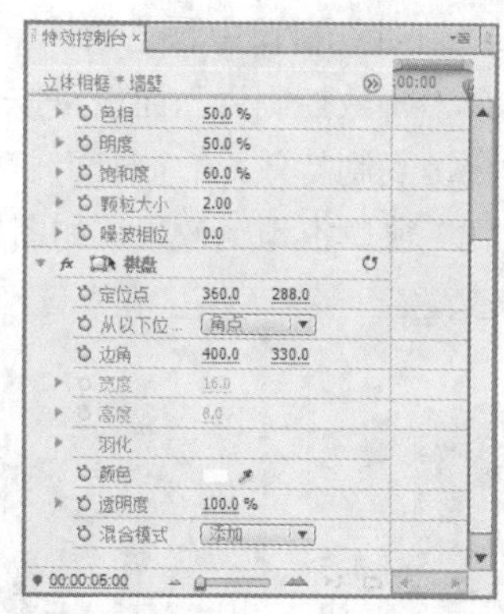

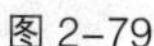

图2-79

图2-80

步骤 7 选择“窗口 > 效果”命令，弹出“效果”面板，展开“视频特效”选项，单击“生成”文件夹前面的三角形按钮▷将其展开，选中“四色渐变”特效，如图2-81所示。将“四色渐变”特效拖曳到“时间线”窗口中的“视频1”轨道上的“墙壁”层上，如图2-82所示。

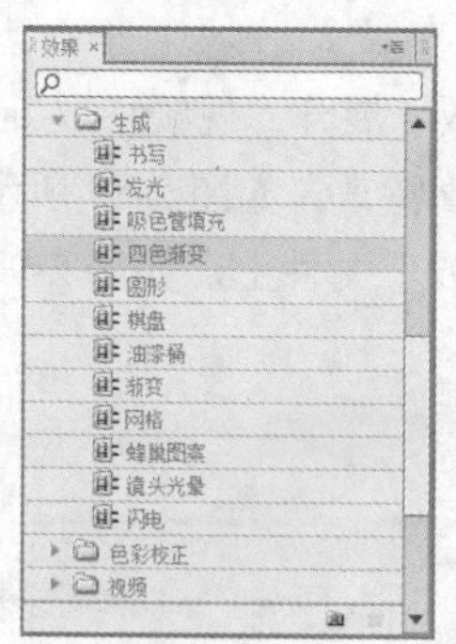

图2-81

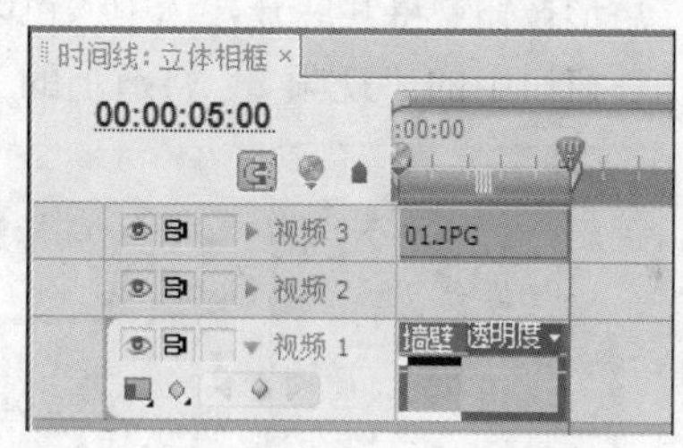

图2-82

步骤 8 选择“特效控制台”面板，展开“四色渐变”特效，将“混合”选项设置为40.0，“抖动”选项设置为30.0%，单击“混合模式”选项后面的按钮，在弹出的下拉列表中选择“滤色”，其他设置如图2-83所示。在“节目”窗口中预览效果，如图2-84所示。在“项目”面板中选中“02”文件并将其拖曳到“时间线”窗口中的“视频2”轨道中，如图2-85所示。

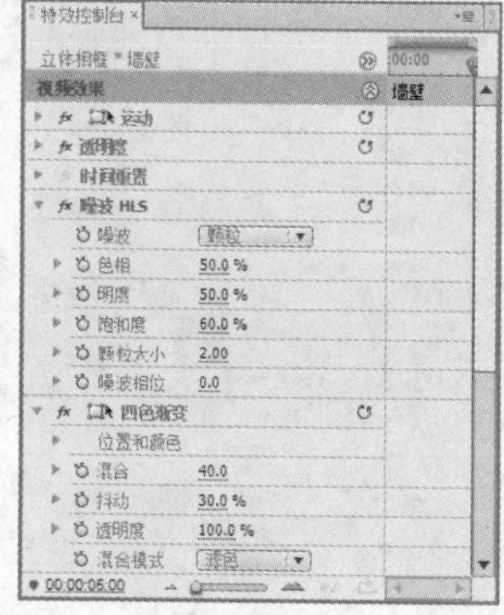

图2-83

图2-84

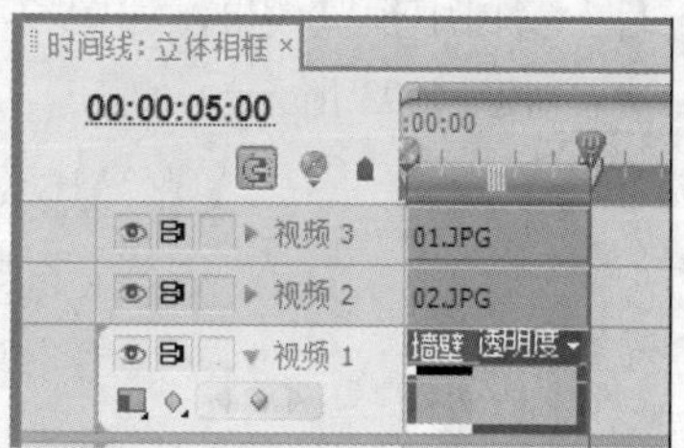

图2-85

4．调整图像亮度

步骤 1　在"时间线"窗口中选中"视频 2"轨道中的"02"文件，选择"特效控制台"面板，展开"运动"选项，将"位置"选项设置为 515.5 和 322.9，"缩放比例"选项设置为 25.4，"旋转"选项设置为 6.0°，如图 2-86 所示。在"节目"窗口中预览效果，如图 2-87 所示。

步骤 2　在"时间线"窗口中选中"01"文件，选择"特效控制台"面板，按<Ctrl>键选中"裁剪"特效和"斜角边"特效，再按<Ctrl>+<C>组合键复制特效，在"时间线"窗口中选中"02"文件，按<Ctrl>+<V>组合键粘贴特效。在"节目"窗口中预览效果，如图 2-88 所示。

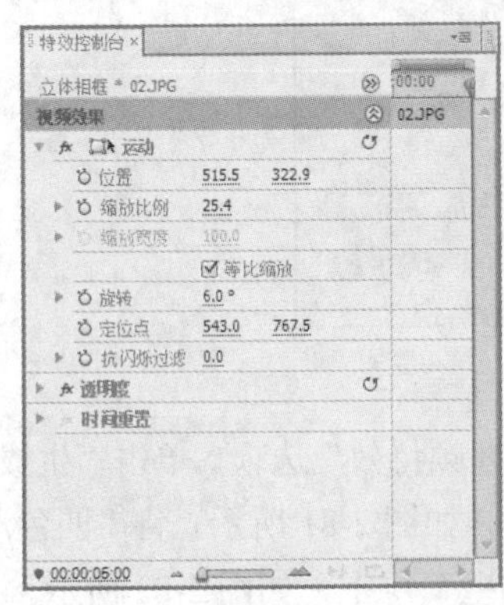

图 2-86

图 2-87

图 2-88

步骤 3　选择"窗口 > 效果"命令，弹出"效果"面板，展开"视频特效"选项，单击"调整"文件夹前面的三角形按钮▷将其展开，选中"色阶"特效，如图 2-89 所示。将"色阶"特效拖曳到"时间线"窗口中的"视频 2"轨道上的"02"文件上，如图 2-90 所示。

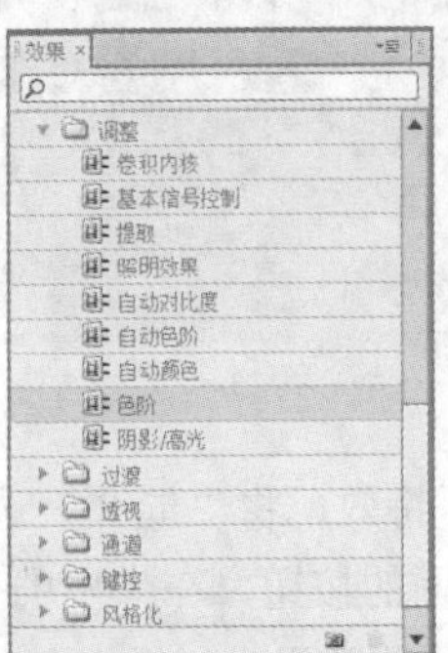

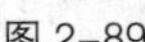

图 2-89

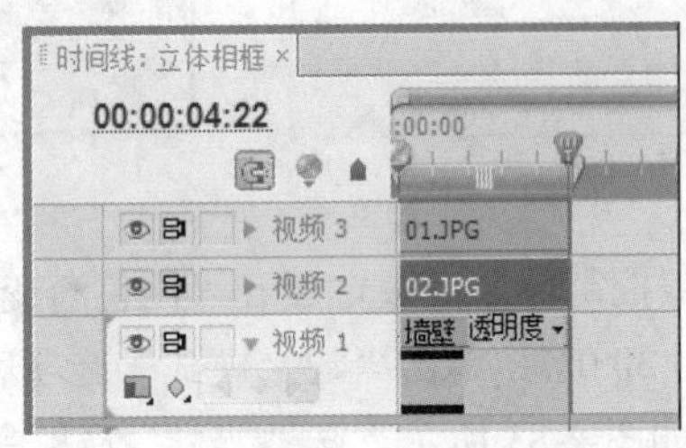

图 2-90

步骤 4　选择"特效控制台"面板，展开"色阶"特效，将"（RGB）输入黑色阶"选项设置为 20，"（RGB）输入白色阶"选项设置为 230，其他设置如图 2-91 所示。在"节目"窗口中预览效果，如图 2-92 所示。立体相框制作完成，如图 2-93 所示。

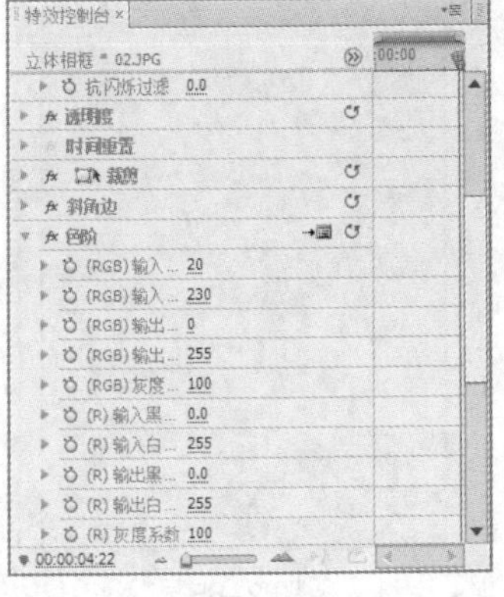

图 2-91

图 2-92

图 2-93

2.2.3 【相关工具】

1. 切割素材

在 Premiere Pro CS4 中，当素材被添加到“时间线”面板中的轨道后，必须对此素材进行分割才能进行后面的操作，可以应用工具箱中的剃刀工具来完成。具体操作步骤如下。

步骤 1 选择“剃刀”工具。

步骤 2 将鼠标指针移到需要切割影片片段的“时间线”面板中的某一素材上单击，该素材即被切割为两个素材，每一个素材都有独立的长度以及入点与出点，如图 2-94 所示。

步骤 3 如果要将多个轨道上的素材在同一点分割，则按住<Shift>键的同时，会显示多重刀片，轨道上所有未锁定的素材都在该位置被分割为两段，如图 2-95 所示。

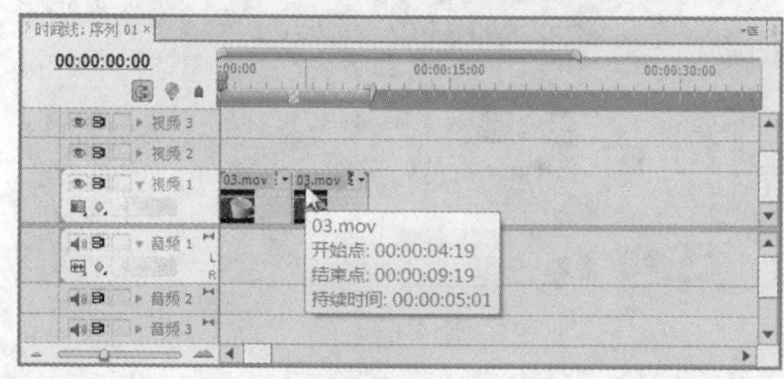

图 2-94

图 2-95

2. 插入和覆盖编辑

用户可以选择插入和覆盖编辑，将“素材源”窗口或者“项目”窗口中的素材插入到“时间线”面板中。在插入素材时，可以锁定其他轨道上的素材或切换，以避免引起不必要的变动。锁定轨道非常有用，如可以在影片中插入一个视频素材而不改变音频轨道。

“插入”按钮和“覆盖”按钮可以将“素材源”窗口中的片段直接置入“时间线”面板中的时间标记位置的当前轨道中。

◎ **插入编辑**

使用插入工具插入片段时，凡是处于时间标记之后（包括部分处于时间标记之后）的素材都会向后推移。如果时间标记位于轨道中的素材之上，插入新的素材会把原有素材分为两段，

直接插在其中，原素材的后半部分将会向后推移，接在新素材之后。使用插入工具插入素材的具体操作步骤如下。

步骤 1 在“素材源”窗口中选中要插入“时间线”面板中的素材，并为其设置入点和出点。

步骤 2 在“时间线”面板中将时间标记移动到需要插入的时间点，如图 2-96 所示。

步骤 3 单击“素材源”窗口下方的“插入”按钮，将选择的素材插入“时间线”面板中，插入的新素材会直接插入其中，把原有素材分为两段，原素材的后半部分将会向后推移，接在新素材之后，效果如图 2-97 所示。

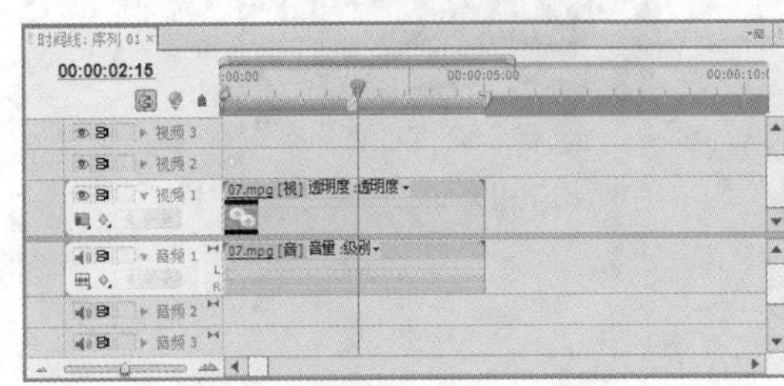

图 2-96

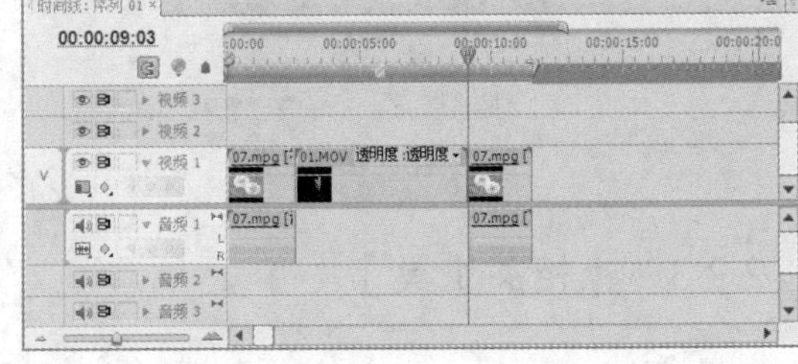

图 2-97

◎ 覆盖编辑

使用覆盖工具插入素材的具体操作步骤如下。

步骤 1 在“素材源”窗口中选中要插入“时间线”面板中的素材，并为其设置入点和出点。

步骤 2 在“素材源”窗口中将时间标记移动到需要插入的时间点，如图 2-98 所示。

步骤 3 单击“素材源”窗口下方的“覆盖”按钮，将选择的素材插入“时间线”面板中，加入的新素材在时间标记处将覆盖源素材，如图 2-99 所示。

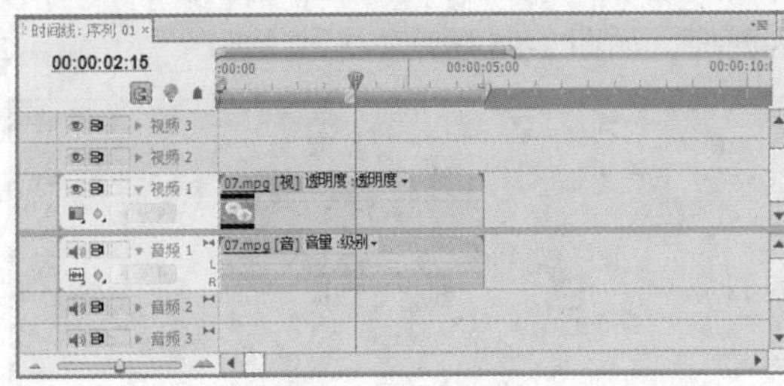

图 2-98

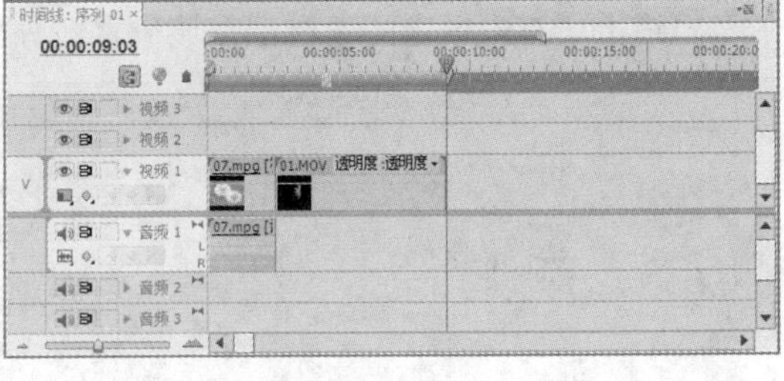

图 2-99

3. 分离和连接素材

为素材建立链接的具体操作步骤如下。

步骤 1 在“时间线”面板中框选要进行链接的视频和音频片段。

步骤 2 单击鼠标右键，在弹出的快捷菜单中选择“链接视音频”命令，片段就被链接在一起。

分离素材的具体操作步骤如下。

步骤 1 在“时间线”面板中选择视频链接素材。

步骤 2 单击鼠标右键，在弹出的快捷菜单中选择“解除视音频链接”命令，即可分离素材的音频和视频部分。

链接在一起的素材被断开后，分别移动音频和视频部分使其错位，然后再链接在一起，系统会在片段上标记警告，并标识错位的时间，如图 2-100 所示。负值表示向前偏移，正值表示向后偏移。

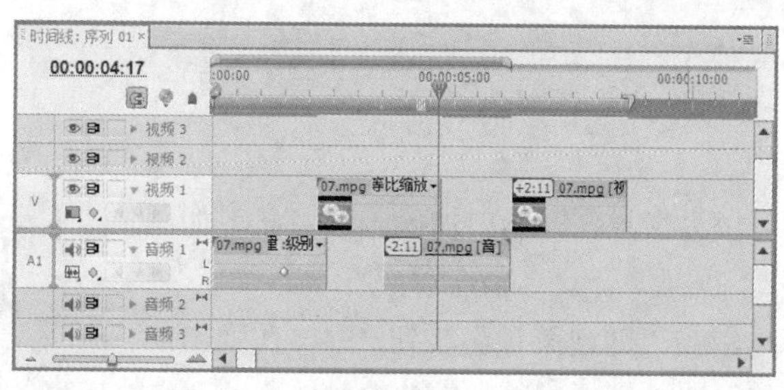

图 2-100

4. 通用倒计时

通用倒计时通常用于影片开始前的倒计时准备。Premiere Pro CS4 为用户提供了现成的通用倒计时，用户可以非常简便地创建一个标准的倒计时素材，并可以在 Premiere Pro CS4 中随时对其进行修改。具体操作步骤如下。

步骤 1 单击“项目”面板下方的“新建分项”按钮，在弹出的列表中选择“通用倒计时片头”选项，弹出“新建通用倒计时片头”对话框，如图 2-101 所示。设置完成后，单击“确定”按钮，弹出“通用倒计时片头设置”对话框，如图 2-102 所示。

图 2-101

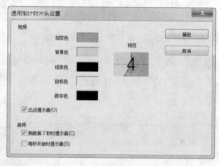

图 2-102

划变色：擦除颜色。播放倒计时影片的时候，指示线会不停地围绕圆心转动，在指示线转动方向之后的颜色为划变色。

背景色：背景颜色。指示线转换方向之前的颜色为背景色。

线条色：指示线颜色。固定十字及转动的指示线的颜色由该项设定。

目标色：准星颜色。指定圆形准星的颜色。

数字色：数字颜色。指定倒计时影片中 8、7、6、5、4 等数字的颜色。

出点提示音：结束提示标志。在倒计时结束时显示标志图形。

倒数 2 秒处响提示音：2s 处是提示音标志。在显示“2”的时候发声。

每秒开始时提示音：每秒提示音标志。在每 1s 开始的时候发声。

步骤 2 设置完成后，单击“确定”按钮，Premiere Pro CS4 自动将该段倒计时影片加入“项目”面板。

用户可在“项目”面板或“时间线”窗口中双击倒计时素材，随时打开“通用倒计时片头设置”对话框进行修改。

5. 彩条和黑场

◎ 彩条

Premiere Pro CS4 可以为影片在开始前加入一段彩条，如图 2-103 所示。

图 2-103

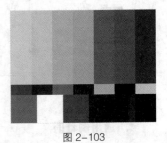

在“项目”面板下方单击“新建分项”按钮，在弹出的列表中选择“彩条”选项，即可创建彩条。

◎ 黑场

Premiere Pro CS4 可以在影片中创建一段黑场。在“项目”面板下方单击“新建分项”按钮，在弹出的列表中选择“黑场”选项，即可创建黑场。

6. 彩色蒙版

Premiere Pro CS4 还可以为影片创建一个彩色蒙版。用户可以将彩色蒙版当做背景，也可利用“透明度”命令来设定与它相关的色彩的透明性。具体操作步骤如下。

步骤 1 在“项目”面板下方单击“新建分项”按钮，在弹出的列表中选择“彩色蒙版”选项，弹出“新建彩色蒙版”对话框，如图 2-104 所示。进行参数设置后，单击“确定”按钮，弹出“颜色拾取”对话框，如图 2-105 所示。

步骤 2 在“颜色拾取”对话框中选取蒙版所要使用的颜色，单击“确定”按钮。用户可在“项目”面板或“时间线”面板中双击彩色蒙版，随时打开“颜色拾取”对话框进行修改。

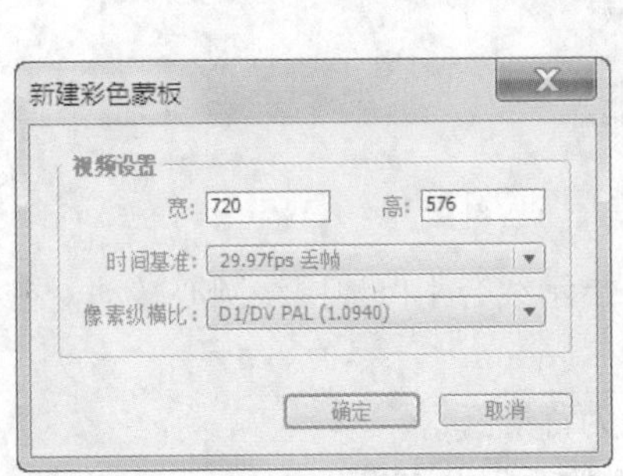

图 2-104

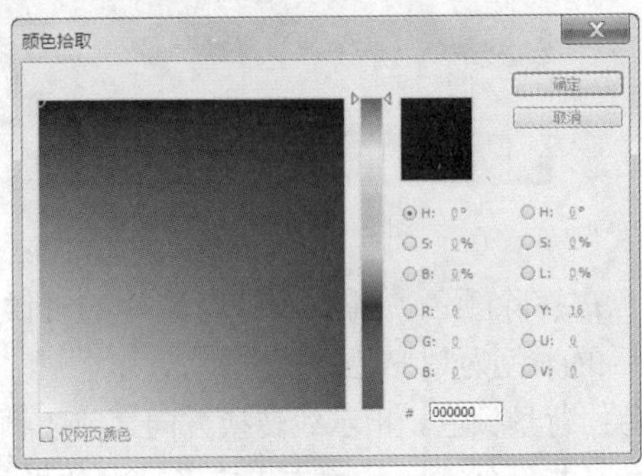

图 2-105

7. 透明视频

在 Premiere Pro CS4 中，用户可以创建一个透明的视频层，它能够应用特效到一系列的影片剪辑中而无须重复地复制和粘贴属性。只要应用一个特效到透明视频轨道上，特效结果将自动出现在下面的所有视频轨道中。

2.2.4 【实战演练】倒计时

使用“字幕”命令编辑文字与背景效果；使用“时钟式划变”命令制作倒计时效果；使用“缩放比例”选项编辑图像大小。（最终效果参看光盘中的“Ch02\倒计时\倒计时.prproj”，见图 2-106。）

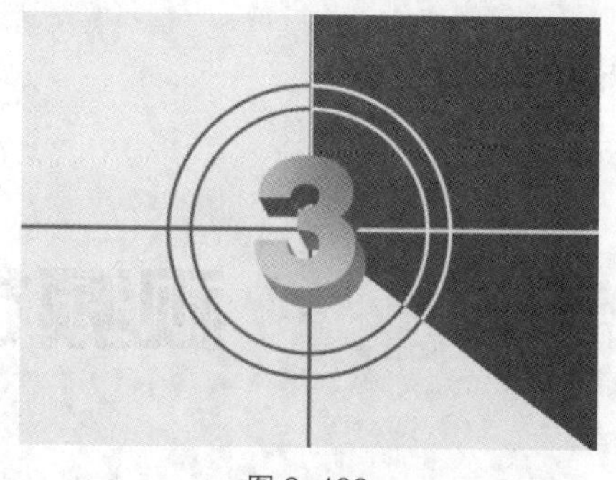

图 2–106

2.3 综合演练——镜头的快慢处理

使用“缩放比例”选项改变视频文件的大小；使用剃刀工具分割文件；使用“速度/持续时间”命令改变视频播放的快慢。（最终效果参看光盘中的“Ch02\镜头的快慢处理\镜头的快慢处理.prproj”，见图 2-107。）

图 2–107

2.4 综合演练——影视片头

使用“通道倒计时片头”命令编辑默认倒计时属性；使用“速度/持续时间”命令改变视频文件的播放速度。（最终效果参看光盘中的“Ch02\影视片头\影视片头.prproj”，见图 2-108。）

图 2–108

第3章 视频切换效果

本章主要介绍如何在 Premiere Pro CS4 的影片素材或静止图像素材之间建立丰富多彩的切换特效的方法。每一个图像切换的控制方式具有很多可调的选项。本章内容对于影视剪辑中的镜头切换有着非常实用的意义，它可以使剪辑的画面更加富于变化，更加生动多姿。

课堂学习目标

- 视频切换特技设置
- 高级切换特技

3.1 海底世界

3.1.1 【操作目的】

按<Ctrl>+<D>组合键添加转场默认效果；按<Page Down>键调整时间指示器。（最终效果参看光盘中的“Ch03\海底世界\海底世界. prproj”，见图 3-1。）

图 3-1

3.1.2 【操作步骤】

1. 新建项目

步骤 1 启动 Premiere Pro CS4 软件，弹出“欢迎使用 Adobe Premiere Pro”界面，单击“新建项目”按钮，弹出“新建项目”对话框，设置“位置”选项，选择保存文件路径，在“名称”文本框中输入文件名“海底世界”，如图 3-2 所示。单击“确定”按钮，弹出“新建序

列”对话框，在左侧的列表中展开“DV-PAL”选项，选中“标准 48kHz”模式，如图 3-3 所示，单击“确定”按钮。

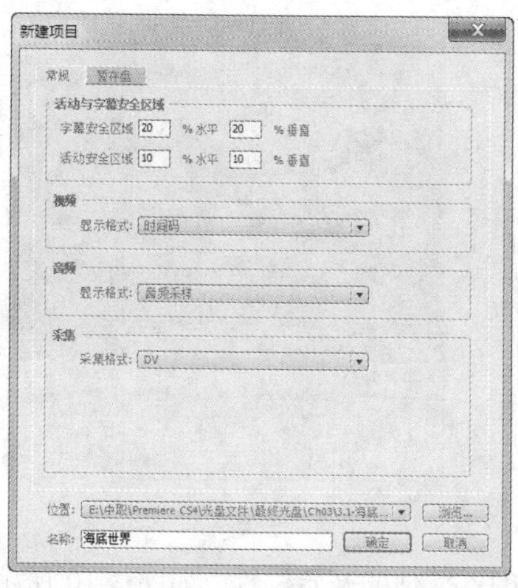

图 3–2

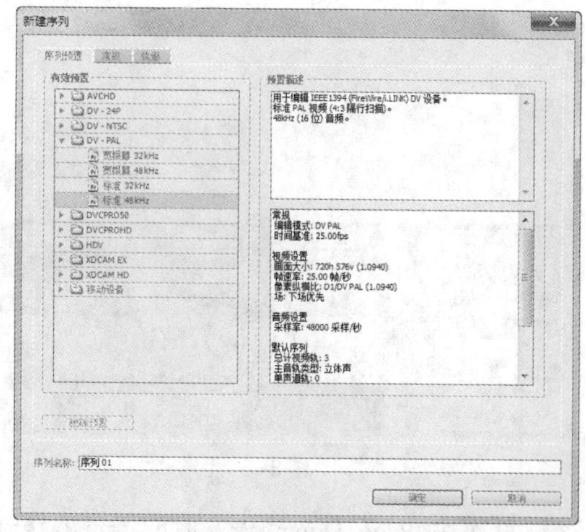

图 3–3

步骤 2 选择“文件 > 导入”命令，弹出“导入”对话框，选择光盘中的“Ch03/海底世界/素材/01、02、03 和 04”文件，单击“打开”按钮导入视频文件，如图 3-4 所示。导入后的文件排列在“项目”面板中，如图 3-5 所示。

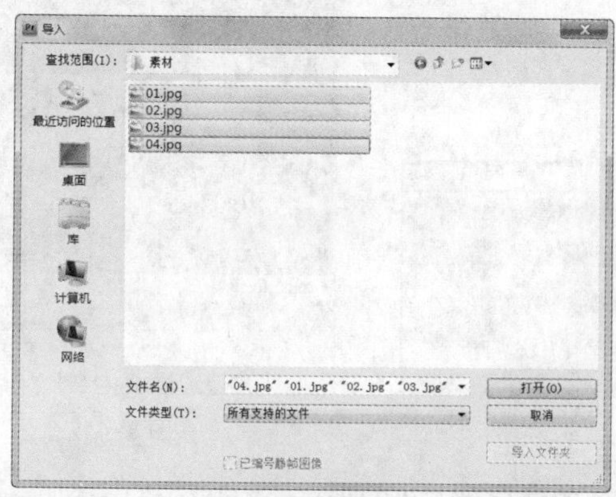

图 3–4

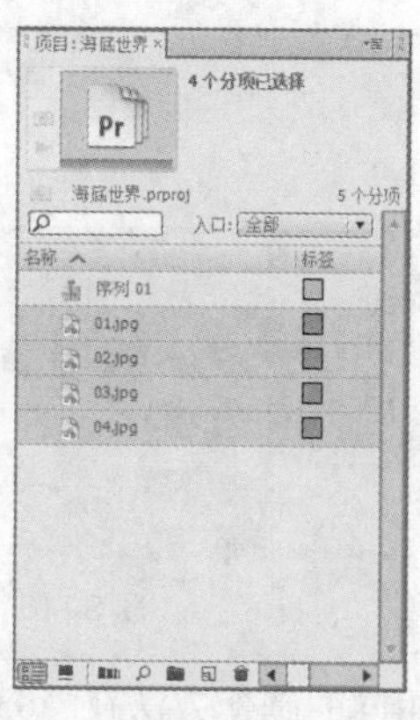

图 3–5

2. 添加转场效果

步骤 1 按住<Ctrl>键，在“项目”面板中分别单击“01、02、03 和 04”文件并将其拖曳到“时间线”窗口中的“视频 1”轨道中，如图 3-6 所示。将时间指示器放置在 0s 的位置，按<Page Down>键，时间指示器转到“02”文件的开始位置，如图 3-7 所示。

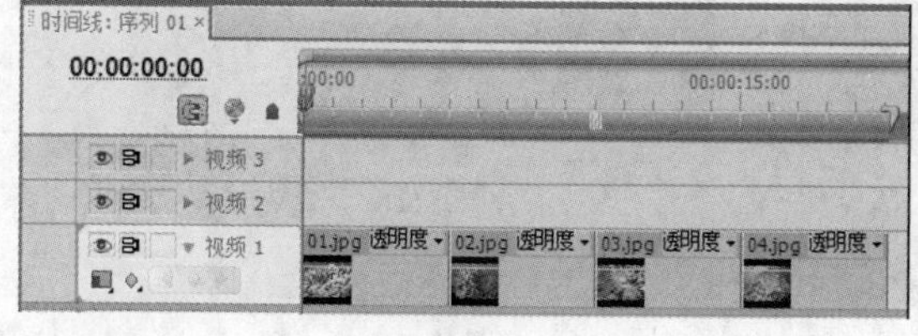

图 3–6

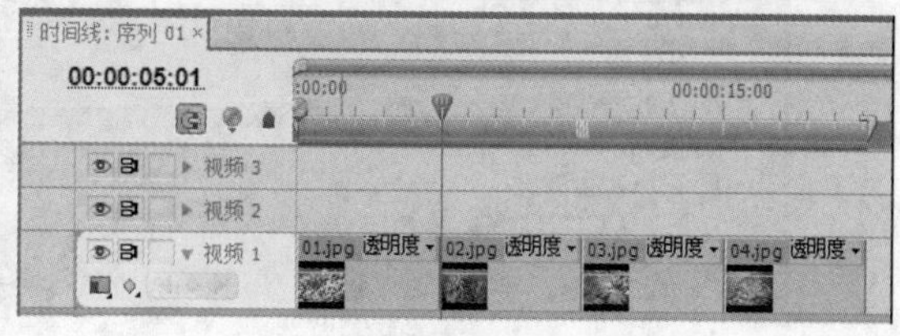

图 3–7

步骤 2 按<Ctrl>+<D>组合键，在“01”文件的结尾处与“02”文件的开始位置添加一个默认的转场效果，如图 3-8 所示。在“节目”窗口中预览效果，如图 3-9 所示。

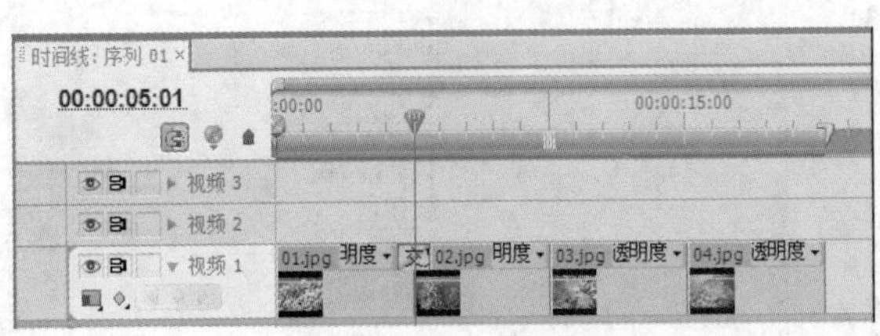

图 3-8

图 3-9

步骤 3 再次按<Page Down>键，时间指示器转到“03”文件的开始位置，如图 3-10 所示。按<Ctrl>+<D>组合键，在“02”文件的结尾处与“03”文件的开始位置添加一个默认的转场效果。在“节目”窗口中预览效果，如图 3-11 所示。

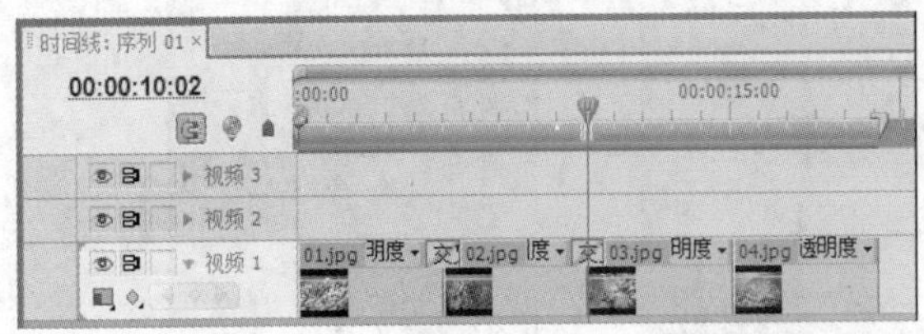

图 3-10

图 3-11

步骤 4 用相同的制作方法在“03”文件的结尾处与“04”文件的开始位置添加一个默认的转场效果，如图 3-12 所示。海底世界制作完成，如图 3-13 所示。

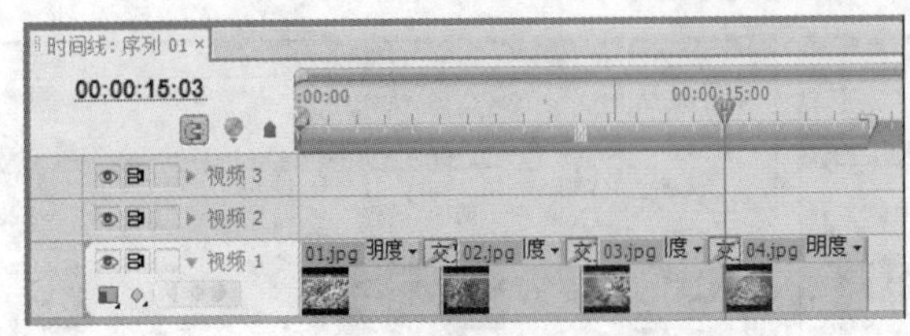

图 3-12

图 3-13

3.1.3 【相关工具】

1. 使用镜头切换

一般情况下，切换在同一轨道的两个相邻素材之间使用，如图 3-14 所示。当然，也可以单独为一个素材施加切换，这时候素材与其下方的轨道进行切换，但是下方的轨道只是作为背景使用，并不能被切换所控制。

为影片添加切换后，可以改变切换的长度。最简单的方法是在序列中选中“切换”按钮 交叉叠化（标准），拖曳切换的边缘即可。还可以双击切换打开“特效控制台”对话框，在该对话框中对切换作进一步调整，如图 3-15 所示。

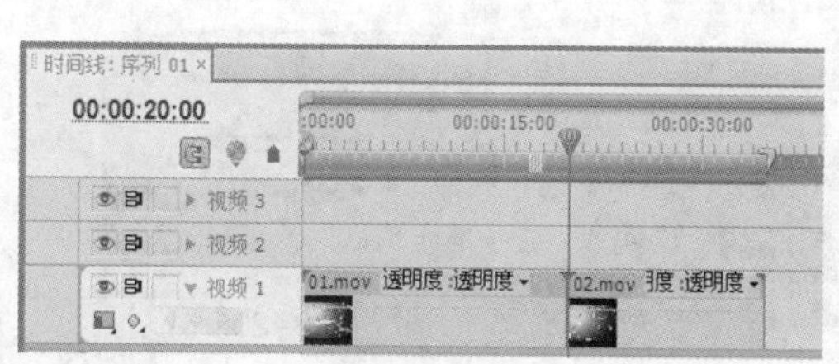

图 3-14

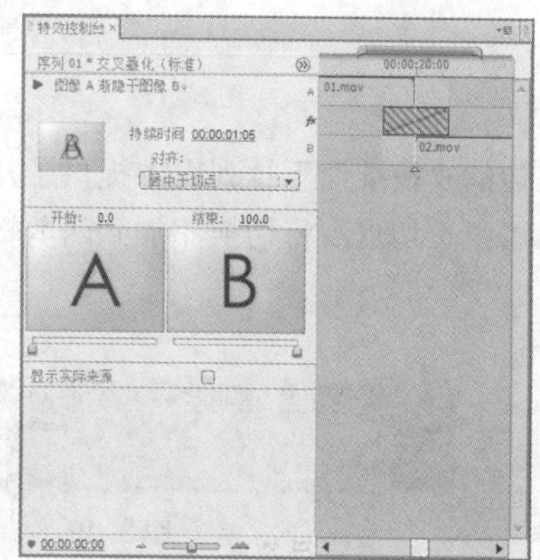

图 3-15

2. 调整切换区域

在右侧的时间线区域里可以设置切换的长度和位置。在两段影片加入切换后，时间线上会有一个重叠区域，这个重叠区域就是发生切换的范围。同“时间线”面板中只显示入点和出点间的影片不同，在“效果控制”面板的时间线中，会显示影片的完全长度。这样设置的优点是可以随时修改影片参与切换的位置。

将鼠标指针移动到影片上，按住鼠标左键拖曳，即可移动影片的位置，改变切换的影响区域，如图 3-16 所示。

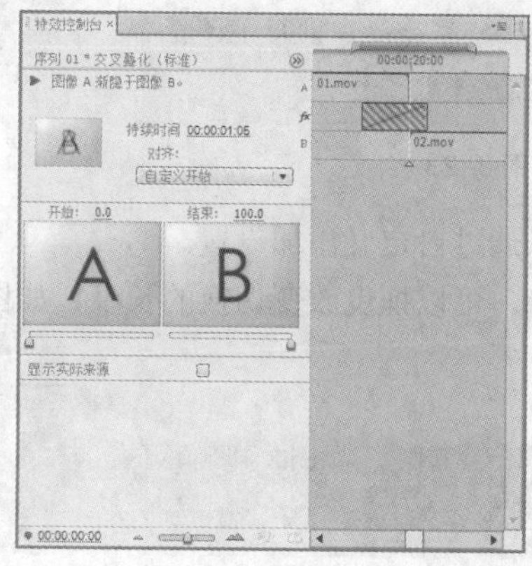

图 3-16

将鼠标指针移动到切换中线上拖曳，可以改变切换位置，如图 3-17 所示。还可以将鼠标指针移动到切换上拖曳改变位置，如图 3-18 所示。

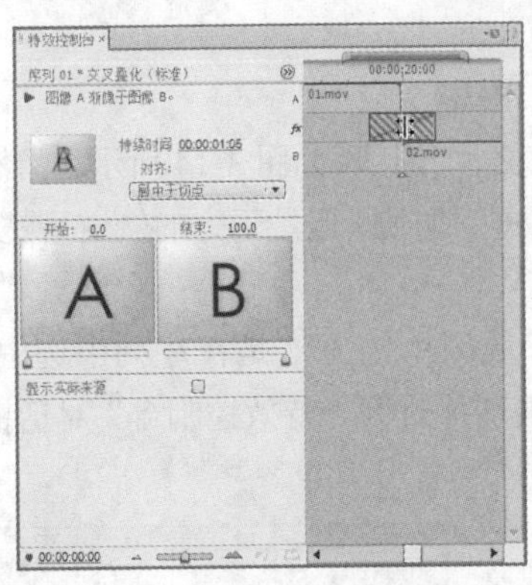

图 3-17

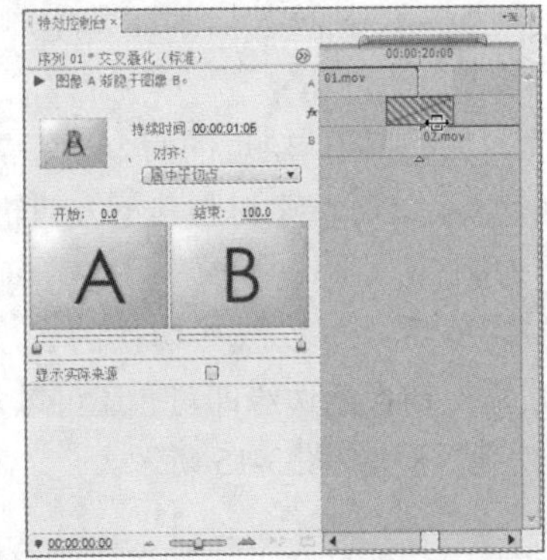

图 3-18

在左边的“校准”下拉列表中提供了几种切换对齐方式。

（1）居中于切点：将切换添加到两剪辑的中间部分，如图 3-19 和图 3-20 所示。

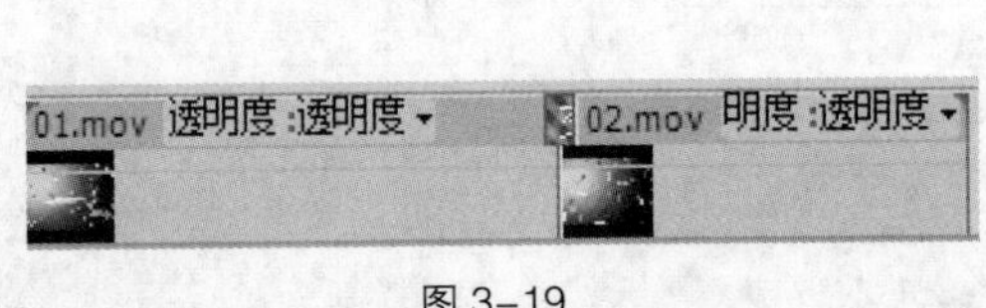

图 3-19

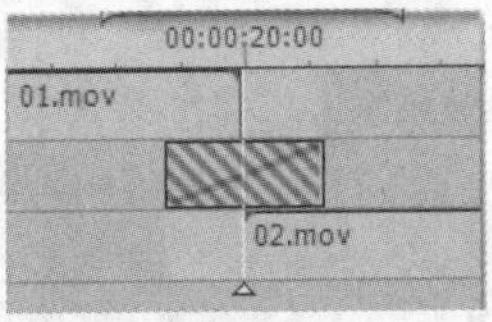

图 3-20

（2）开始在切点：以片段 B 的入点位置为准建立切换，如图 3-21 和图 3-22 所示。

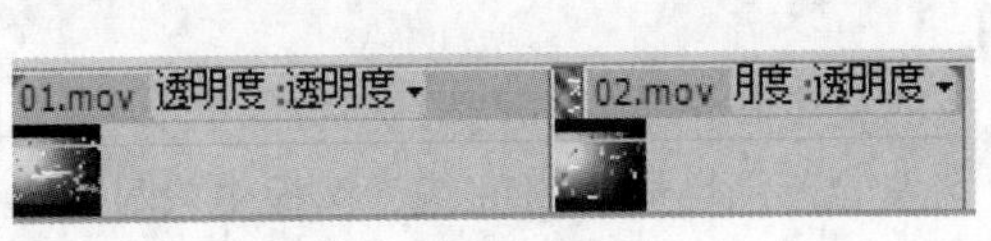

图 3-21

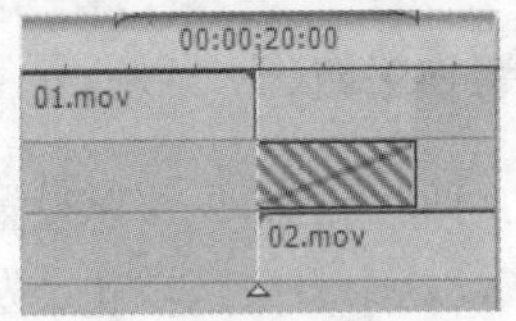

图 3-22

（3）结束在切点：将切换点添加到第一个剪辑的结尾处，如图 3-23 和图 3-24 所示。

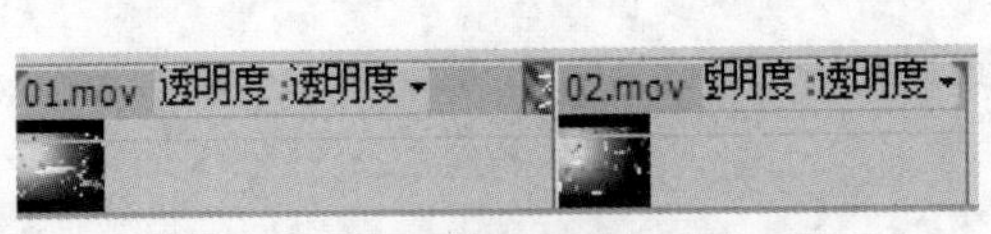

图 3-23

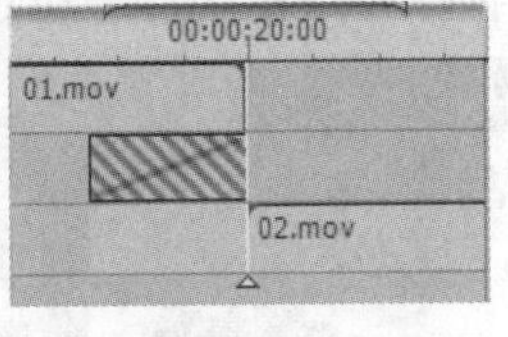

图 3-24

（4）自定义开始：表示可以通过自定义添加设置。

将鼠标指针移动到切换边缘，可以拖曳改变切换的长度，如图 3-25 和图 3-26 所示。

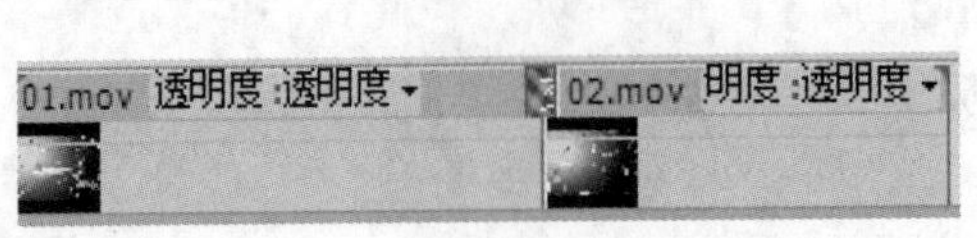

图 3-25

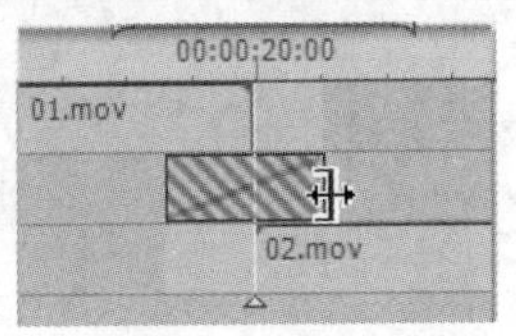

图 3-26

3. 切换设置

在左边的切换设置中，可以对切换做进一步的设置。

默认情况下，切换都是从 A 到 B 完成的。要改变切换的开始和结束状态，可拖曳“开始”和“结束”滑块。按住<Shift>键并拖曳滑块可以使开始和结束滑块以相同的数值变化。

勾选“显示实际来源”复选框，可以在切换设置面板上方“启动”和“结束”窗口中显示切换的开始帧和结束帧，如图 3-27 所示。

在对话框上方单击▶按钮，可以在小视窗中预览切换效果，如图 3-28 所示。对于某些有方向性的切换来说，可以在上方小视窗中单击箭头改变切换的方向。

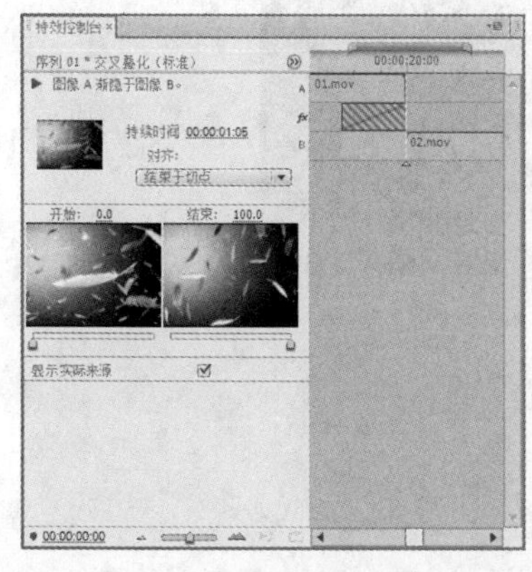

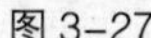

图 3-27

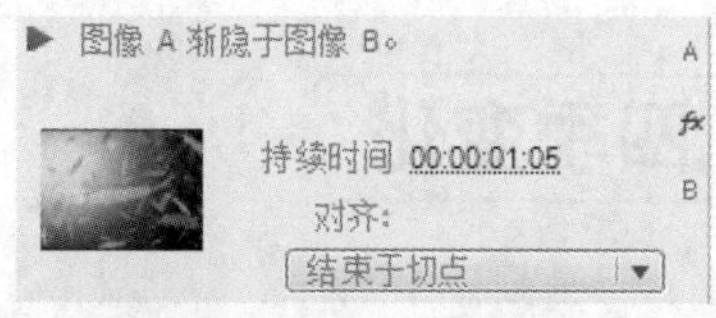

图 3-28

某些切换具有位置的性质，如出入屏的时候画面从屏幕的哪个位置开始，这时候可以在切换的开始和结束显示框中调整位置。

对话框上方的“持续时间”栏中可以输入切换的持续时间，这与拖曳切换边缘改变长度是相同的。

4. 设置默认切换

选择“编辑 > 参数 > 常规”命令，在弹出的“参数”对话框中进行切换的默认设置。

可以将当前选定的切换设为默认切换，这样，在使用如自动导入这样的功能时，所建立的都是该切换，并可以分别设定视频和音频切换的默认时间，如图 3-29 所示。

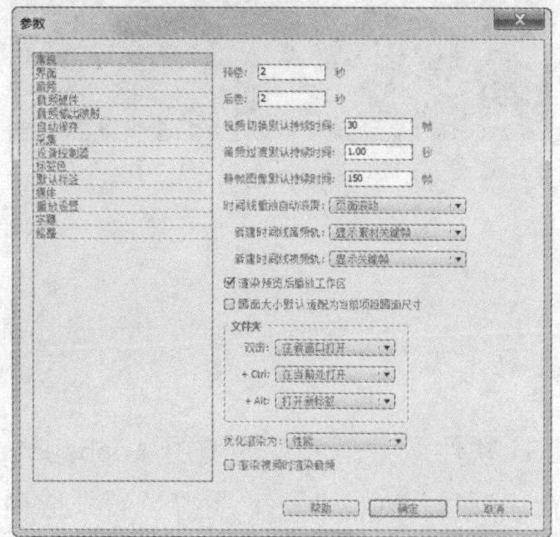

图 3-29

Premiere Pro CS4 将各种转换特效根据类型的不同，分别放在“效果”面板中的“视频切换效果”文件夹下的子文件夹中，用户可以根据使用的转换类型，方便地进行查找。

3.1.4 【实战演练】紫色风光

按<Ctrl>+<D>组合键添加转场默认效果；按<Page Down>键调整时间提示器。（最终效果参看光盘中的“Ch03\紫色风光\紫色风光. prproj”，见图 3-30。）

图 3–30

3.2 四季变化

3.2.1 【操作目的】

使用“斜线滑动”命令制作视频斜线自由线条效果；使用“划像形状”命令制作视频锯齿形状；使用“页面剥落”命令制作视频卷页效果；使用“缩放比例”选项编辑图像的大小；使用“自动对比度”命令编辑图像的亮度对比度；使用“自动色阶”命令编辑图像的明亮度。（最终效果参看光盘中的“Ch03\四季变化\四季变化. prproj”，见图 3-31。）

图 3–31

3.2.2 【操作步骤】

1. 新建项目与导入视频

步骤 1 启动 Premiere Pro CS4 软件，弹出“欢迎使用 Adobe Premiere Pro”界面，单击“新建项目”按钮，弹出“新建项目”对话框，设置“位置”选项，选择保存文件路径，在“名称”文本框中输入文件名“四季变化”，如图 3-32 所示。单击“确定”按钮，弹出“新建序

列”对话框，在左侧的列表中展开“DV-PAL”选项，选中“标准 48kHz”模式，如图 3-33 所示，单击“确定”按钮。

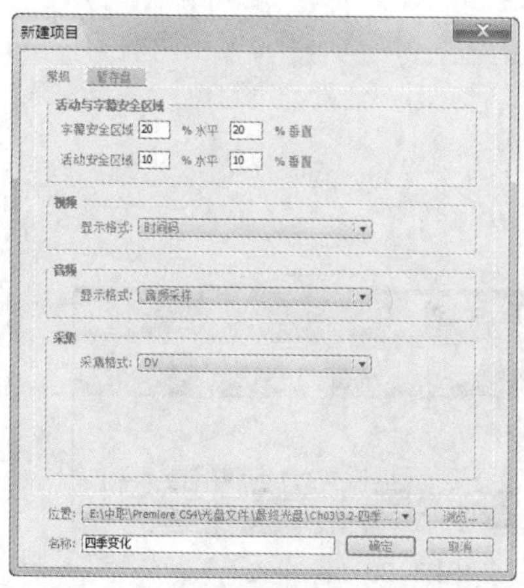

图 3-32

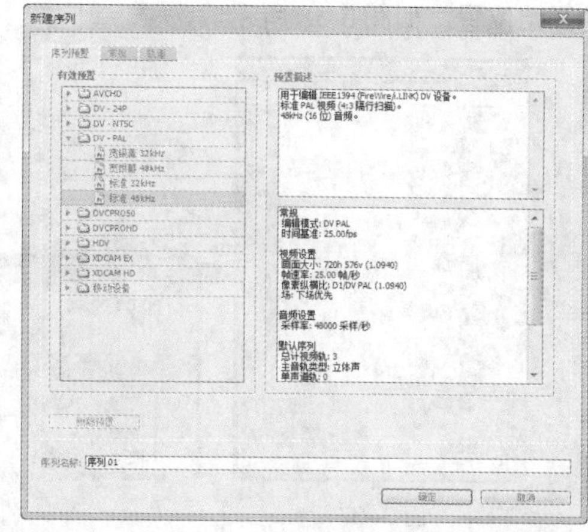

图 3-33

步骤 2 选择“文件 > 导入”命令，弹出“导入”对话框，选择光盘中的“Ch03/四季变化/素材/01、02、03 和 04”文件，单击“打开”按钮导入图片，如图 3-34 所示。导入后的文件排列在“项目”面板中，如图 3-35 所示。

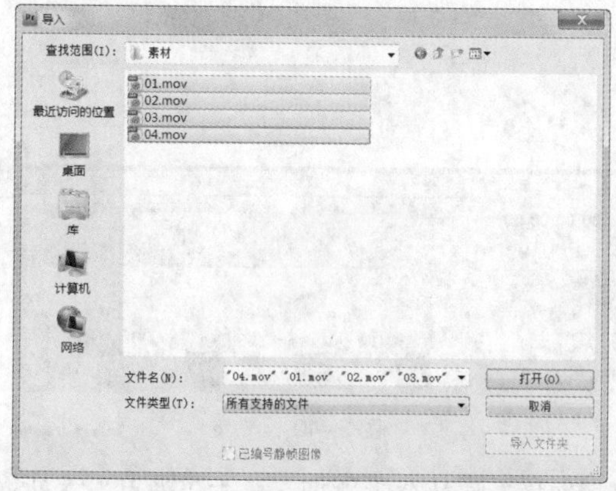

图 3-34

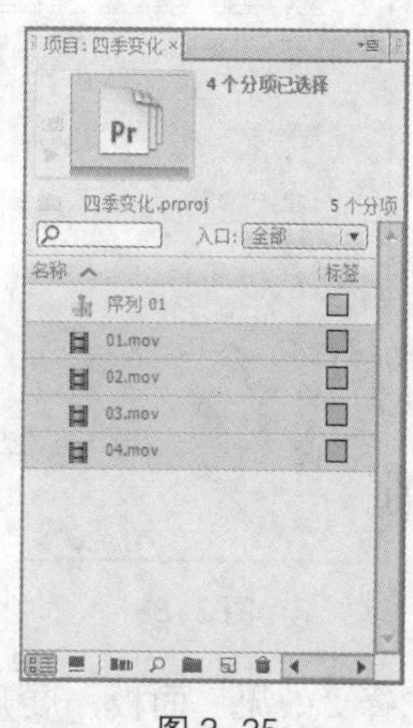

图 3-35

步骤 3 按住<Ctrl>键，在“项目”面板中分别选中“01、02、03 和 04”文件并将其拖曳到“时间线”窗口中的“视频 1”轨道中，如图 3-36 所示。

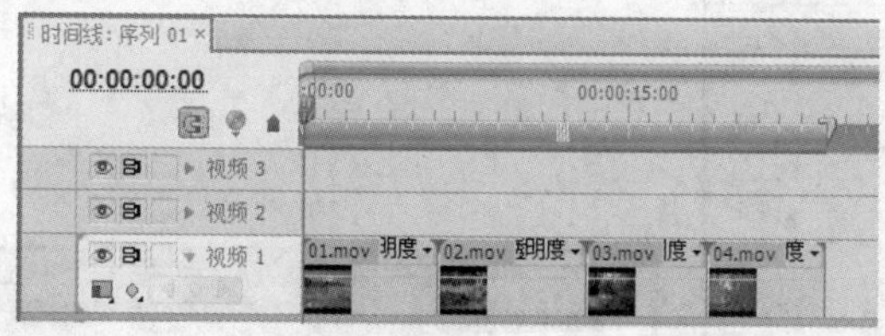

图 3-36

2. 制作视频转场特效

步骤 1 选择“窗口 > 工作区 > 效果”命令，弹出“效果”面板，展开“视频切换”特效分类选项，单击“滑动”文件夹前面的三角形按钮▶将其展开，选中“斜线滑动”特效，如图3-37所示。将“斜线滑动”特效拖曳到“时间线”窗口中的“01”文件的结尾处与“02”文件的开始位置，如图3-38所示。

图 3-37

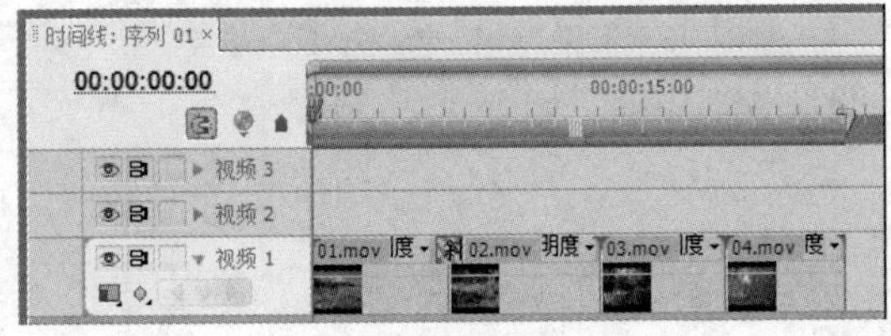

图 3-38

步骤 2 选择“效果”面板，展开“视频切换”特效分类选项，单击“划像”文件夹前面的三角形按钮▶将其展开，选中“划像形状”特效，如图3-39所示。将“划像形状”特效拖曳到“时间线”窗口中的“02”文件的结尾处与“03”文件的开始位置，如图3-40所示。

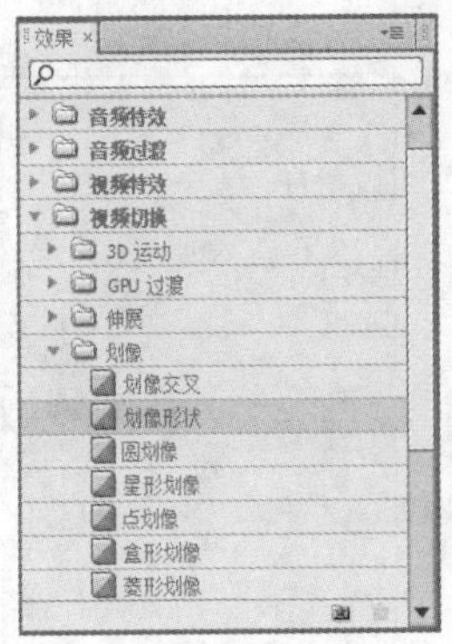

图 3-39

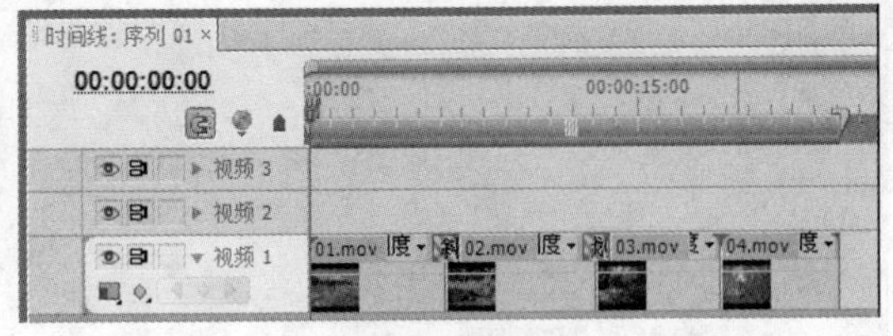

图 3-40

步骤 3 选择“效果”面板，展开“视频切换”特效分类选项，单击“卷页”文件夹前面的三角形按钮▶将其展开，选中“页面剥落”特效，如图3-41所示。将“页面剥落”特效拖曳到“时间线”窗口中的“03”文件的结尾处与“04”文件的开始位置，如图3-42所示。

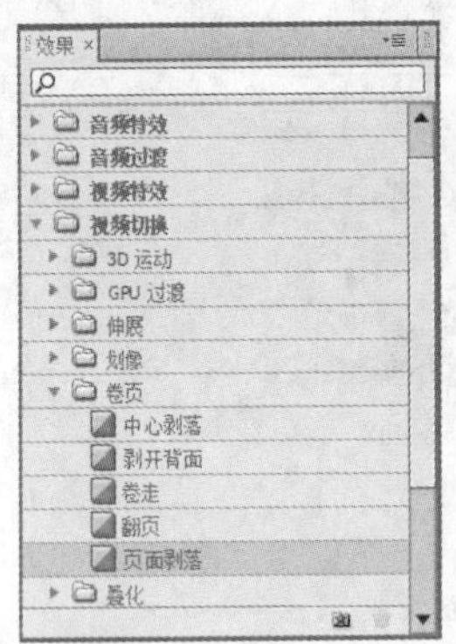

图 3-41

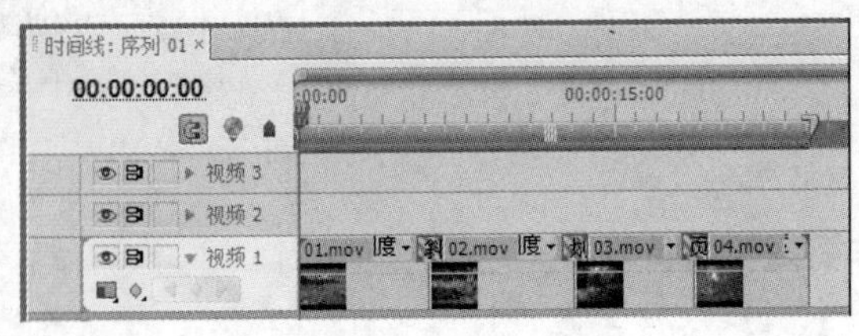

图 3-42

步骤 4 选中“时间线”窗口中的“01”文件，选择“特效控制台”面板，展开“运动”选项，将“缩放比例”选项设置为120.0，如图3-43所示。在“节目”窗口中预览效果，如图3-44所示。

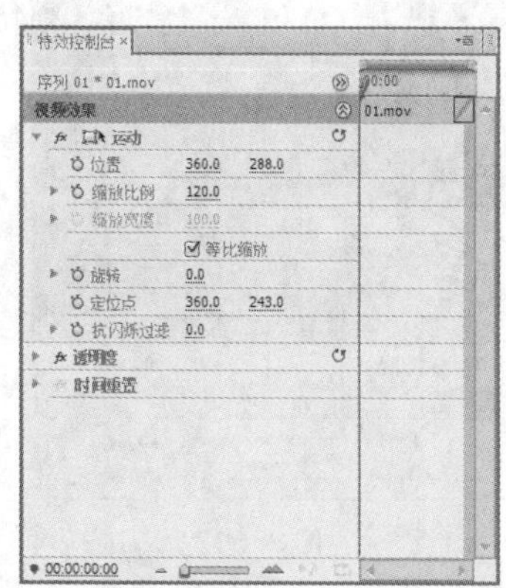

图3-43

图3-44

步骤 5 选中“时间线”窗口中的“02”文件，选择“特效控制台”面板，展开“运动”选项，将“缩放比例”选项设置为120.0，如图3-45所示。在“节目”窗口中预览效果，如图3-46所示。用相同的方法缩放其他两个文件。

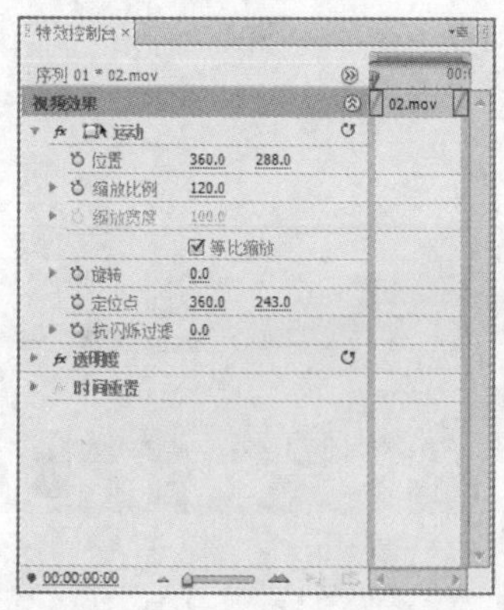

图3-45

图3-46

步骤 6 选择“效果”面板，展开“视频特效”特效分类选项，单击“调整”文件夹前面的三角形按钮▶将其展开，选中“自动对比度”特效，如图3-47所示。将“自动对比度”特效拖曳到“时间线”窗口中的“03”文件上，如图3-48所示。

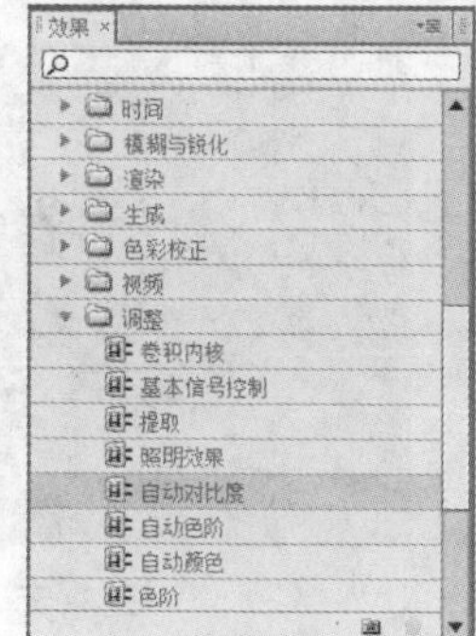

图3-47

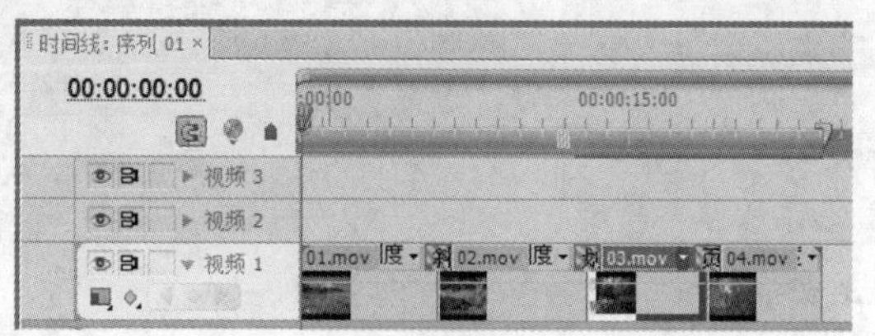

图3-48

步骤 7 选择“特效控制台”面板，展开“自动对比度”特效并进行参数设置，如图 3-49 所示。在“节目”窗口中预览效果，如图 3-50 所示。

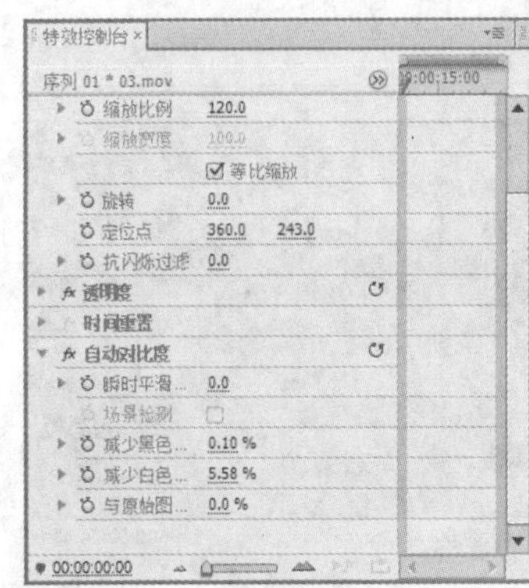

图 3-49

图 3-50

步骤 8 选择“效果”面板，展开“视频效果”特效分类选项，单击“调整”文件夹前面的三角形按钮▶将其展开，选中“自动色阶”特效，如图 3-51 所示。将“自动色阶”特效拖曳到“时间线”窗口中的“04”文件上，如图 3-52 所示。

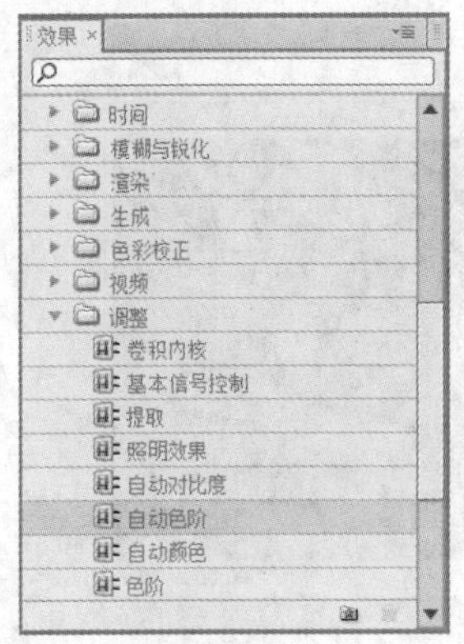

图 3-51

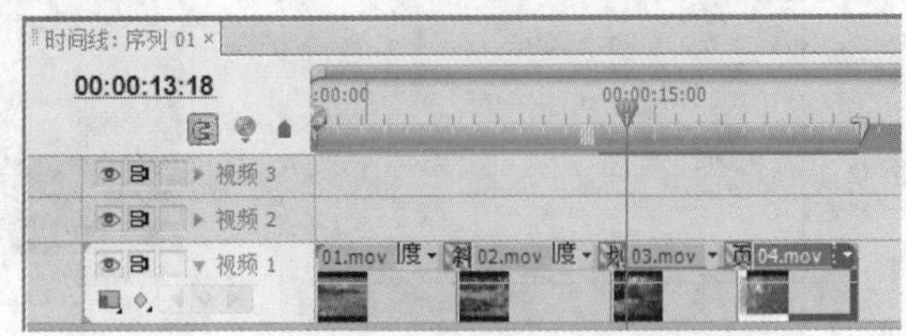

图 3-52

步骤 9 选择“特效控制台”面板，展开“自动色阶”选项并进行参数设置，如图 3-53 所示。在“节目”窗口中预览效果，如图 3-54 所示。四季变化制作完成，效果如图 3-55 所示。

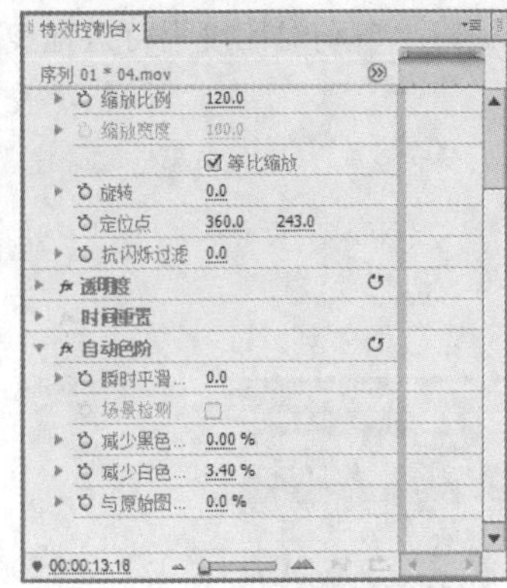

图 3-53

图 3-54

图 3-55

3.2.3 【相关工具】

1. 3D 运动

在“3D 运动”文件夹中共包含 10 种三维运动效果的场景切换。

◎ **向上折叠**

“向上折叠”特效使影片 A 像纸一样被重复折叠，显示影片 B，效果如图 3-56 和图 3-57 所示。

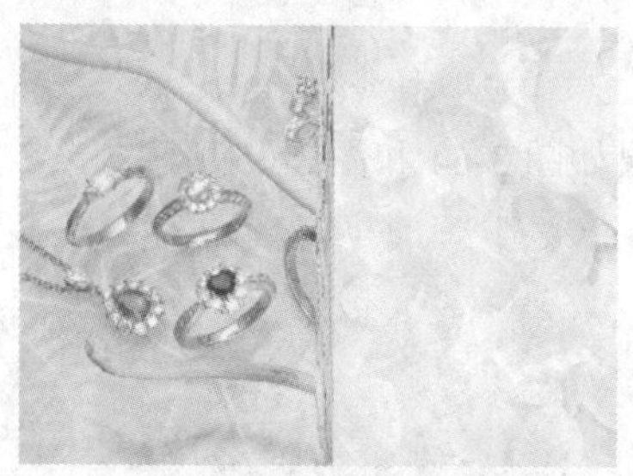

图 3-56

图 3-57

◎ **帘式**

“帘式”特效使影片 A 如同窗帘一样被拉起，显示影片 B，效果如图 3-58 和图 3-59 所示。

图 3-58

图 3-59

◎ **摆入**

“摆入”特效使影片 B 过渡到影片 A 产生内关门效果，如图 3-60 和图 3-61 所示。

图 3-60

图 3-61

◎ **摆出**

“摆出”特效使影片 B 过渡到影片 A 产生外关门效果，效果如图 3-62 和图 3-63 所示。

图 3-62

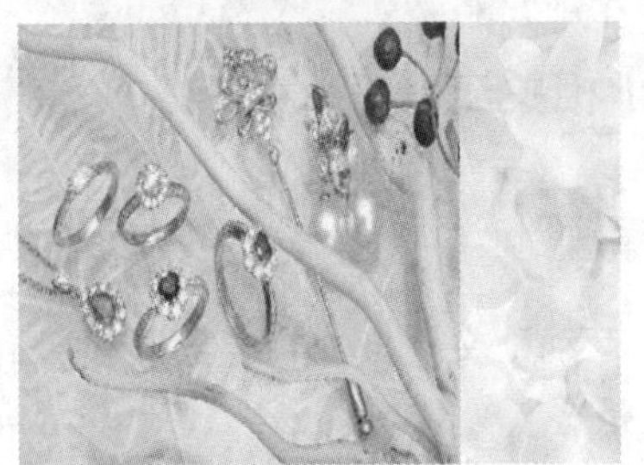
图 3-63

◎ **旋转**

“旋转”特效使影片 B 从影片 A 中心展开，效果如图 3-64 和图 3-65 所示。

图 3-64

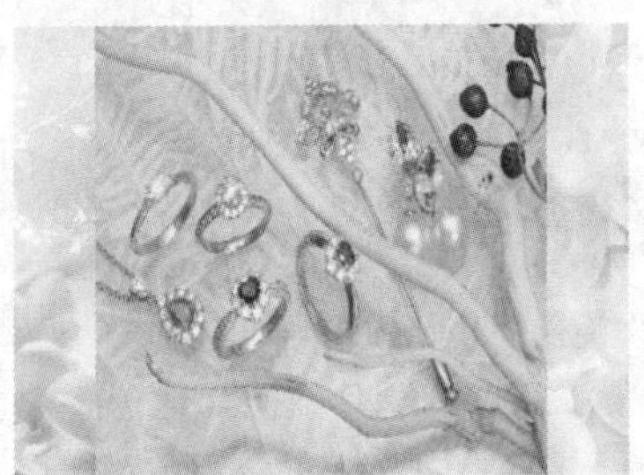
图 3-65

◎ **旋转离开**

“旋转离开”特效使影片 B 从 A 中心旋转出现，效果如图 3-66 和图 3-67 所示。

图 3-66

图 3-67

◎ **立方体旋转**

“立方体旋转”特效可以使影片 A 和 B 分别以立方体的两个面过渡转换，效果如图 3-68 和图 3-69 所示。

图 3-68

图 3-69

◎ **筋斗过渡**

“筋斗过渡”特效使影片 A 旋转翻入影片 B，效果如图 3-70 和图 3-71 所示。

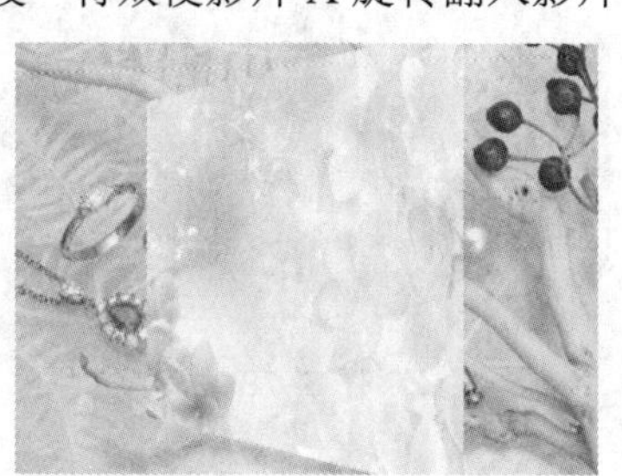

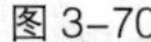

图 3-70

图 3-71

◎ **翻转**

“翻转”特效使影片 A 翻转到 B。在“特效控制台”面板中单击“自定义”按钮，弹出“翻转设置”对话框，如图 3-72 所示。

带：输入空翻的影像数量。带的最大数值为 8。

填充颜色：设置空白区域颜色。

“翻转”切换效果如图 3-73 和图 3-74 所示。

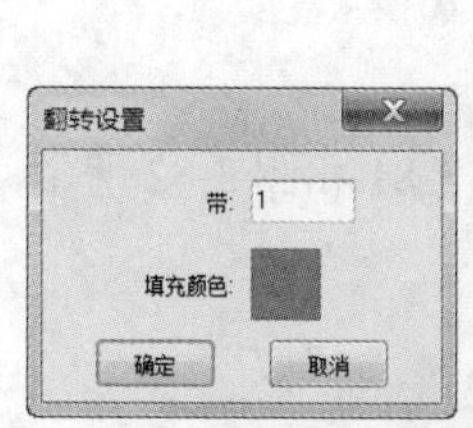

图 3-72

图 3-73

图 3-74

◎ **门**

“门”特效使影片 B 如同关门一样覆盖影片 A，效果如图 3-75 和图 3-76 所示。

图 3-75

图 3-76

2. 叠化

在“叠化”文件夹下，共包含 7 种叠化效果的视频切换特效。

◎ **交叉叠化**

“交叉叠化”特效使影片 A 淡化为影片 B。该切换为标准的淡入淡出切换。在支持 Premiere Pro CS4 的双通道视频卡上，该切换可以实现实时播放，效果如图 3-77 和图 3-78 所示。

图 3-77

图 3-78

◎ 抖动溶解

“抖动溶解”特效使影片 B 以点的方式出现，取代影片 A，效果如图 3-79 和图 3-80 所示。

图 3-79

图 3-80

◎ 无叠加溶解

“无叠加溶解”特效使影片 A 与影片 B 的亮度叠加消溶，效果如图 3-81 和图 3-82 所示。

图 3-81

图 3-82

◎ 白场过渡

“白场过渡”特效使影片 A 以变亮的模式淡化为影片 B，效果如图 3-83 和图 3-84 所示。

图 3-83

图 3-84

◎ 附加叠化

“附加叠化”特效使影片 A 以加亮模式淡化为影片 B，效果如图 3-85 和图 3-86 所示。

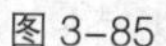

图 3-85

图 3-86

◎ **随机反转**

"随机反转"特效以随意块方式使影片 A 过渡到影片 B，并在随意块中显示反色效果。双击效果，在"效果控制"窗口中单击"自定义"按钮，弹出"随机翻转设置"对话框，如图 3-87 所示。

宽：图像水平随意块数量。

高：图像垂直随意块数量。

反相源：显示素材即影片 A 反色效果。

反相目标：显示素材即影片 B 反色效果。

"随机反转"特效切换效果如图 3-88 和图 3-89 所示。

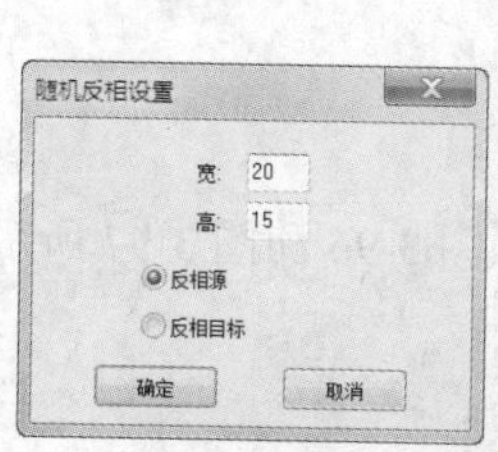

图 3-87

图 3-88

图 3-89

◎ **黑场过渡**

"黑场过渡"特效使影片 A 以变暗的模式淡化为影片 B，效果如图 3-90 和图 3-91 所示。

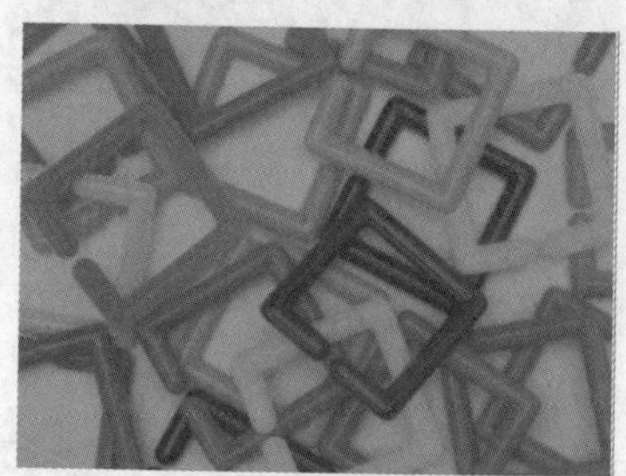

图 3-90

图 3-91

3. GPU 过渡

在"GPU 过渡"文件夹下，共包含 5 种视频转换特效。

◎ **中心剥落**

"中心剥落"特效使影片 A 在正中心分为 4 块分别向四角卷起，露出影片 B，效果如图 3-92 和图 3-93 所示。

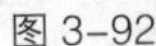
图 3-92

图 3-93

◎ **卡片翻转**

“卡片翻转”特效使影片 A 分割成若干个矩形，然后使矩形依次翻转显示影片 B，效果如图 3-94 和图 3-95 所示。

图 3-94

图 3-95

◎ **卷页**

“卷页”特效使影片 A 从左上角向右下角卷动，露出影片 B，效果如图 3-96 和图 3-97 所示。

图 3-96

图 3-97

◎ **球状**

“球状”特效使影片 A 变成一个圆形，然后向上移动退出显示区域，显示影片 B，效果如图 3-98 和图 3-99 所示。

图 3-98

图 3-99

◎ 页面滚动

“页面滚动”特效使影片 A 从左向右卷动，然后显示影片 B，效果如图 3-100 和图 3-101 所示。

图 3–100

图 3–101

4. 划像

在“划像”文件夹中包含 7 种视频转换特效。

◎ 划像交叉

“划像交叉”特效使影片 B 呈矩形从影片 A 中展开，效果如图 3-102 和图 3-103 所示。

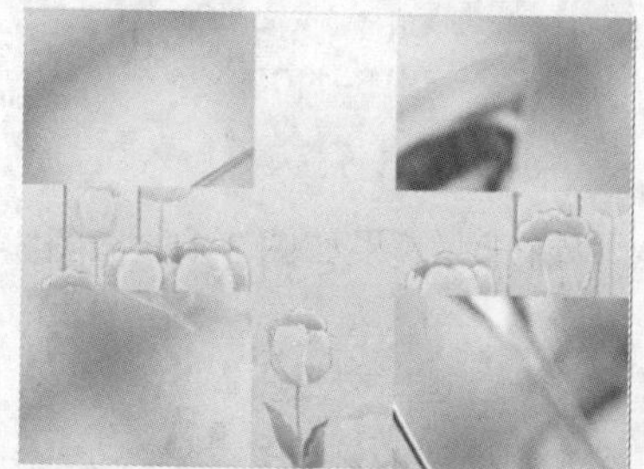

图 3–102

图 3–103

◎划像形状

“划像形状”特效使影片 B 产生多个规则形状从影片 A 中展开。双击效果，在“特效控制台”窗口中单击“自定义”按钮，弹出“形状划像设置”对话框，如图 3-104 所示。

形状数量：拖曳滑块调整宽和高方向规则形状的数量。

形状类型：选择形状，如矩形、椭圆和菱形。

“形状划像”切换效果如图 3-105 和图 3-106 所示。

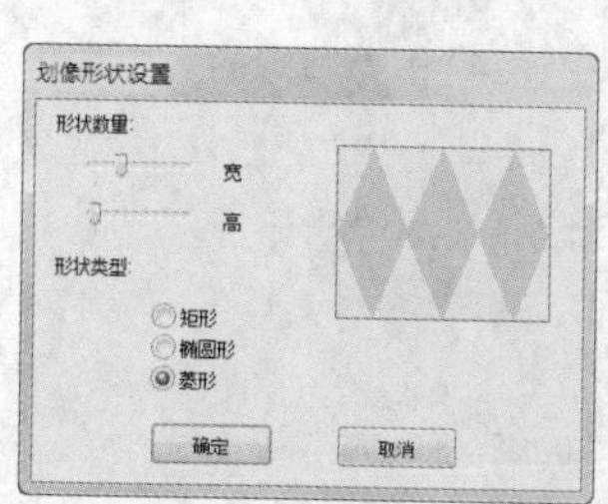

图 3–104

图 3–105

图 3–106

◎ 圆划像

“圆划像”特效使影片 B 呈圆形从影片 A 中展开，效果如图 3-107 和图 3-108 所示。

图 3-107

图 3-108

◎ **星形划像**

“星形划像”特效使影片 B 呈星形从影片 A 正中心展开，效果如图 3-109 和图 3-110 所示。

图 3-109

图 3-110

◎ **点划像**

“点划像”特效使影片 B 呈斜角十字形从影片 A 中铺开，效果如图 3-111 和图 3-112 所示。

图 3-111

图 3-112

◎ **盒形划像**

“盒形划像”特效使影片 B 呈矩形从影片 A 中展开，效果如图 3-113 和图 3-114 所示。

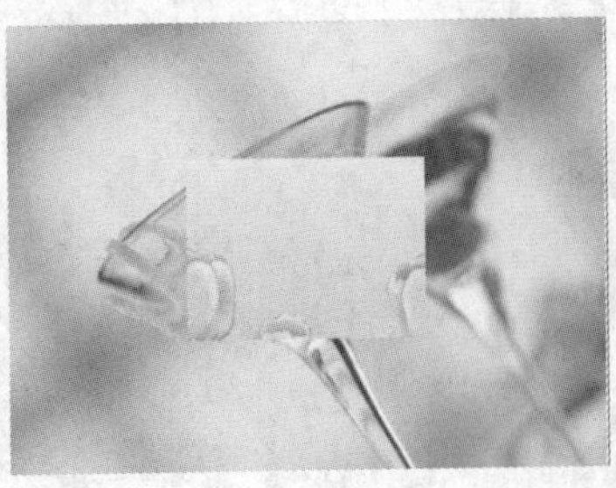
图 3-113

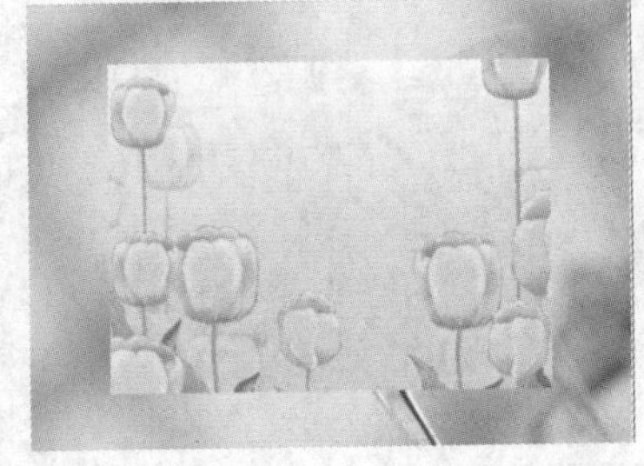
图 3-114

◎ **菱形划像**

“菱形划像”特效使影片 B 呈菱形从影片 A 中展开，效果如图 3-115 和图 3-116 所示。

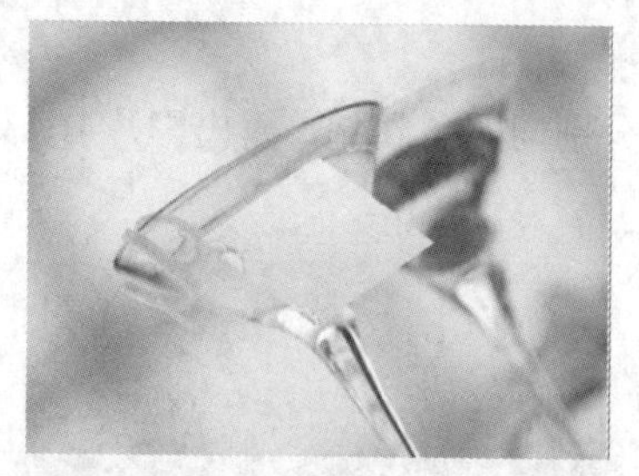

图 3-115

图 3-116

5. 映射

在“映射”文件夹中提供了两种使用影像通道作为影片进行切换的视频切换。

◎ **通道映射**

“通道映射”特效使影片 A 或影片 B 选择通道并映射到导出的形式来实现。双击效果，在“效果控制”面板中单击“自定义”按钮，弹出“通道映射设置”对话框，如图 3-117 所示。

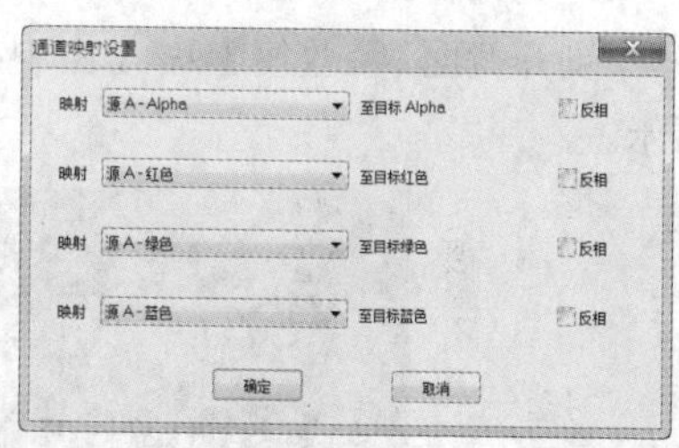

图 3-117

在贴图栏的下拉列表中分别选择要输出到目标通道和素材通道。勾选“反转”复选框，可以反转通道颜色。

“通道映射”切换效果如图 3-118、图 3-119 和图 3-120 所示。

图 3-118

图 3-119

图 3-120

◎ **明亮度映射**

“明亮度映射”特效将图像 A 的亮度映射到图像 B，效果如图 3-121、图 3-122 和图 3-123 所示。

图 3-121

图 3-122

图 3-123

6. 卷页

在“卷页”文件夹中共有 5 种视频卷页效果。

◎ 中心剥落

“中心剥落”特效使影片 A 在正中心分为 4 块分别向四角卷起，露出影片 B，效果如图 3-124 和图 3-125 所示。

图 3-124

图 3-125

◎ 剥开背面

“剥开背面”特效使影片 A 由中心向四周分别被卷起，露出影片 B，效果如图 3-126 和图 3-127 所示。

图 3-126

图 3-127

◎ 卷走

“卷走”特效使影片 A 产生卷轴卷起效果，露出影片 B，效果如图 3-128 和图 3-129 所示。

图 3-128

图 3-129

◎ 翻页

“翻页”特效使影片 A 从左上角向右下角卷动，露出影片 B，效果如图 3-130 和图 3-131 所示。

图 3-130

图 3-131

◎ **页面剥落**

“页面剥落”特效使影片 A 像纸一样被翻面卷起，露出影片 B，如图 3-132 和图 3-133 所示。

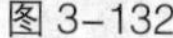
图 3-132

图 3-133

7. 滑动

在“滑动”文件夹中共包含 12 种视频切换效果。

◎ **中心合并**

“中心合并”特效使影片 A 分裂成 4 块由中心分开，并逐渐覆盖影片 B，效果如图 3-134 和图 3-135 所示。

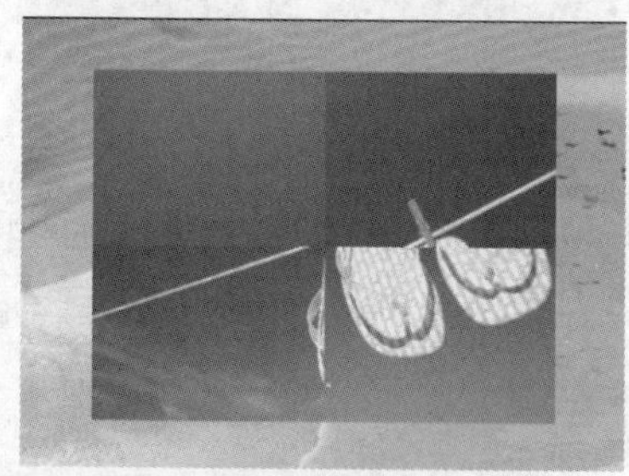
图 3-134

图 3-135

◎ **中心拆分**

“中心拆分”特效使影片 A 从中心分裂为 4 块，向四角滑出，效果如图 3-136 和图 3-137 所示。

图 3-136

图 3-137

◎ **多旋转**

“多旋转”特效使影片 B 被分割成若干个小方格旋转铺入。双击效果，在“特效控制台”窗口中单击“自定义”按钮，弹出“多重旋转设置”对话框，如图 3-138 所示。

水平：输入水平方向的方格数量。

垂直：输入垂直方向的方格数量。

“多旋转”切换效果如图 3-139 和图 3-140 所示。

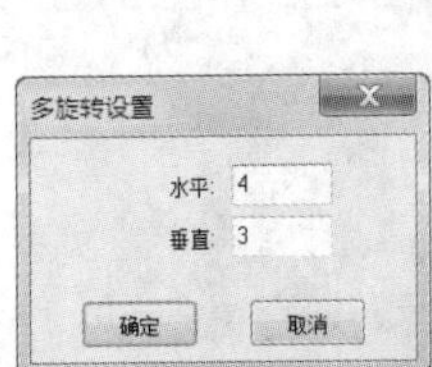

图 3-138

图 3-139

图 3-140

◎ **互换**

"互换"特效使影片 B 从影片 A 的后方转向前方覆盖影片 A，效果如图 3-141 和图 3-142 所示。

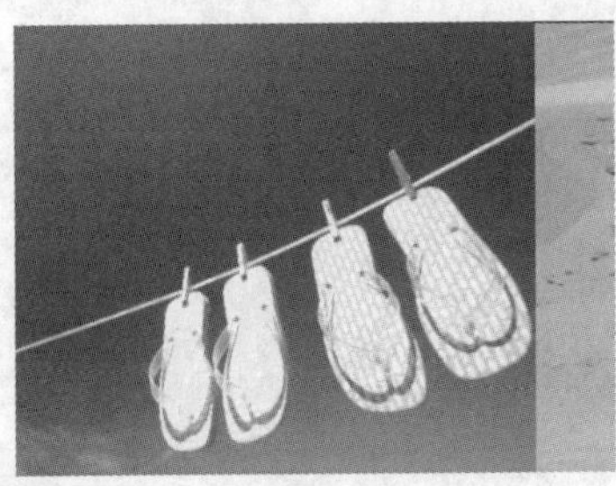

图 3-141

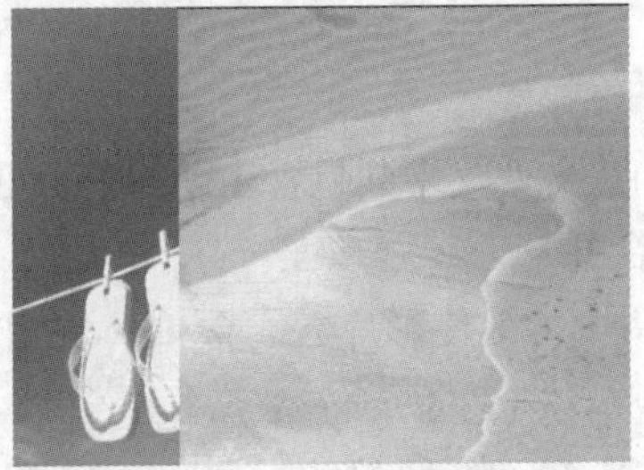

图 3-142

◎ **带状滑动**

"带状滑动"特效使影片 B 以条状进入，并逐渐覆盖影片 A。双击效果，在"特效控制台"窗口中单击"自定义"按钮，弹出"带状滑动设置"对话框，如图 3-143 所示。

"带数量"：输入切换条数目。

"带状滑动"转换特效效果如图 3-144 和图 3-145 所示。

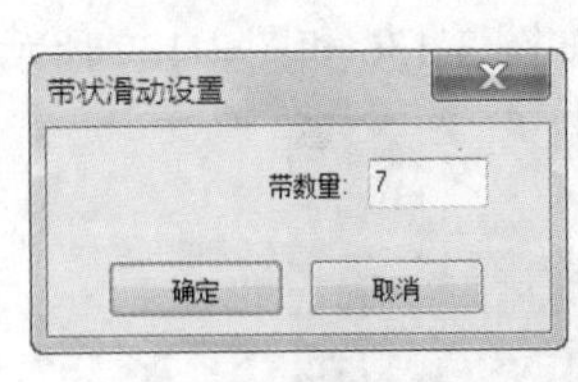

图 3-143

图 3-144

图 3-145

◎ **拆分**

"拆分"特效使影片 A 像自动门一样打开露出影片 B，效果如图 3-146 和图 3-147 所示。

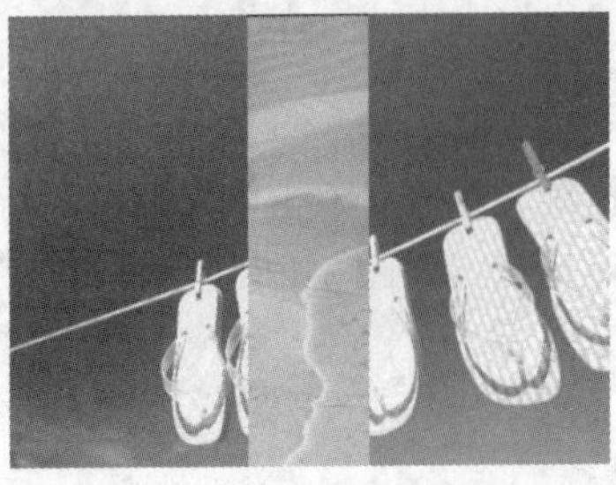

图 3-146

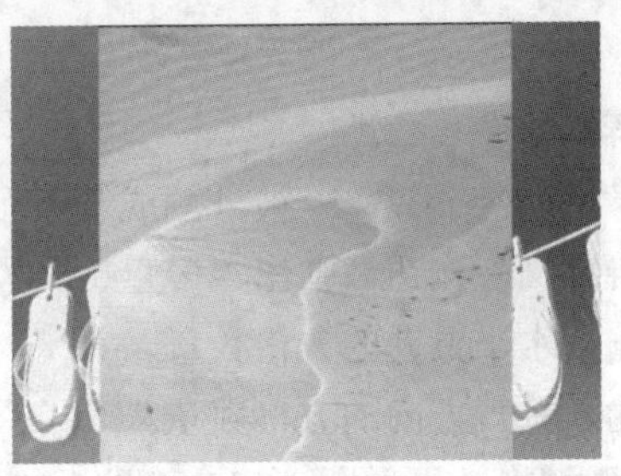

图 3-147

◎ 推

“推”特效使影片B将影片A推出屏幕，效果如图3-148和图3-149所示。

图3-148

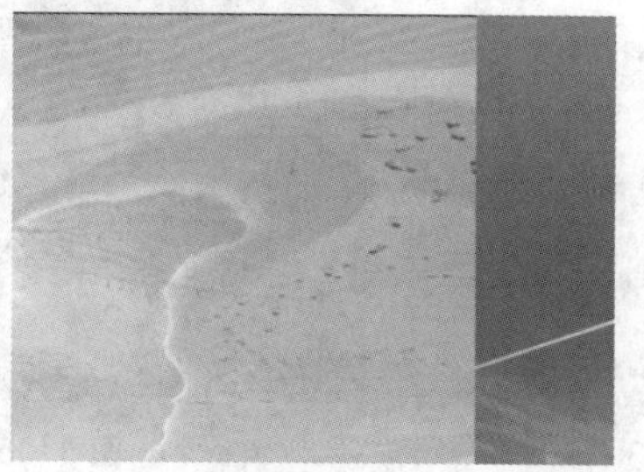
图3-149

◎ 斜线滑动

“斜线滑动”特效使影片B呈自由线条状滑入影片A。双击效果，在“特效控制台”窗口中单击“自定义”按钮，弹出“斜线滑动设置”对话框，如图3-150所示。

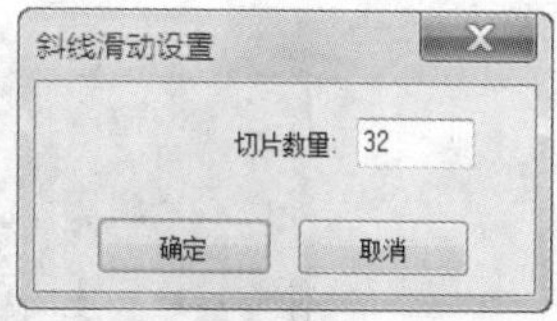

图3-150

切片数量：输入转换切片数目。

“斜线滑动”切换特效效果如图3-151和图3-152所示。

图3-151

图3-152

◎ 滑动

“滑动”特效使影片B滑入覆盖影片A，效果如图3-153和图3-154所示。

图3-153

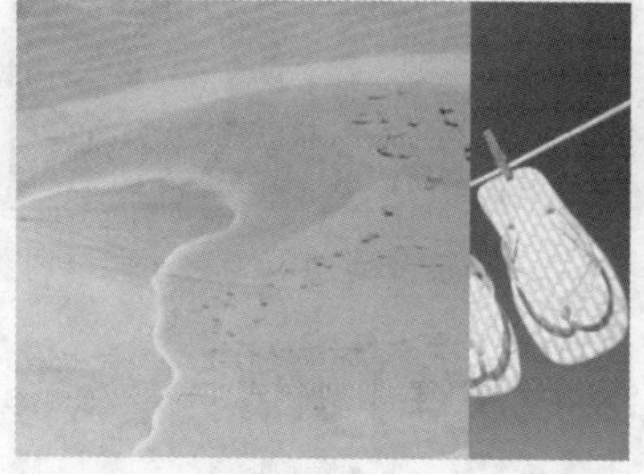
图3-154

◎ 旋涡

“旋涡”特效使影片B打破为若干方块从影片A中旋转而出。双击效果，在“特效控制台”窗口中单击“自定义”按钮，弹出“旋涡设置”对话框，如图3-155所示。

水平：输入水平方向产生的方块数量。

垂直：输入垂直方向产生的方块数量。

速率(%)：输入旋转度。

“漩涡”切换特效效果如图 3-156 和 3-157 所示。

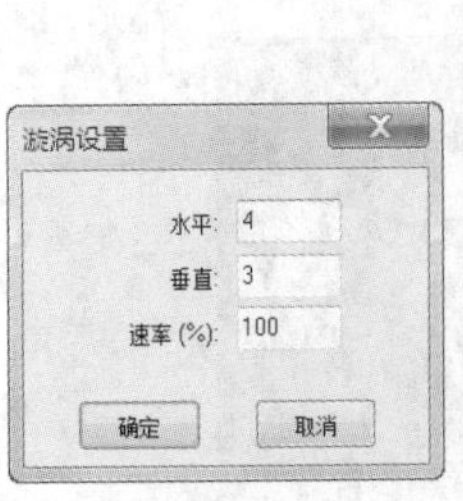

图 3-155

图 3-156

图 3-157

◎ **滑动带**

“滑动带”特效使影片 B 在水平或垂直的线条中逐渐显示，效果如图 3-158 和图 3-159 所示。

图 3-158

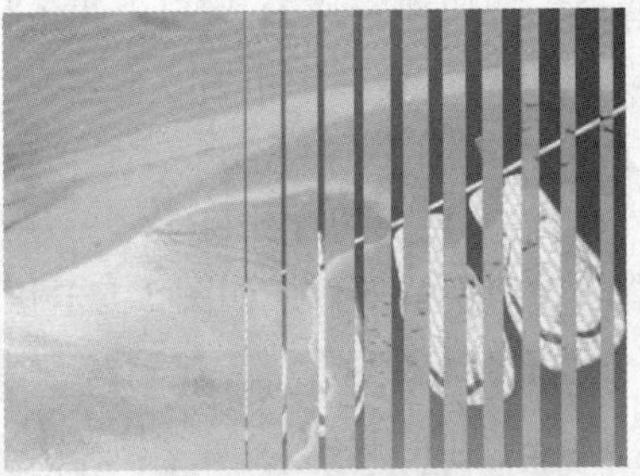

图 3-159

◎ **滑动框**

“滑动框”特效与“滑动条带”类似，使影片 B 的形成更像积木的累积，效果如图 3-160 和图 3-161 所示。

图 3-160

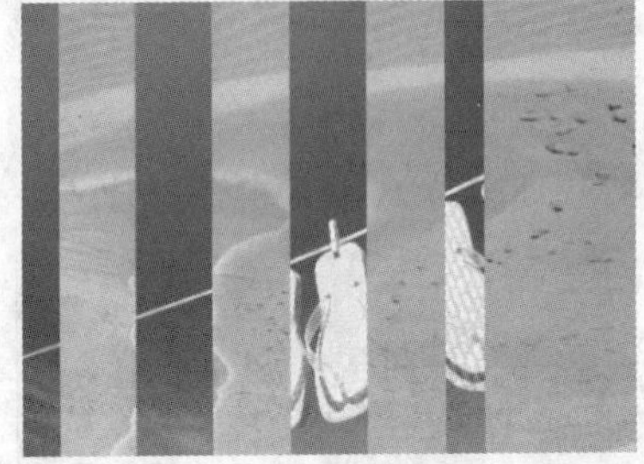

图 3-161

3.2.4 【实战演练】枫情

使用“运动”选项编辑图像的大小和位置等；使用“抖动溶解”、“插入”和“风车”命令制作视频之间的转场效果。（最终效果参看光盘中的“Ch03\枫情\枫情. prproj”，见图 3-162。）

图 3-162

3.3 出水芙蓉

3.3.1 【操作目的】

使用“比例”选项编辑图像的大小；使用“斜线滑动”命令制作视频斜线滑动效果；使用“交叉缩放”和“缩放框”命令制作视频切换效果；使用“自动颜色”命令编辑视频的色彩；使用“基本信号控制”命令调整视频的颜色。（最终效果参看光盘中的“Ch03\出水芙蓉\出水芙蓉.prproj”，见图3-163。）

图 3–163

3.3.2 【操作步骤】

1. 新建项目

步骤 1 启动 Premiere Pro CS4 软件，弹出“欢迎使用 Adobe Premiere Pro”界面，单击“新建项目”按钮，弹出“新建项目”对话框，设置“位置”选项，选择保存文件路径，在“名称”文本框中输入文件名“出水芙蓉”，如图 3-164 所示。单击“确定”按钮，弹出“新建序列”对话框，在左侧的列表中展开“DV-PAL”选项，选中“标准 48kHz”模式，如图 3-165 所示，单击“确定”按钮。

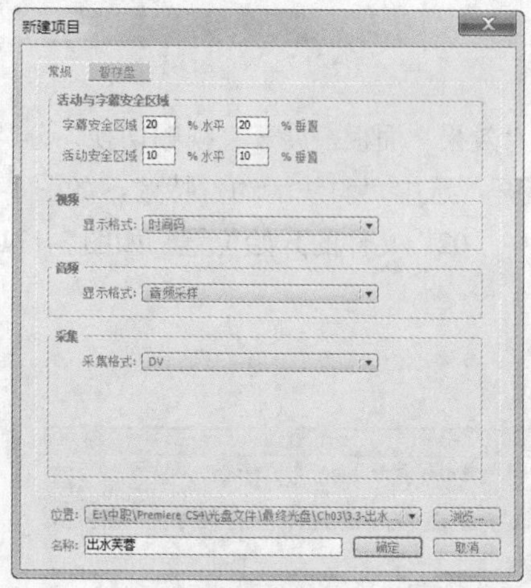

图 3–164

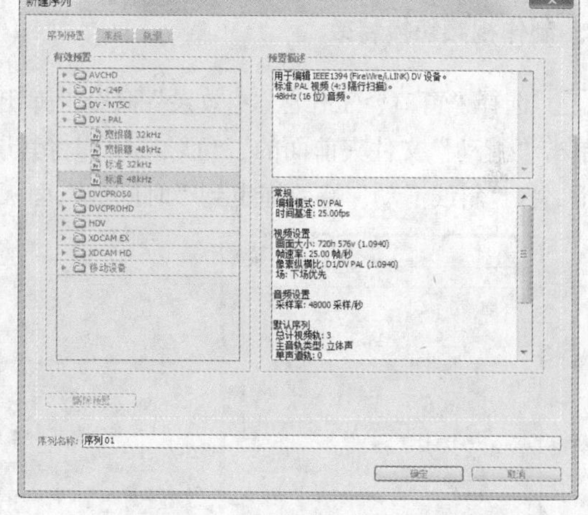

图 3–165

步骤 2 选择“文件 > 导入”命令，弹出“导入”对话框，选择光盘中的“Ch03/出水芙蓉/素材/01、02、03 和 04”文件，单击“打开”按钮导入视频文件，如图 3-166 所示。导入后的文件将排列在“项目”面板中，如图 3-167 所示。

步骤 3 按住<Ctrl>键，在“项目”面板中分别选中“01、02、03 和 04”文件，并将其拖曳到“时间线”面板中的“视频 1”轨道中，如图 3-168 所示。在“视频 1”轨道中选中 01 图片，选择“特效控制台”面板，展开“运动”选项，将“缩放比例”选项设置为 85.0，如图 3-169 所示。

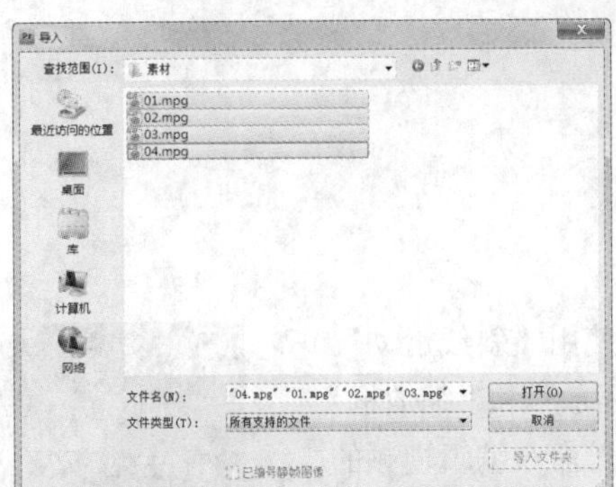

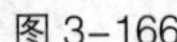

图 3-166

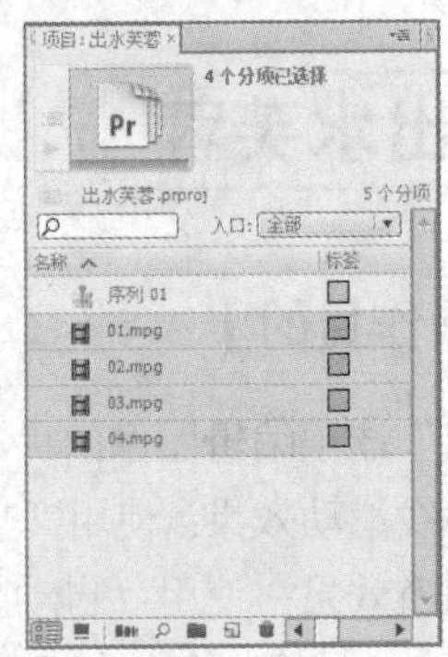

图 3-167

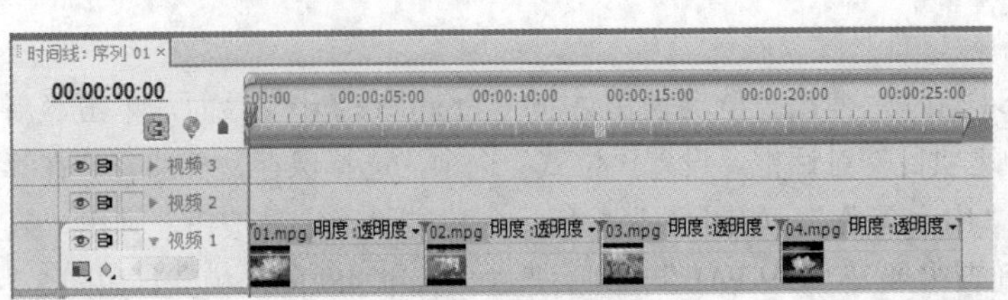

图 3-168

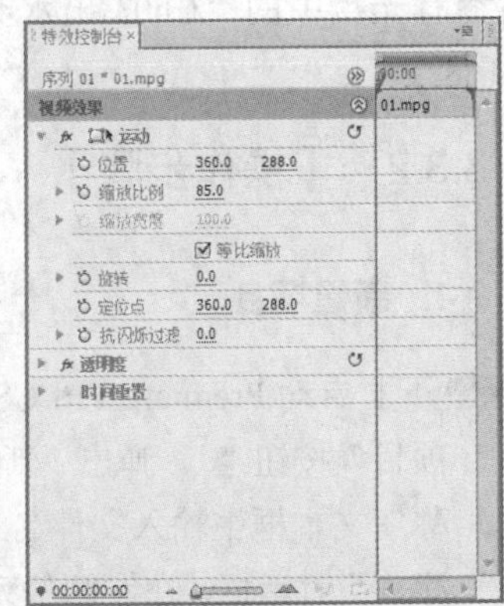

图 3-169

2. 制作视频切换特效

步骤 1 选择“窗口 >工作区 > 效果”命令，弹出“效果”面板，展开“视频切换”分类选项，单击“滑动”文件夹前面的三角形按钮▶将其展开，选中“斜线滑动”特效，如图 3-170 所示。将“斜线滑动”特效拖曳到“时间线”面板中“02”文件的开始位置，如图 3-171 所示。

图 3-170

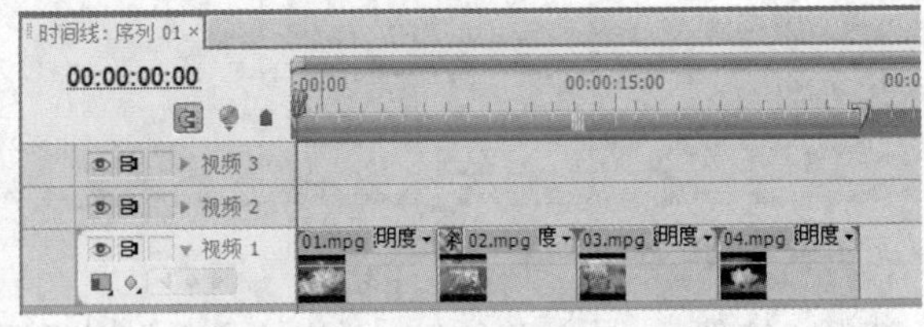

图 3-171

步骤 2 在“效果”面板中展开“视频切换”分类选项，单击“滑动”文件夹前面的三角形按钮▶将其展开，选中“互换”特效，如图 3-172 所示。将“互换”特效拖曳到“时间线”面板中“03”文件的开始位置，如图 3-173 所示。

步骤 3 选择“效果”面板，展开“视频切换”分类选项，单击“缩放”文件夹前面的三角形按钮▶将其展开，选中“缩放框”特效，如图 3-174 所示。将“缩放框”特效拖曳到“时间线”

面板中"04"文件的开始位置，如图 3-175 所示。

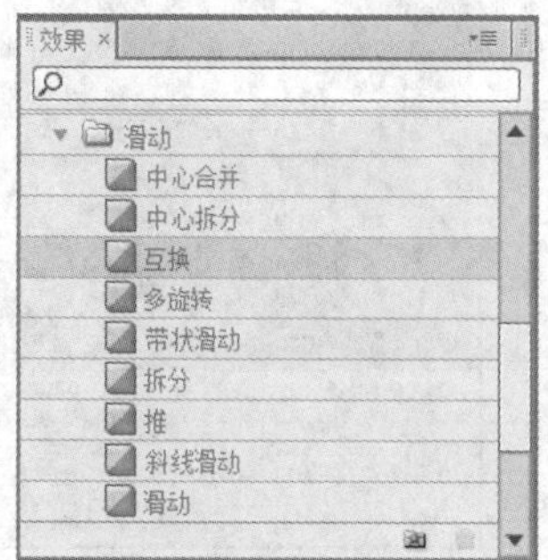

图 3–172

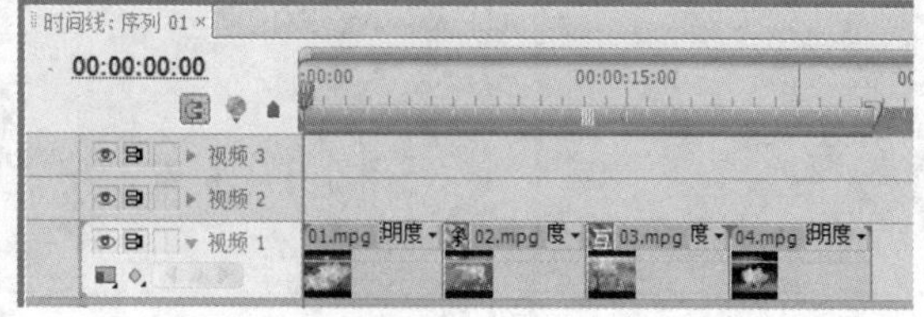

图 3–173

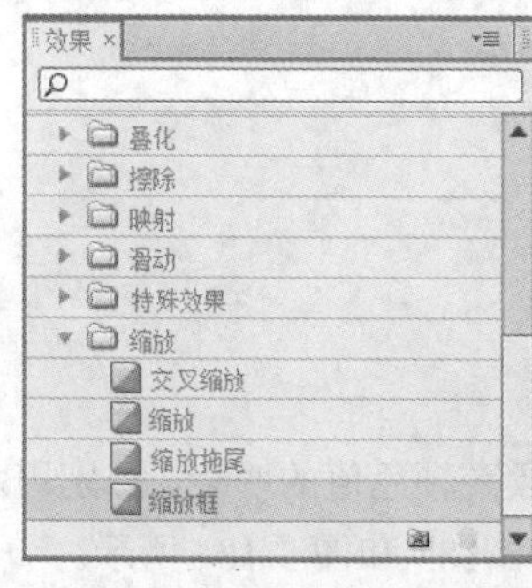

图 3–174

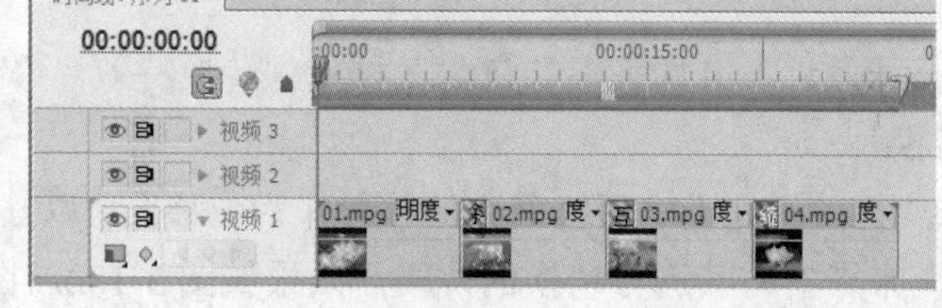

图 3–175

步骤 4 选择"效果"面板，展开"视频特效"分类选项，单击"调整"文件夹前面的三角形按钮▶将其展开，选中"自动颜色"特效，如图 3-176 所示。将"自动颜色"特效拖曳到"时间线"面板中的"03"文件上。选择"特效控制台"面板，展开"自动颜色"特效并进行参数设置，如图 3-177 所示。在"节目"窗口中预览效果，如图 3-178 所示。

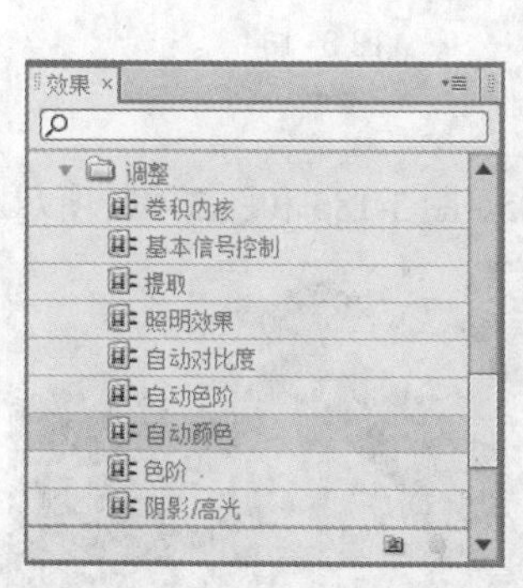

图 3–176

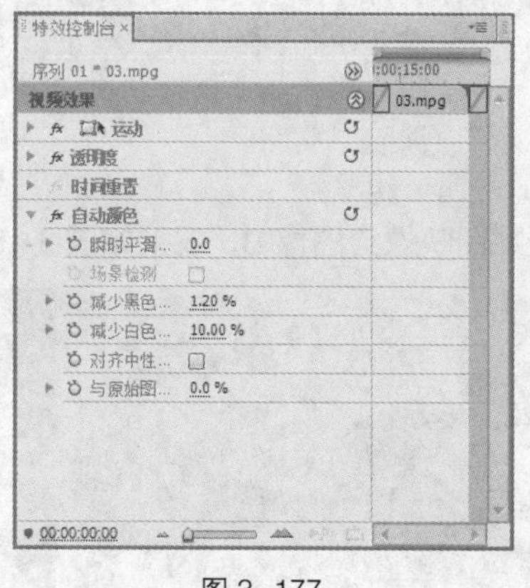

图 3–177

图 3–178

步骤 5 选择"效果"面板，展开"视频特效"分类选项，单击"调整"文件夹前面的三角形按钮▶将其展开，选中"基本信号控制"特效，如图 3-179 所示。将"基本信号控制"特效拖曳到"时间线"面板中的"03"文件上。选择"特效控制台"面板，展开"基本信号控制"选项并进行参数设置，如图 3-180 所示。出水芙蓉制作完成，效果如图 3-181 所示。

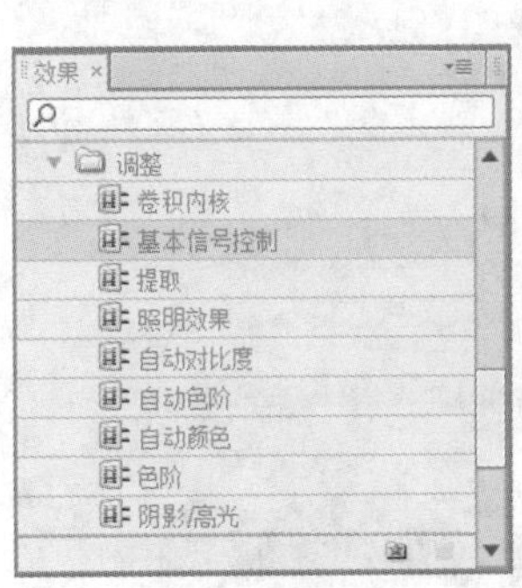

图 3–179

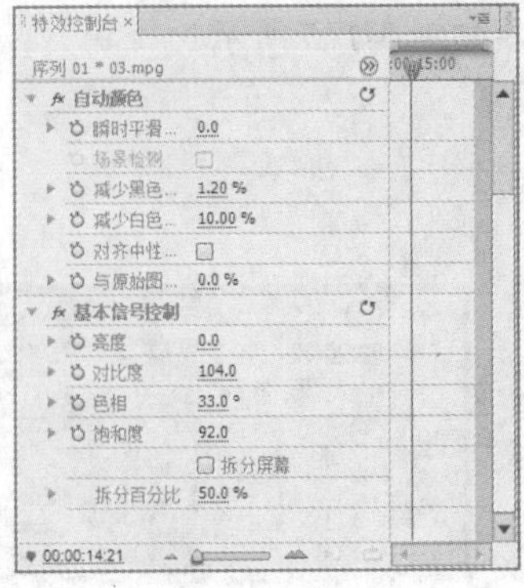

图 3–180

图 3–181

3.3.3 【相关工具】

1. 特殊效果

在“特殊效果”文件夹中共包含 3 种视频转换特效。

◎ **置换**

“置换”特效将处于时间线前方的片段作为位移图，以其像素颜色值的明暗，分别用水平和垂直的错位，来影响与其进行切换的片段，效果如图 3-182、图 3-183 和图 3-184 所示。

图 3–182

图 3–183

图 3–184

◎ **纹理**

“纹理”特效使图像 A 作为纹理贴图映像给图像 B，效果如图 3-185、图 3-186 和图 3-187 所示。

图 3–185

图 3–186

图 3–187

◎ **映射红蓝通道**

“映射红蓝通道”特效将影片 A 中的红蓝通道映射混合到影片 B，效果如图 3-188、图 3-189 和图 3-190 所示。

图 3-188

图 3-189

图 3-190

2. 伸展

在“伸展”文件夹中共包含 4 种切换视频特效。

◎ **交叉伸展**

“交叉伸展”特效使影片 A 逐渐被影片 B 平行挤压替代，效果如图 3-191 和图 3-192 所示。

图 3-191

图 3-192

◎ **伸展**

“伸展”特效使影片 A 从一边伸展开覆盖影片 B，效果如图 3-193 和图 3-194 所示。

图 3-193

图 3-194

◎ **伸展覆盖**

“伸展覆盖”特效使影片 B 拉伸出现，逐渐代替影片 A，效果如图 3-195 和图 3-196 所示。

图 3-195

图 3-196

◎ **伸展进入**

“伸展进入”特效使影片 B 在影片 A 的中心横向伸展，效果如图 3-197 和图 3-198 所示。

图 3-197

图 3-198

3. 擦除

在“擦除”文件夹中共包含 17 种切换的视频切换特效。

◎ **双侧平推门**

“双侧平推门”特效使影片 A 以展开和关门的方式过渡到影片 B，效果如图 3-199 和图 3-200 所示。

图 3-199

图 3-200

◎ **带状擦除**

“带状擦除”特效使影片 B 从水平方向以条状进入并覆盖影片 A，效果如图 3-201 和图 3-202 所示。

图 3-201

图 3-202

◎ **径向划变**

“径向划变”特效使影片 B 从影片 A 的一角扫入画面，效果如图 3-203 和图 3-204 所示。

图 3-203

图 3-204

◎ 插入

“插入”特效使影片 B 从影片 A 的左上角斜插进入画面，效果如图 3-205 和图 3-206 所示。

图 3-205

图 3-206

◎ 擦除

“擦除”特效使影片 B 逐渐扫过影片 A，效果如图 3-207 和图 3-208 所示。

图 3-207

图 3-208

◎ 时钟式划变

“时钟式划变”特效使影片 A 以时钟放置方式过渡到影片 B，效果如图 3-209 和图 3-210 所示。

图 3-209

图 3-210

◎ 棋盘

“棋盘”特效使影片 A 以棋盘消失方式过渡到影片 B，效果如图 3-211 和图 3-212 所示。

图 3-211

图 3-212

◎ 棋盘划变

“棋盘划变”特效使影片 B 以方格形式逐行出现覆盖影片 A，效果如图 3-213 和图 3-214 所示。

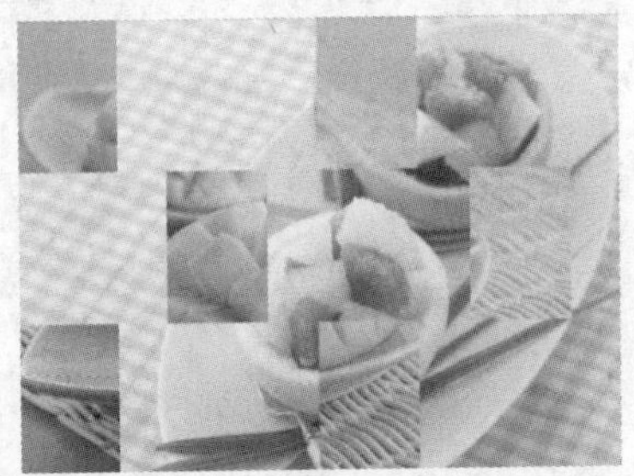

图 3-213

图 3-214

◎ 楔形划变

“楔形划变”特效使影片 B 呈扇形打开扫入，效果如图 3-215 和图 3-216 所示。

图 3-215

图 3-216

◎ 渐变擦除

“渐变擦除”特效可以用一张灰度图像制作渐变切换。在渐变切换中，影片 A 充满灰度图像的黑色区域，然后通过每一个灰度开始显示进行切换，直到白色区域完全透明。

在“特效控制台”窗口中单击“自定义”按钮，弹出“渐变擦除设置”对话框，如图 3-217 所示。

选择图像：单击此按钮，可以选择作为灰度图的图像。

柔和度：设置过渡边缘的羽化程度。

“渐变擦除”切换特效效果如图 3-218 和图 3-219 所示。

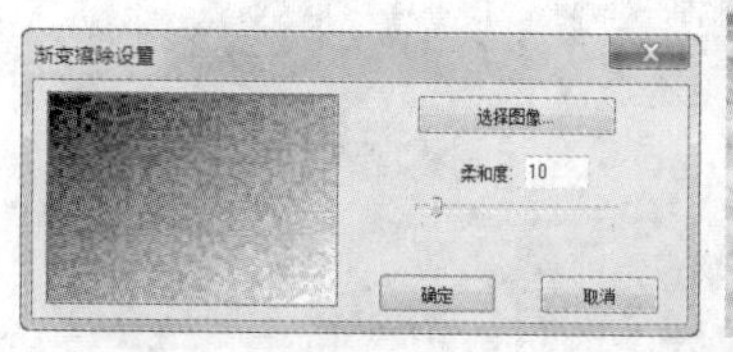

图 3-217

图 3-218

图 3-219

◎ **水波块**

“水波块”特效使影片 B 沿“Z”字形交错扫过影片 A。在“特效控制台”窗口中单击“自定义”按钮，弹出“水波块设置”对话框，如图 3-220 所示。

水平：输入水平方向的方格数量。

垂直：输入垂直方向的方格数量。

“水波块”切换特效效果如图 3-221 和图 3-222 所示。

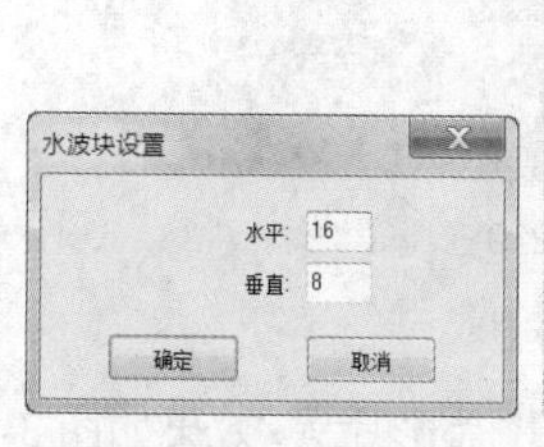

图 3-220

图 3-221

图 3-222

◎ **油漆飞溅**

“油漆飞溅”特效使影片 B 以墨点状覆盖影片 A，效果如图 3-223 和图 3-224 所示。

图 3-223

图 3-224

◎ **螺旋框**

“螺旋框”特效使影片 B 以螺纹块状旋转出现。在“特效控制台”窗口中单击“自定义”按钮，弹出“螺旋框设置”对话框，如图 3-225 所示。

水平：输入水平方向的方格数量。

垂直：输入垂直方向的方格数量。

“螺旋框”切换特效效果如图 3-226 和图 3-227 所示。

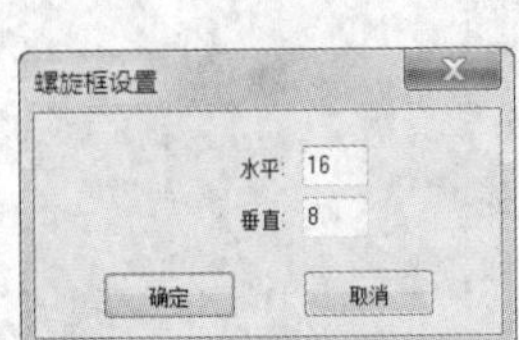

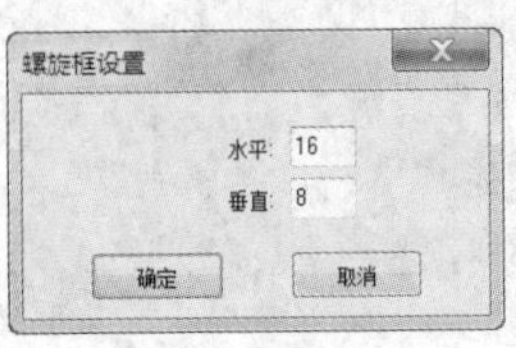

图 3-225

图 3-226

图 3-227

◎ **软百叶窗**

“软百叶窗”特效使影片 B 在逐渐加粗的线条中逐渐显示，类似于百叶窗效果，效果如图 3-228 和图 3-229 所示。

图 3-228

图 3-229

◎ **随机划变**

“随机划变”特效使影片 B 产生随意方块，以由上向下的擦除形式覆盖影片 A，效果如图 3-230 和图 3-231 所示。

图 3-230

图 3-231

◎ **随机块**

“随机块”特效使影片 B 以方块形式随意出现覆盖影片 A，效果如图 3-232 和图 3-233 所示。

图 3-232

图 3-233

◎ 风车

“风车”特效使影片 B 以风车轮状旋转覆盖影片 A，效果如图 3-234 和图 3-235 所示。

图 3-234

图 3-235

4. 缩放

在“缩放”文件夹下共包含 4 种以缩放方式过渡的切换视频特效。

◎ 交叉缩放

“交叉缩放”特效使影片 A 放大冲出，影片 B 缩小进入，效果如图 3-236 和图 3-237 所示。

图 3-236

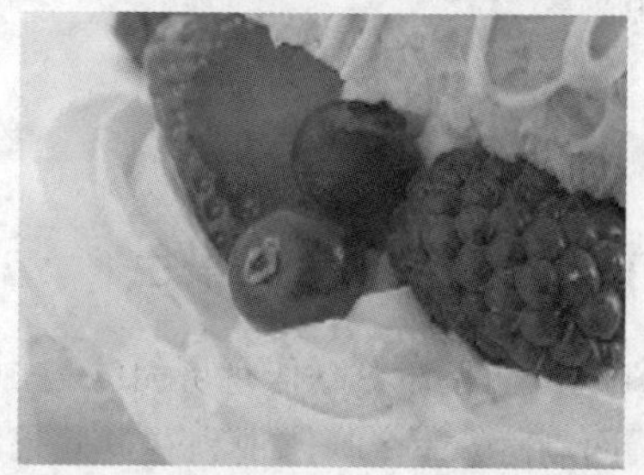

图 3-237

◎ 缩放

“缩放”特效使影片 B 从影片 A 中放大出现，效果如图 3-238 和图 3-239 所示。

图 3-238

图 3-239

◎ 缩放框

“缩放框”特效使影片 B 分为多个方块从影片 A 中放大出现。在“特效控制台”窗口中单击“自定义”按钮，弹出“缩放框设置”对话框，如图 3-240 所示。

形状数量：拖曳滑块，设置水平和垂直方向的方块数量。

“缩放框”切换特效效果如图 3-241 和图 3-242 所示。

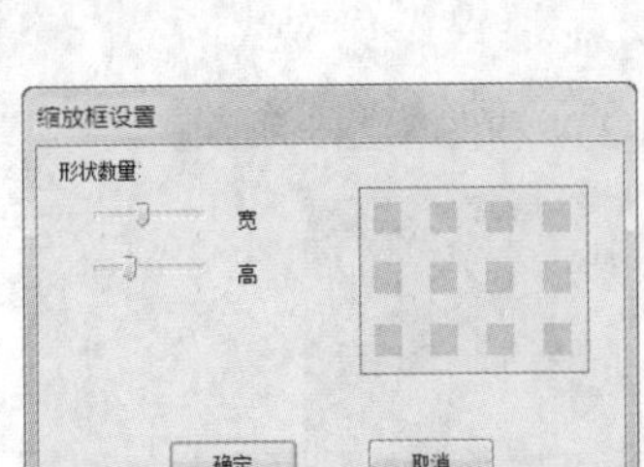

图 3-240

图 3-241

图 3-242

◎ **缩放拖尾**

“缩放拖尾”特效使影片 A 缩小并带有拖尾消失，效果如图 3-243 和图 3-244 所示。

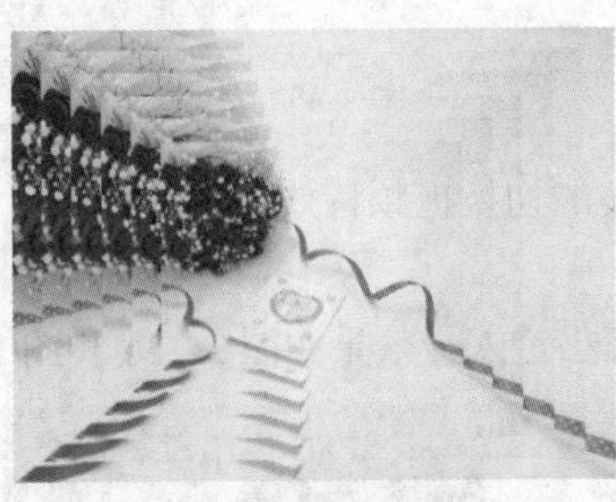

图 3-243

图 3-244

3.3.4 【实战演练】自然景色

使用“斜线滑动”命令制作视屏斜线自由线条效果；使用“划像形状”命令制作视频锯齿形状；使用“页面剥落”命令制作视频卷页效果；使用“缩放比例”选项编辑图像的大小；使用“自动对比度”命令编辑图像的亮度对比度；使用“自动色阶”命令编辑图像的明亮度。(最终效果参看光盘中的“Ch03\自然景色\自然景色. prproj”，见图 3-245。)

图 3-245

3.4 综合演练——海上乐园

使用“马赛克”命令制作图像马赛克效果与动画；使用“渐变擦除”命令制作图像运动擦除；使用“时钟式划变”命令制作图像与图像之间的擦除。(最终效果参看光盘中的“Ch03\海上乐园\海上乐园. prproj”，见图 3-246。)

图 3-246

3.5 综合演练——梦幻特效

使用“随机块”命令制作图像以随意形成的图块转场；使用“附加叠化”制作图像与图像之间的转换；使用“帘式”命令制作图像窗帘转场；使用“风车”命令制作图像的风车效果转场；使用“旋转离开”制作图像的旋转消失效果。（最终效果参看光盘中的“Ch03\梦幻特效\梦幻特效.prproj”，效果见图 3-247。）

图 3-247

第4章 视频特效应用

本章主要介绍Premiere Pro CS4中的视频特效，这些特效可以应用在视频、图片和文字上。通过本章的学习，读者可以快速了解并掌握视频特效制作的精髓，随心所欲地创造出丰富多彩的视觉效果。

课堂学习目标

- 应用视频特效
- 使用关键帧控制效果
- 视频特效与特效操作

4.1 飘落的枫叶

4.1.1 【操作目的】

使用“位置”和“缩放比例”选项编辑图像的位置与大小；使用“色度键”命令编辑图像的颜色与透明度；使用“色彩平衡”命令调整图像的颜色；使用“边角固定”命令编辑图像侧边的大小。（最终效果参看光盘中的“Ch04\飘落的枫叶\飘落的枫叶.prproj”，见图4-1。）

图4–1

4.1.2 【操作步骤】

1. 新建项目与导入素材

步骤 1 启动Premiere Pro CS4软件，弹出“欢迎使用Adobe Premiere Pro”界面，单击“新建项目”按钮，弹出“新建项目”对话框，设置“位置”选项，选择保存文件路径，在“名称”文本框中输入文件名“飘落的树叶”，如图4-2所示。单击“确定”按钮，弹出“新建序列”对话框，在左侧的列表中展开“DV-PAL”选项，选中“标准48kHz”模式，如图4-3

所示，单击“确定”按钮。

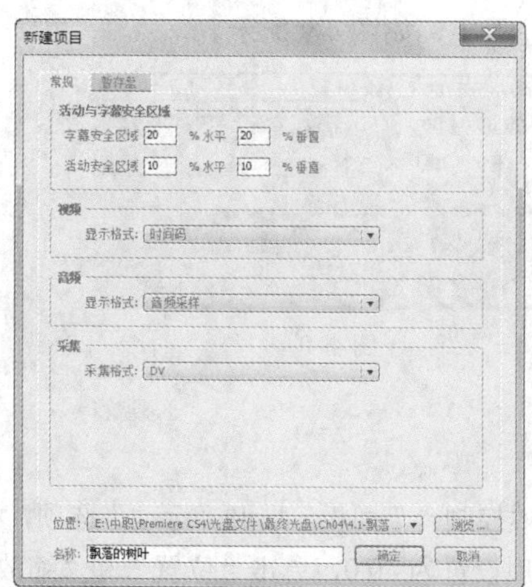

图 4-2

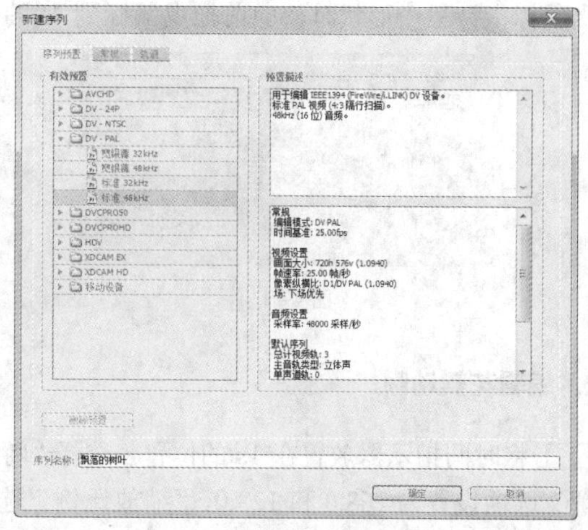

图 4-3

步骤 2 选择“文件 > 导入”命令，弹出“导入”对话框，选择光盘中的“Ch04/飘落的树叶/素材/ 01 和 02”文件，单击“打开”按钮导入视频文件，如图 4-4 所示。导入后的文件排列在“项目”面板中，如图 4-5 所示。

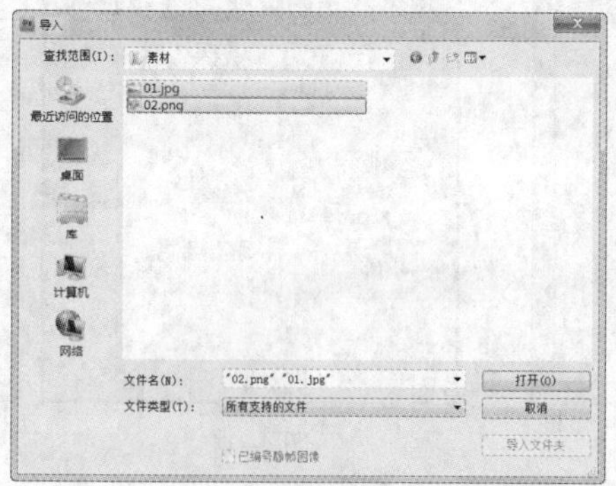

图 4-4

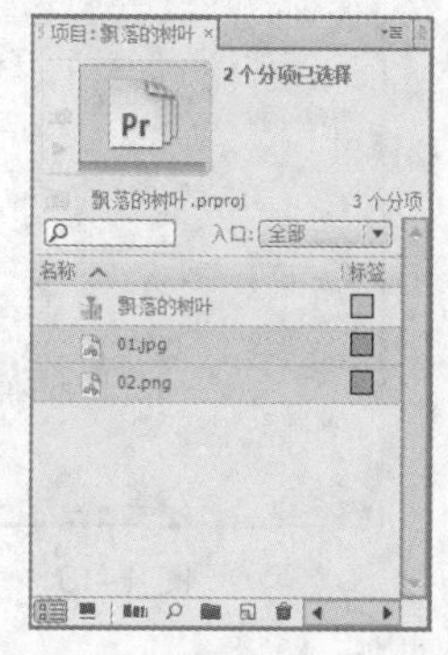

图 4-5

步骤 3 在“项目”面板中选中“01”文件并将其拖曳到“时间线”窗口中的“视频 1”轨道中，选中“02”文件，并拖曳到“时间线”窗口中的“视频 2”轨道中，如图 4-6 所示。将时间指示器放置在 6s 的位置，在“时间线”窗口中的“视频 1”轨道上选中“01”文件，将鼠标指针放在“01”文件的尾部，当鼠标指针呈![]形状时，向后拖曳鼠标到 6s 的位置上，如图 4-7 所示。

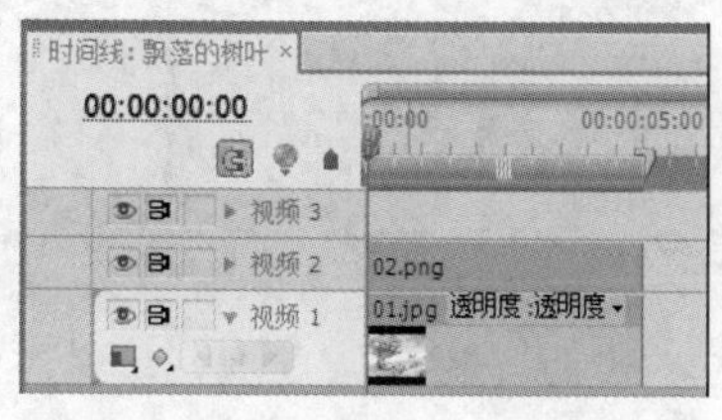

图 4-6

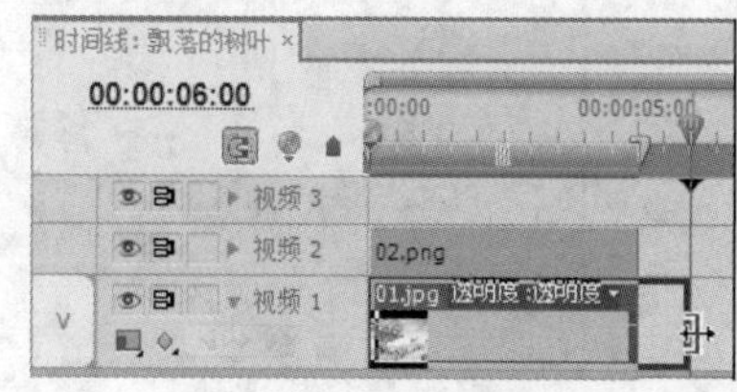

图 4-7

步骤 4 将时间指示器放置在 1s 的位置，在“时间线”窗口中的“视频 2”轨道上选中“02”文件，将鼠标指针放在“02”文件的头部，当鼠标指针呈![]形状时，向后拖曳鼠标到 1s 的位置上，如图 4-8 所示。将时间指示器放置在 4s 的位置，将鼠标指针放在“02”文件的尾部，当鼠标指针呈形状时，向前拖曳鼠标到 4s 的位置上，如图 4-9 所示。

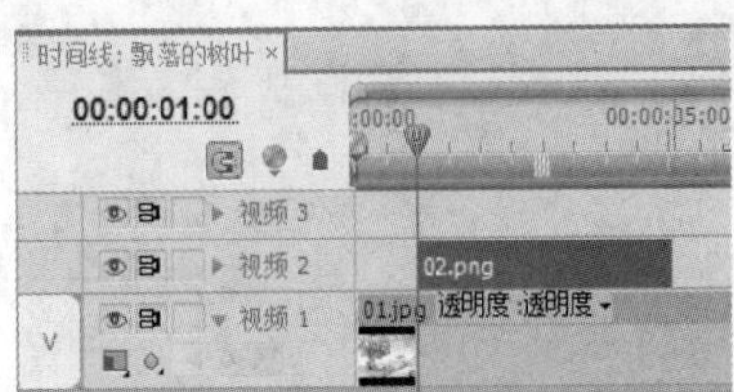

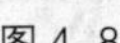
图 4-8

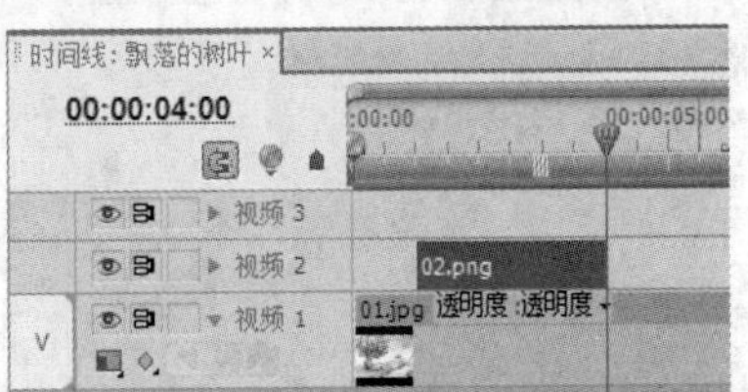

图 4-9

2. 编辑花瓣动画

步骤 1 将时间指示器放置在 1s 的位置，选择“特效控制台”面板，展开“运动”选项，将“位置”选项设置为 168.0 和 123.0，“缩放比例”选项设置为 40.0，单击“位置”和“缩放比例”选项前面的记录动画按钮，如图 4-10 所示，记录第 1 个动画关键帧。将时间指示器放置在 2s 的位置，“位置”选项设置为 80.0 和 323.0，“缩放比例”选项设置为 40.0，如图 4-11 所示，记录第 2 个动画关键帧。

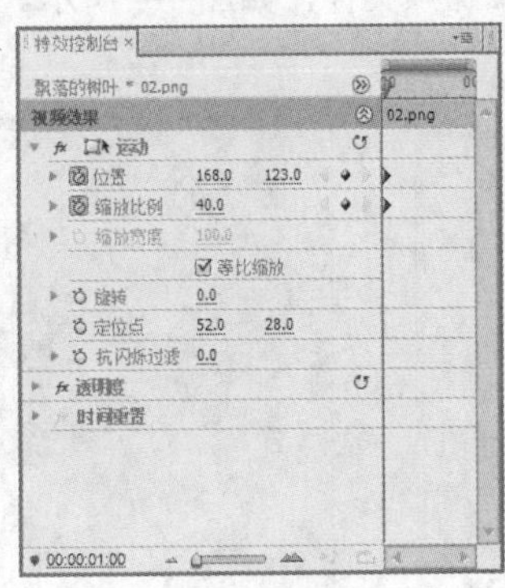

图 4-10

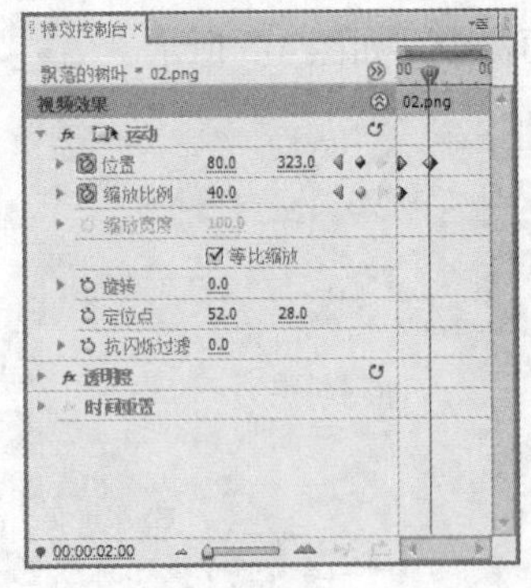

图 4-11

步骤 2 将时间指示器放置在 3s 的位置，“位置”选项设置为 250.0 和 350.0，如图 4-12 所示，记录第 3 个动画关键帧。将时间指示器放置在 4s 的位置，“位置”选项设置为 200.0 和 600.0，如图 4-13 所示，记录第 4 个动画关键帧。

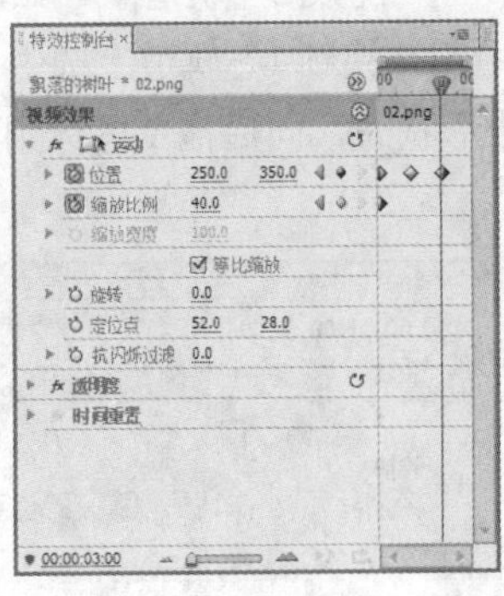

图 4-12

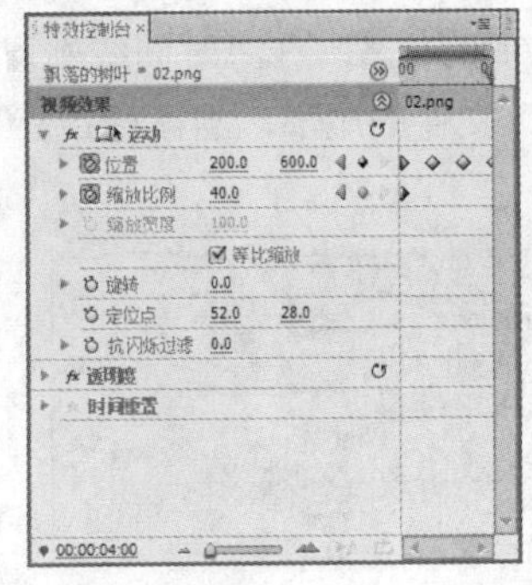

图 4-13

步骤 3 选择“窗口 > 效果”命令，弹出“效果”面板，展开“视频特效”分类选项，单击“色彩校正”文件夹前面的三角形按钮将其展开，选中“色彩平衡”特效，如图 4-14 所示。将“色

彩平衡”特效拖曳到“时间线”窗口中的“视频 2”轨道的“02”文件上，如图 4-15 所示。

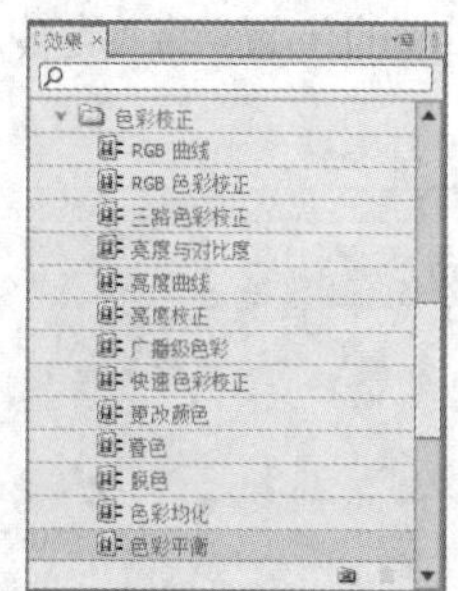

图 4-14

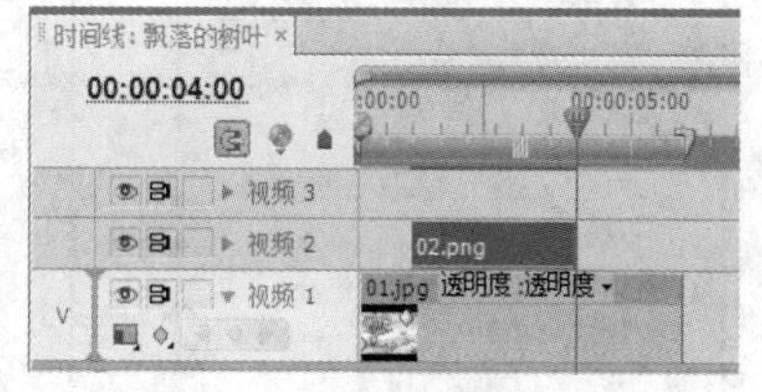

图 4-15

步骤 4 选择“特效控制台”面板，展开“色彩平衡”特效并进行参数设置，如图 4-16 所示。在“节目”窗口中预览效果，如图 4-17 所示。

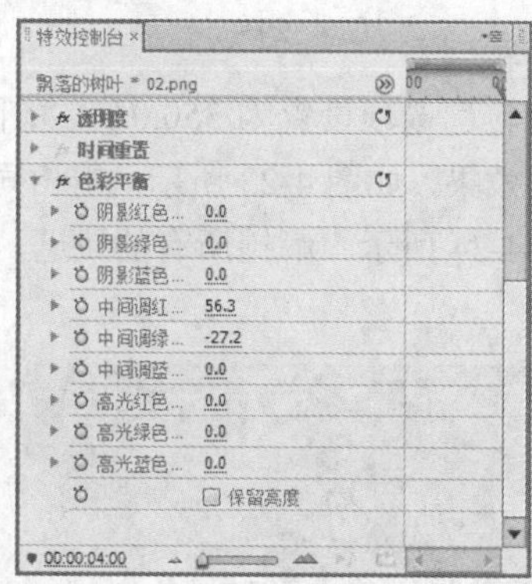
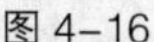

图 4-16

图 4-17

3. 编辑第 2 个花瓣动画

步骤 1 在“时间线”窗口中选择“视频 2”轨道中的“02”文件，将时间指示器放置在 2s 的位置，按<Ctrl>+<C>组合键复制“视频 2”轨道中的“02”文件，同时锁定 02、01 轨道。选择“视频 3”轨道，按<Ctrl>+<V>组合键将复制出的“02”文件粘贴到“视频 3”中，如图 4-18 所示。选中“视频 3”轨道中的“02”文件，在“特效控制台”面板中展开“运动”特效，单击“缩放比例”选项前面的记录动画按钮，取消关键帧，将“缩放比例”选项设置为 30.0，如图 4-19 所示。

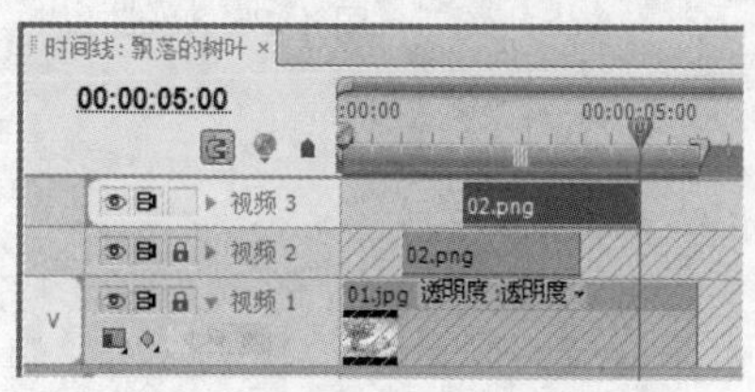

图 4-18

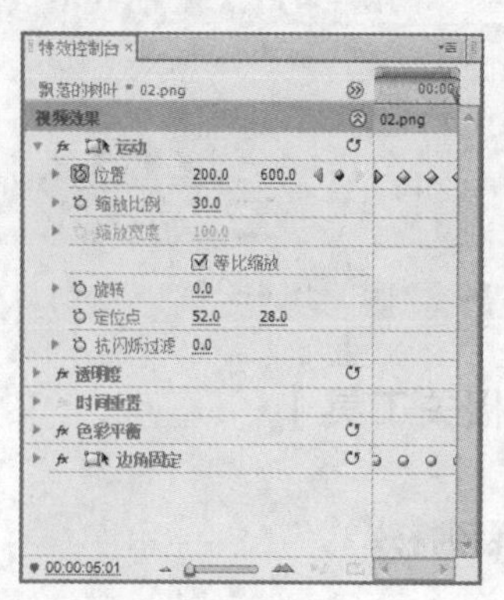

图 4-19

步骤 2 将时间指示器放置在 2s 的位置，单击“旋转”选项前面的记录动画按钮，如图 4-20 所示，记录第 1 个动画关键帧。将时间指示器放置在 4s 的位置，将“旋转”选项设置为 183.0，如图 4-21 所示，记录第 2 个动画关键帧。

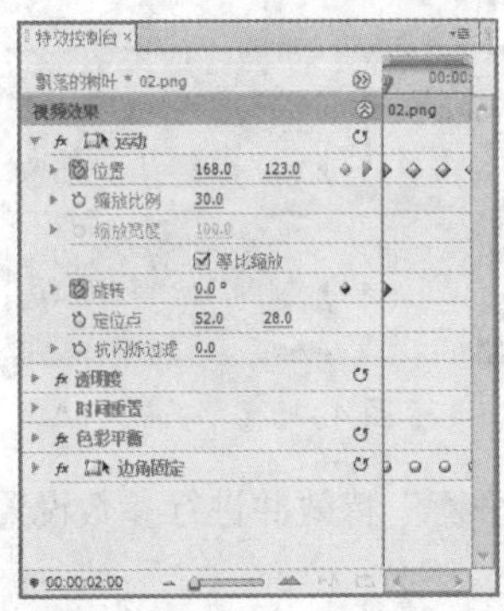

图 4-20

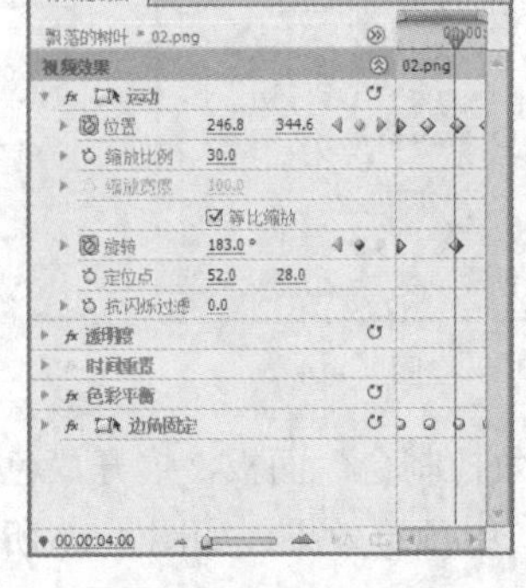

图 4-21

步骤 3 将时间指示器放置在 5s 的位置，将“旋转”选项设置为 350.0°，如图 4-22 所示，记录第 3 个动画关键帧。在“节目”窗口中预览效果，如图 4-23 所示。用相同的方法制作“视频 4”轨道与“视频 5”轨道，层的排序如图 4-24 所示。解锁所有的轨道，飘落的树叶制作完成，如图 4-25 所示。

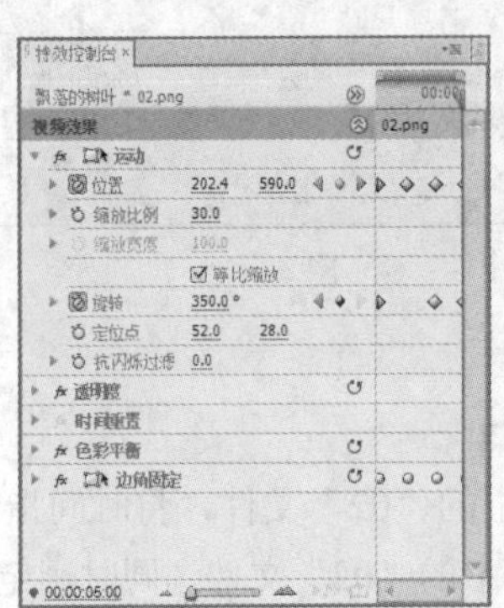

图 4-22

图 4-23

图 4-24

图 4-25

4.1.3 【相关工具】

1. 应用视频特效

为素材添加一个效果很简单，只需从“效果”窗口中拖曳一个特效到“时间线”面板中的素材

片段上即可。如果素材片段处于被选中状态，也可以拖曳特效到该片段的“特效控制台”窗口中。

2. 关于关键帧

若使效果随时间而改变，可以使用关键帧技术。当创建了一个关键帧后，就可以指定一个效果属性在确切的时间点上的值，当为多个关键帧赋予不同的值时，Premiere Pro CS4 会自动计算关键帧之间的值，这个处理过程称为“插补”。对于大多数标准效果，都可以在素材的整个时间长度中设置关键帧。对于固定效果，如位置和缩放，可以设置关键帧，使素材产生动画，也可以移动、复制或删除关键帧和改变插补的模式。

3. 激活关键帧

为了设置动画效果属性，必须激活属性的关键帧，任何支持关键帧的效果属性都包括“固定动画”按钮，单击该按钮可插入一个关键帧。插入关键帧（即激活关键帧）后，就可以添加和调整素材所需要的属性，效果如图 4-26 所示。

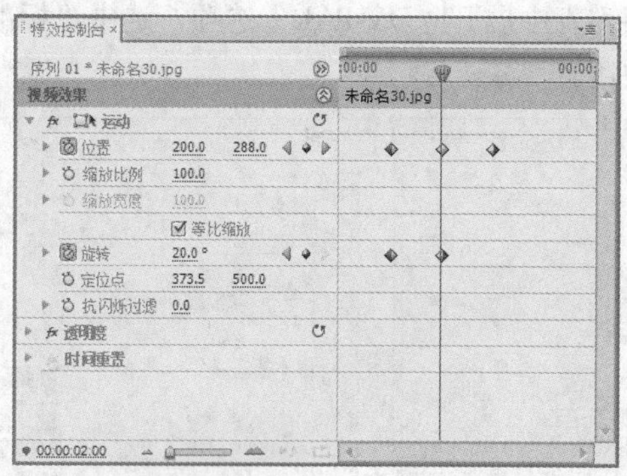

图 4-26

4.1.4 【实战演练】转动的风车

使用“位置”和“比例”选项编辑图像的位置与大小；使用“旋转”选项和关键帧制作风车的转动效果。（最终效果参看光盘中的“Ch04\转动的风车\转动的风车.prproj”，见图 4-27。）

图 4-27

4.2 脱色特效

4.2.1 【操作目的】

使用“亮度与对比度”命令制作调整图片的亮度与对比度；使用“分色”命令制作图片的脱色效果；使用“亮度曲线”命令调整图片的亮度；使用“更改颜色”命令改变图片中需要的颜色。（最终效果参看光盘中的“Ch04\脱色特效\脱色特效.prproj”，见图 4-28。）

图 4-28

4.2.2 【操作步骤】

步骤 1 启动 Premiere Pro CS4 软件，弹出“欢迎使用 Adobe Premiere Pro”界面，单击“新建项目”按钮，弹出“新建项目”对话框，设置“位置”选项，选择保存文件路径，在“名称”文本框中输入文件名“脱色特效”，如图 4-29 所示。单击“确定”按钮，弹出“新建序列”对话框，在左侧的列表中展开“DV-PAL”选项，选中“标准 48kHz”模式，如图 4-30 所示，单击“确定”按钮。

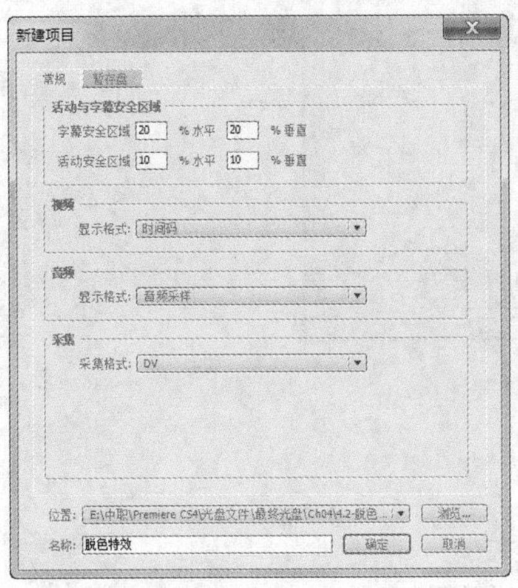

图 4-29

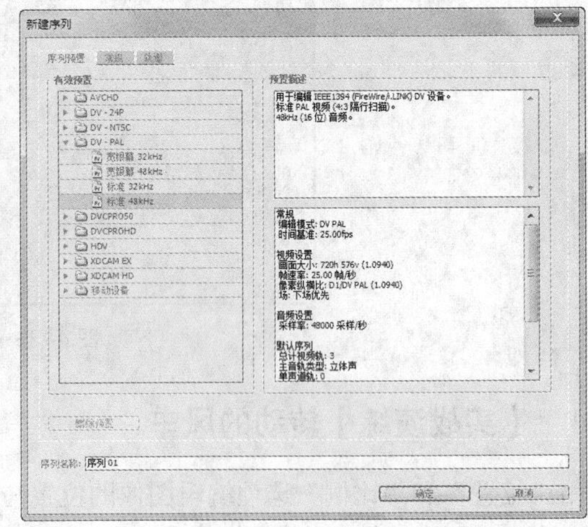

图 4-30

步骤 2 选择“文件 > 导入”命令，弹出“导入”对话框，选择光盘中的“Ch04/脱色特效/素材/ 01”文件，单击“打开”按钮导入文件，如图 4-31 所示。导入后的文件排列在“项目”面板中，如图 4-32 所示。

图 4-31

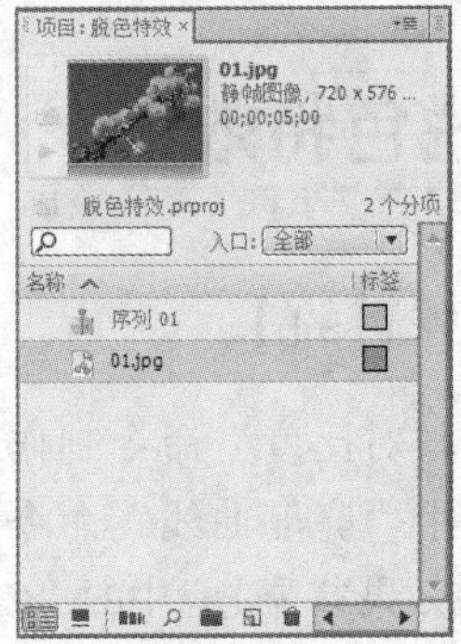

图 4-32

步骤 3 在“项目”面板中选中“01”文件并将其拖曳到“时间线”窗口中的“视频 1”轨道中，如图 4-33 所示。在“节目”窗口中预览效果，如图 4-34 所示。

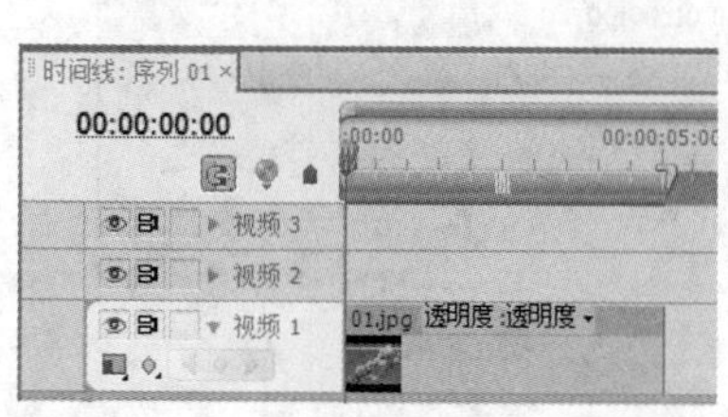

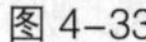

图 4-33

图 4-34

步骤 4 选择“窗口 > 效果”命令，弹出“效果”面板，展开“视频特效”分类选项，单击“色彩校正”文件夹前面的三角形按钮▶将其展开，选中“亮度与对比度”特效，如图 4-35 所示。将“亮度与对比度”特效拖曳到“时间线”窗口中的“视频 1”轨道的“01”文件上，如图 4-36 所示。

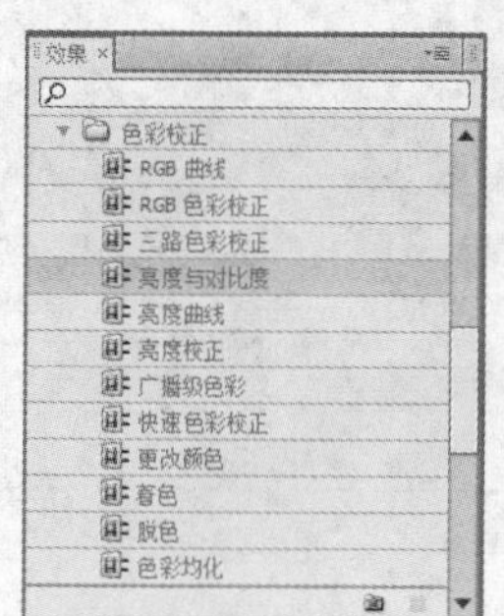

图 4-35

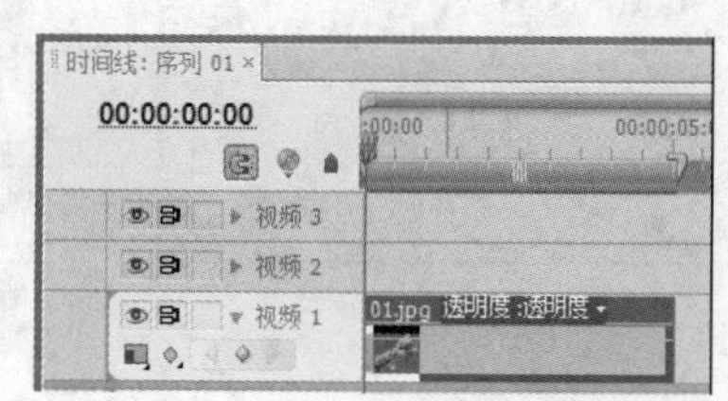

图 4-36

步骤 5 选择“特效控制台”面板，展开“亮度与对比度”特效并进行参数设置，如图 4-37 所示。在“节目”窗口中预览效果，如图 4-38 所示。

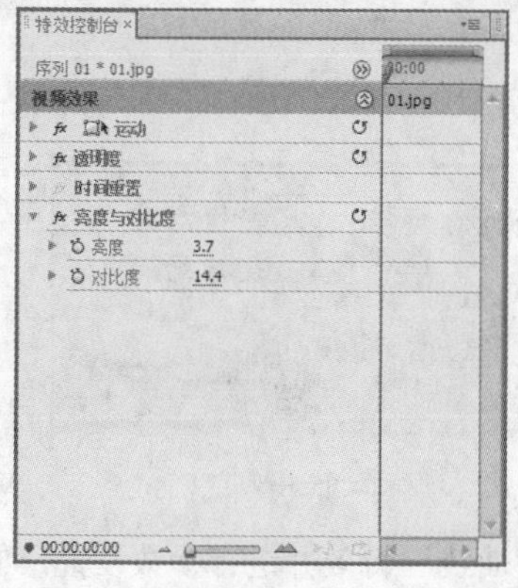

图 4-37

图 4-38

步骤 6 选择“窗口 > 效果”命令，弹出“效果”面板，展开“视频特效”分类选项，单击“色彩校正”文件夹前面的三角形按钮将其展开，选中“脱色”特效，如图 4-39 所示。将“分色”特效拖曳到“时间线”窗口中的“视频 1”轨道的“01”文件上，如图 4-40 所示。

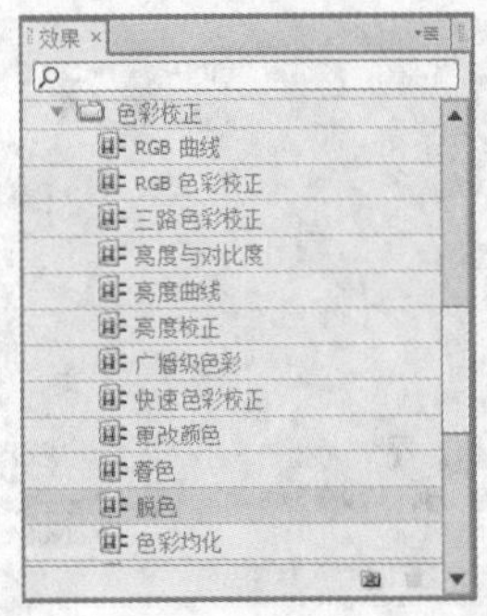

图 4-39

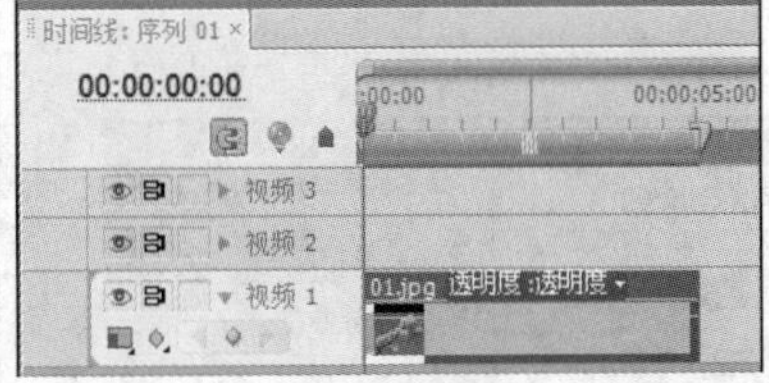

图 4-40

步骤 7 选择“特效控制台”面板，展开“脱色”特效，在图像上吸取要保留的颜色，其他参数设置如图 4-41 所示。在“节目”窗口中预览效果，如图 4-42 所示。

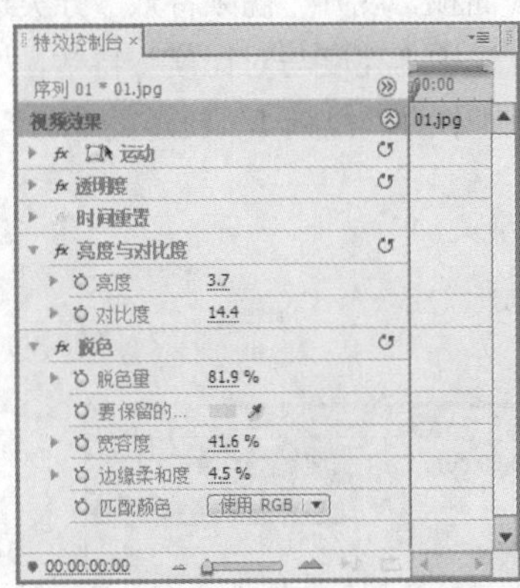

图 4-41

图 4-42

步骤 8 选择“窗口 > 效果”命令，弹出“效果”面板，展开“视频特效”分类选项，单击“色彩校正”文件夹前面的三角形按钮将其展开，选中“亮度曲线”特效，如图 4-43 所示。将“亮度曲线”特效拖曳到“时间线”窗口中的“视频 1”轨道的“01”文件上，如图 4-44 所示。

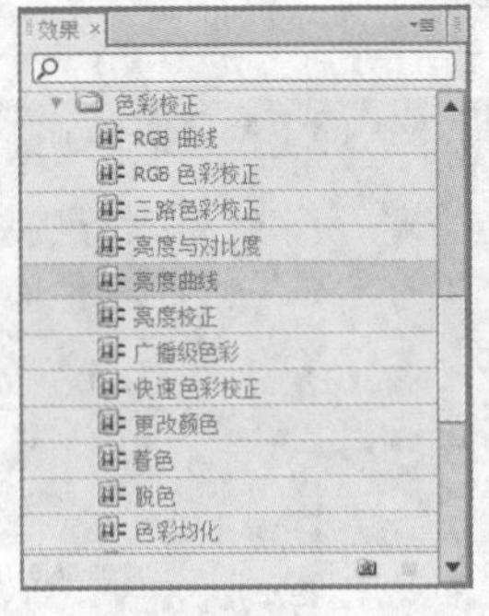

图 4-43

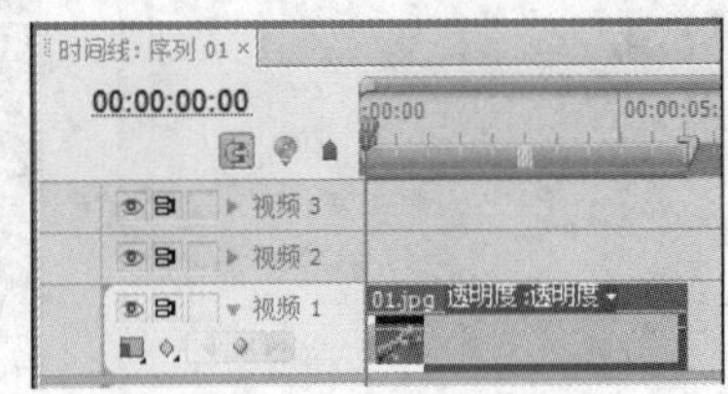

图 4-44

步骤 9 选择“特效控制台”面板，展开“亮度曲线”特效并进行参数设置，如图 4-45 所示。在“节目”窗口中预览效果，如图 4-46 所示。

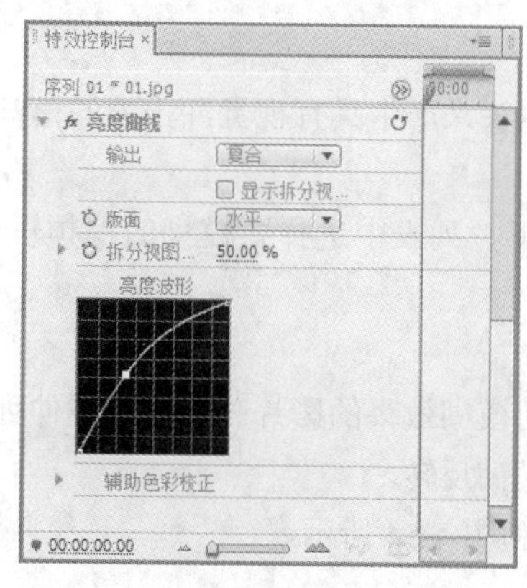
图 4-45

图 4-46

步骤 10 选择“窗口 > 效果”命令，弹出“效果”面板，展开“视频特效”分类选项，单击“色彩校正”文件夹前面的三角形按钮将其展开，选中“更改颜色”特效，如图 4-47 所示。将“更改颜色”特效拖曳到“时间线”窗口中的“视频 1”轨道的“01”文件上，如图 4-48 所示。

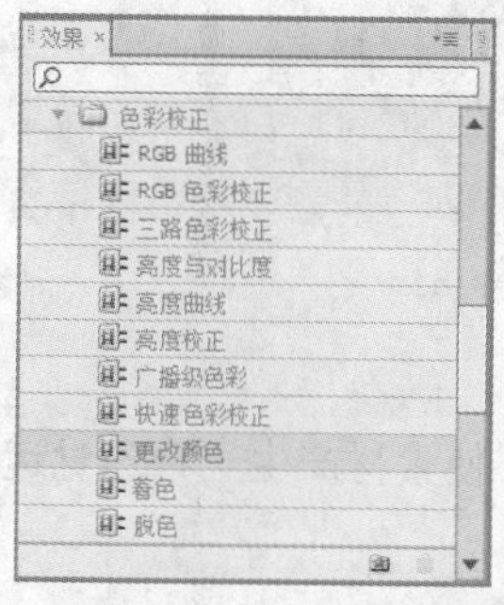
图 4-47

图 4-48

步骤 11 选择“特效控制台”面板，展开“更改颜色”特效并进行参数设置，如图 4-49 所示。脱色特效制作完成，在“节目”窗口中预览效果，如图 4-50 所示。

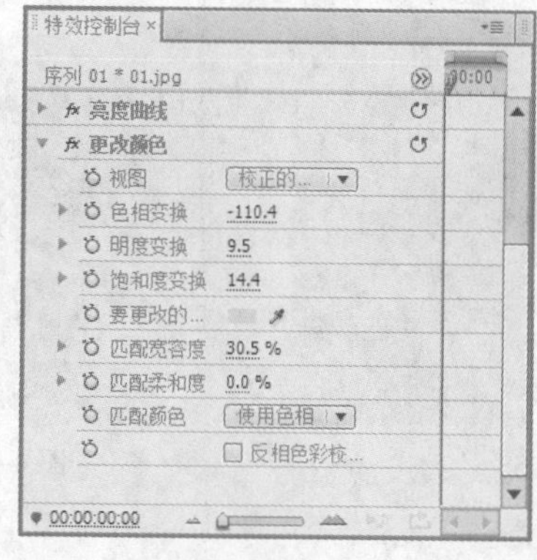
图 4-49

图 4-50

4.2.3 【相关工具】

1. 模糊与锐化视频特效

该视频特效主要针对镜头画面锐化或模糊进行处理，共包含 10 种特效。

◎ **复合模糊**

该特效主要通过模拟摄像机快速变焦和旋转镜头来产生具有视觉冲击力的模糊效果。应用该特效后，其参数面板如图 4-51 所示。

模糊图层：单击 视频 1 按钮，在弹出的下拉列表中选择要模糊的视频轨道，如图 4-52 所示。

最大模糊：对模糊的数值进行调节。

伸展图层以适配：勾选此复选框，可以对使用模糊效果的影片画面进行拉伸处理。

反相模糊：用于对当前设置的效果反转，即模糊反转。

应用“复合模糊”特效的前后效果如图 4-53 和图 4-54 所示。

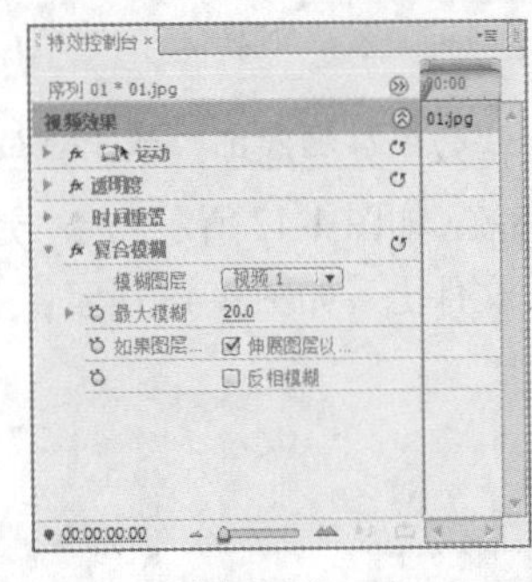

图 4-51

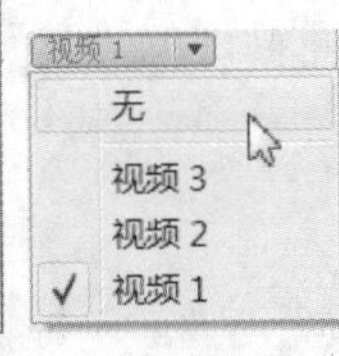

图 4-52

图 4-53

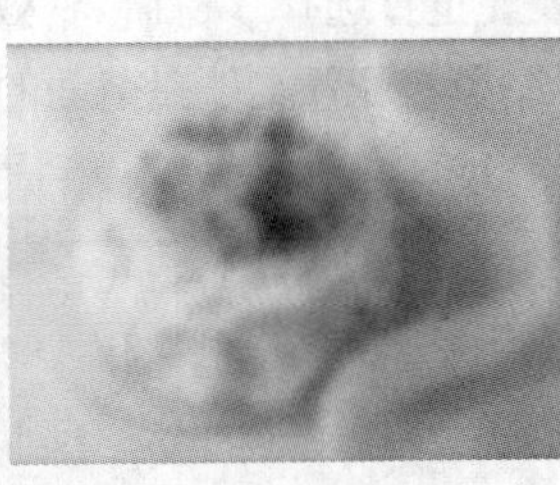

图 4-54

◎ **定向模糊**

该特效可以在图像中产生一个方向性的模糊效果，使素材产生一种幻觉运动特效。应用该特效后，其参数面板如图 4-55 所示。

方向：用于设置模糊方向。

模糊长度：用于设置图像虚化的程度，拖曳滑块可调整数值，其数值范围为 0～20。当需要用到高于 20 的数值时，可以单击选项右侧带下画线的数值，将参数文本框激活，输入需要的数值。

应用“定向模糊”特效的前后效果如图 4-56 和图 4-57 所示。

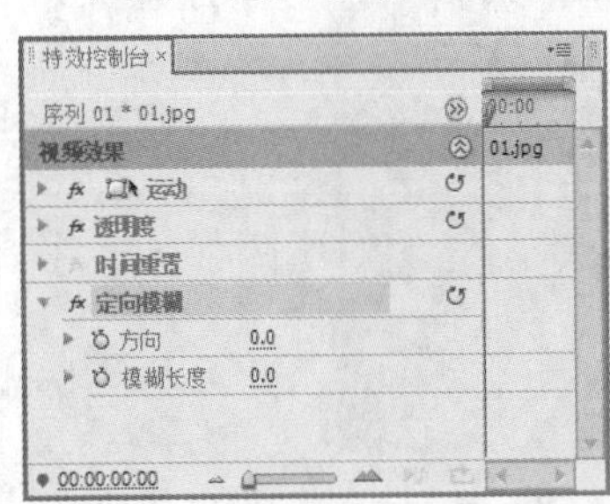

图 4-55

图 4-56

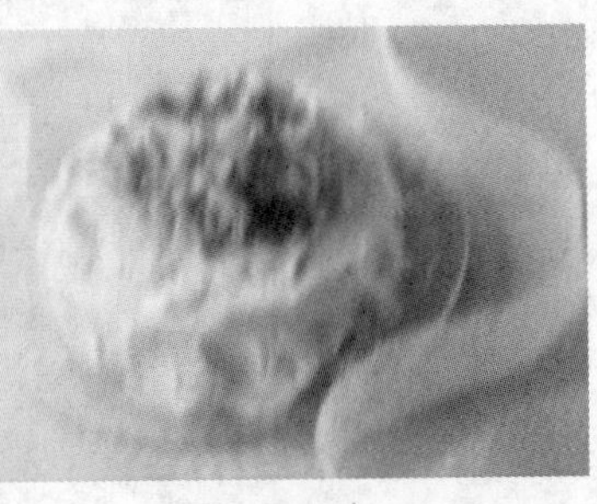

图 4-57

◎ **快速模糊**

该特效可以指定画面模糊程度，同时可以指定水平、垂直或两个方向的模糊程度。该特效在模糊图像时比使用“高斯模糊”处理速度快。应用该特效后，其参数面板如图 4-58 所示。

模糊量：用于调节控制影片的模糊程度。

模糊方向：控制图像的模糊尺寸，包括“水平与垂直”、“水平”和“垂直”3 种方式。

应用“快速模糊”特效的前后效果如图 4-59 和图 4-60 所示。

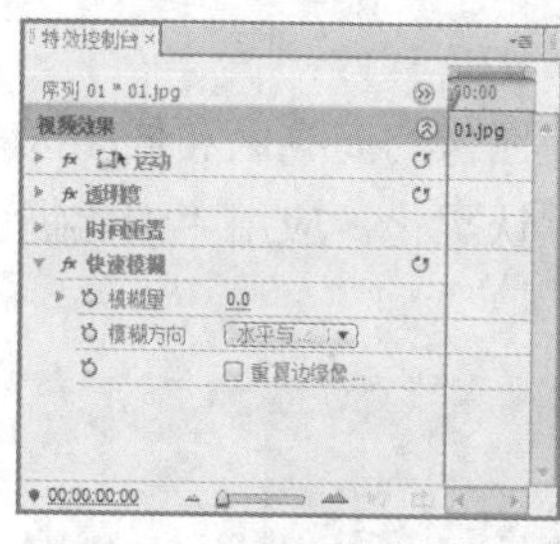

图 4-58

图 4-59

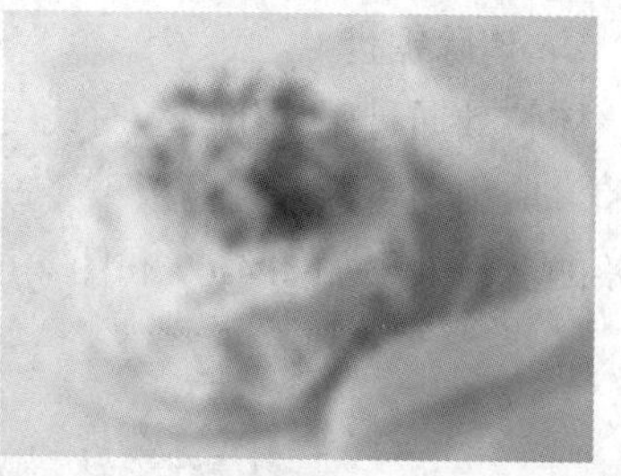

图 4-60

◎ **摄像机模糊**

该特效可以产生图像离开摄像机焦点范围时所产生的“虚焦”效果。应用该特效后，面板如图 4-61 所示。

可以调整窗口中的参数对该特效效果进行设置，直到满意为止。在窗口中单击“设置”按钮，弹出“摄像机模糊设置”对话框，对图像进行设置，如图 4-62 所示，设置完成后，单击“确定”按钮。应用“摄像机模糊”特效的前后效果如图 4-63 和图 4-64 所示。

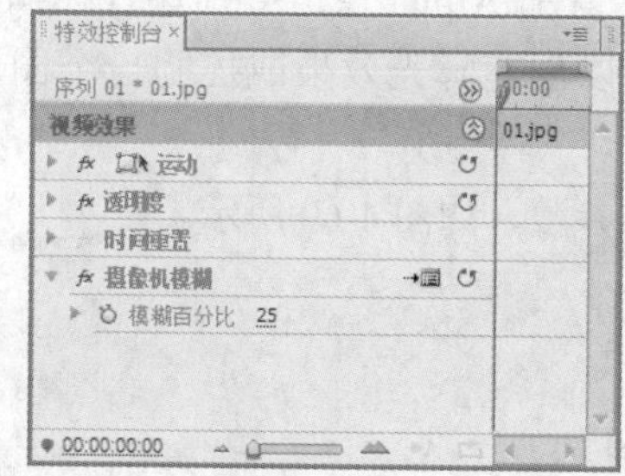

图 4-61

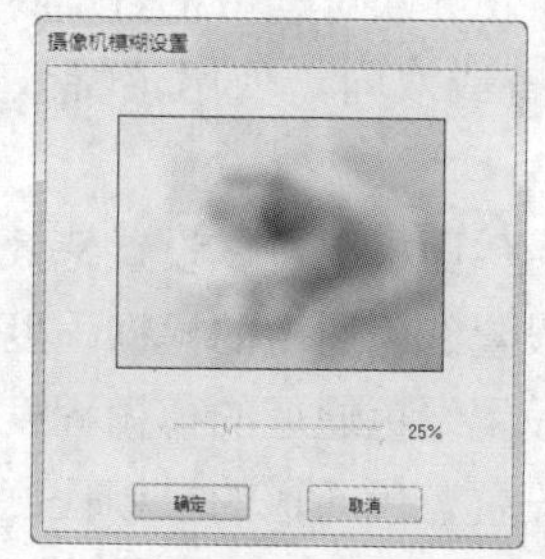

图 4-62

图 4-63

图 4-64

◎ **残像**

“残像”特效可以使影片中运动物体后面跟着一串阴影一起移动，应用特效的前后效果如图 4-65 和图 4-66 所示。

图 4-65

图 4-66

◎ **消除锯齿**

该特效通过平均化图像对比度区域的颜色值来平均整个图像，使图像的高亮区和低亮区渐变柔和，应用该特效后，面板不会产生任何参数设置，只对图像进行默认柔化。应用“消除锯齿”特效的前后效果如图 4-67 和图 4-68 所示。

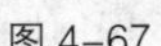
图 4–67

图 4–68

◎ **通道模糊**

“通道模糊”特效可以对素材的红、绿、蓝和 Alpha 通道分别进行模糊，还可以指定模糊的方向是水平、垂直或双向。使用该特效可以创建辉光效果或控制一个图层的边缘附近变得不透明。

在“特效控制台”面板中可以设置特效的参数，如图 4-69 所示。

红色模糊度：设置红色通道的模糊程度。

绿色模糊度：设置绿色通道的模糊程度。

蓝色模糊度：设置蓝色通道的模糊程度。

Alpha 模糊度：设置 Alpha 通道的模糊程度。

边缘特性：勾选“重复边缘像素”复选框，可以使图像的边缘更加透明化。

模糊方向：控制图像的模糊方向，包括“水平与垂直”、“水平”和“垂直”3 种方式。

应用“通道模糊”特效的前后效果如图 4-70 和图 4-71 所示。

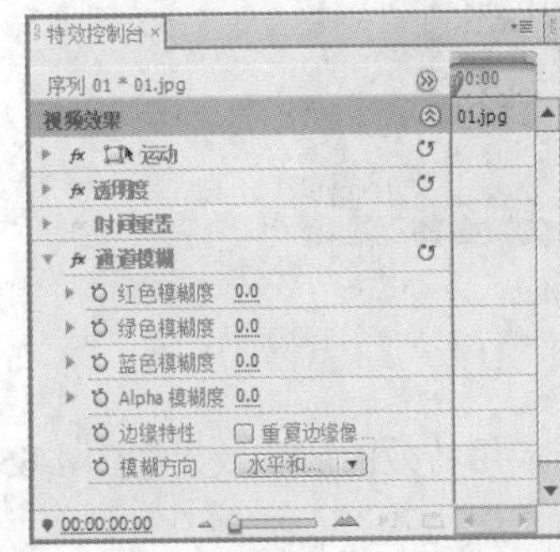

图 4–69

图 4–70

图 4–71

◎ **锐化**

该特效通过增加相邻像素间的对比度使图像清晰化，应用该特效后，其参数面板如图 4-72 所示。

锐化数量：用于调整画面的锐化程度。

应用“锐化”特效的前后效果如图 4-73 和图 4-74 所示。

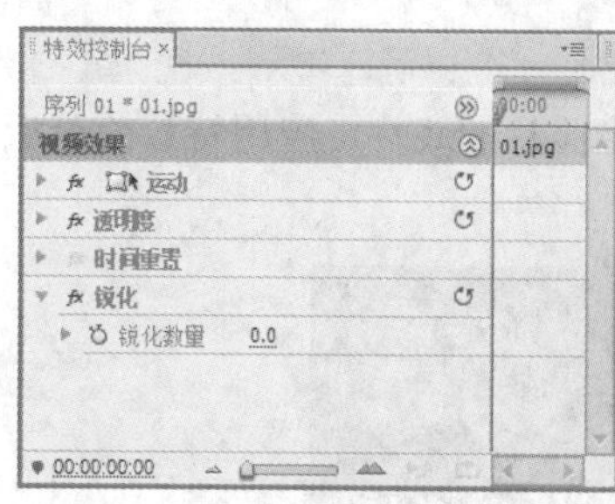

图 4–72

图 4–73

图 4–74

◎ 非锐化遮罩

“非锐化遮罩”特效可以调整图像的色彩锐化程度。应用该特效后，其参数面板如图 4-75 所示。

数量：设置颜色边缘差别值大小。

半径：设置颜色边缘产生差别的范围。

阀值：设置颜色边缘之间允许的差别范围，值越小效果越明显。

应用“非锐化遮罩”特效的前后效果如图 4-76 和图 4-77 所示。

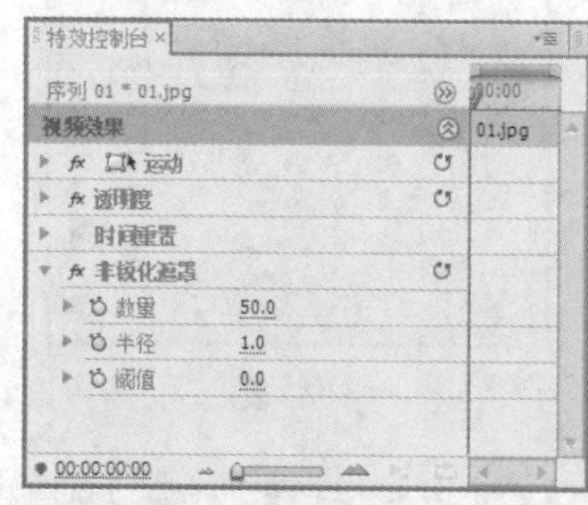

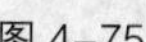

图 4–75

图 4–76

图 4–77

◎ 高斯模糊

“高斯模糊”特效可以大幅度地模糊图像，使其产生虚化的效果，应用该特效后，其参数面板如图 4-78 所示。

模糊度：用于调节控制影片的模糊程度。

模糊方向：控制图像的模糊尺寸，包括“水平与垂直”、“水平”和“垂直”3 种方式。

应用“高斯模糊”特效的前后效果如图 4-79 和图 4-80 所示。

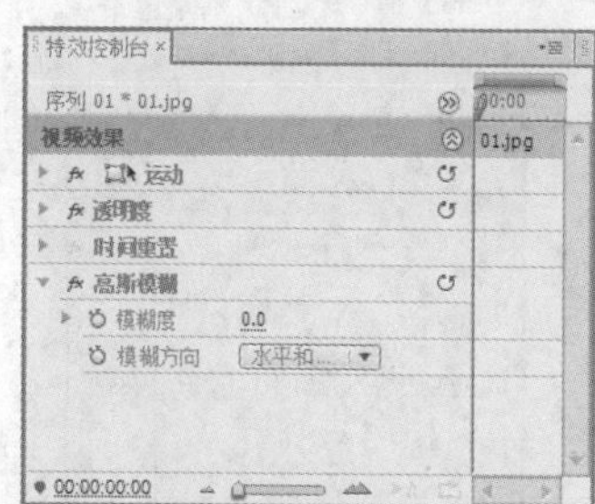

图 4–78

图 4–79

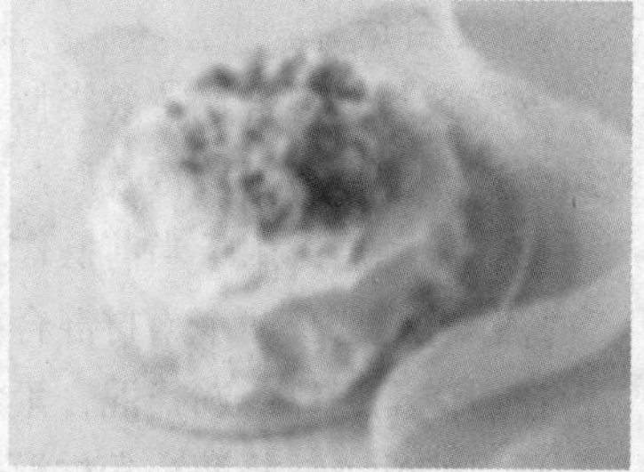

图 4–80

2. 通道视频特效

该视频特效可以对素材的通道进行处理，实现图像颜色、色调、饱和度、亮度等颜色属性的改变，共包含 7 种特效。

◎ **反相**

该特效将图像的颜色进行反色显示，使处理后的图像看起来像照片的底片，应用特效的前后效果如图 4-81 和图 4-82 所示。

图 4-81

图 4-82

◎ **固态合成**

该特效可以将一种颜色填充合成图像，放置在原始素材的后面，应用该特效后，其参数面板如图 4-83 所示。

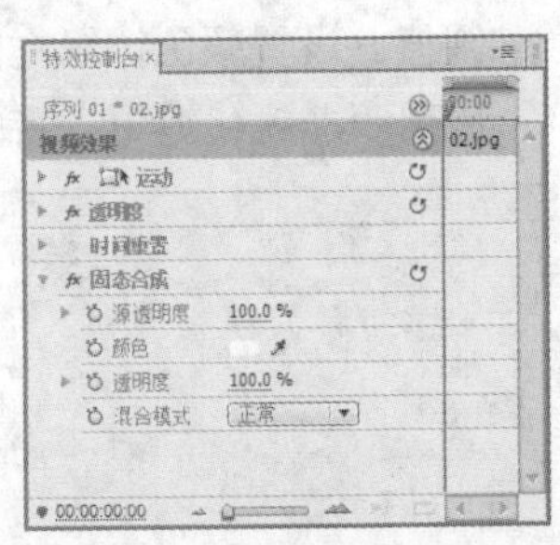

图 4-83

源透明度：用于指定素材层的不透明度。

颜色：用于设置新填充图像的颜色。

透明度：控制新填充图像的不透明度。

混合模式：设置素材层和填充图像以何种方式混合。

应用“固态合成”特效的前后效果如图 4-84、图 4-85 和图 4-86 所示。

图 4-84

图 4-85

图 4-86

◎ **复合运算**

该特效与“混合”特效类似，都是将两个重叠素材的颜色相互组合在一起，应用该特效后，其参数面板如图 4-87 所示。

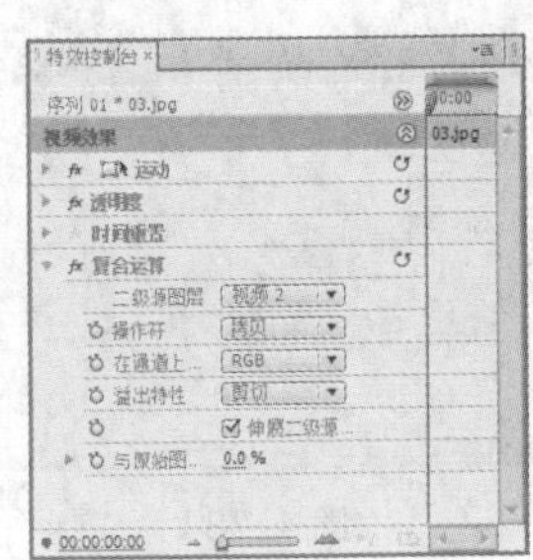

图 4-87

第二源源层：用于当前操作中指定原始的图层。

操作符：选择两个素材混合模式。

在通道上运算：选择混合素材进行操作的通道。

溢出特性：选择两个素材混合后颜色允许的范围。

拉伸二级源进行适配：当素材与混合素材大小相同时，不勾选该复选框，混合素材与原素材将无法对齐重合。

与原始图层混合：设置混合素材的透明值。

应用“复合算法”特效的前后效果如图 4-88、图 4-89 和图 4-90 所示。

图 4-88

图 4-89

图 4-90

◎ **混合**

该特效是将两个通道中的图像按指定方式进行混合，从而达到改变图像色彩的效果，应用该特效后，其参数面板如图 4-91 所示。

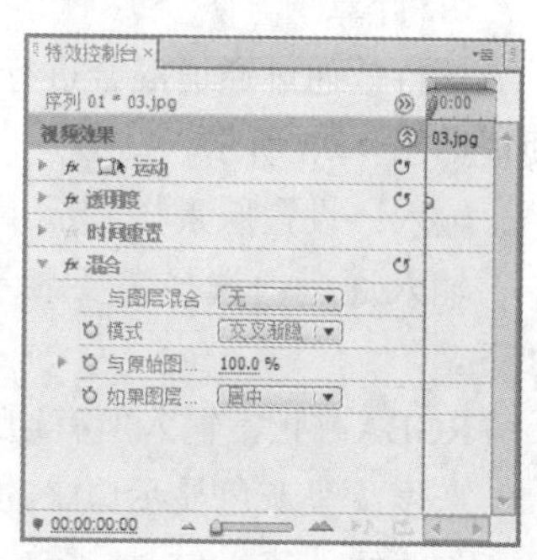

图 4-91

与图层混合：选择重叠对象所在的视频轨道。

模式：选择两个素材混合的部分。

与原始图层混合：设置所选素材与原素材混合值，值越小效果越明显。

如果图层大小不同：如果图层的尺寸不同时，该选项用于对图层的对齐方式进行设置。

应用“混合”特效的前后效果如图 4-92、图 4-93 和图 4-94 所示。

图 4-92

图 4-93

图 4-94

◎ **算术**

该特效提供了各种用于图像通道的简单数学运算，应用该特效后，其参数面板如图 4-95 所示。

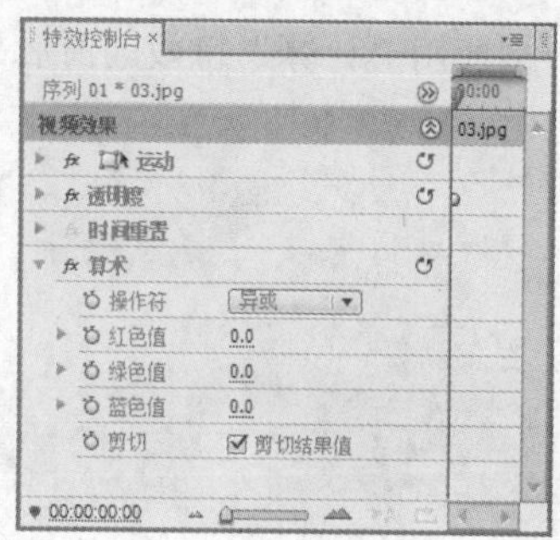

图 4-95

操作符：用于选择一种计算机的颜色。

红色值：设置图片要进行计算的红色值。

绿色值：设置图片要进行计算的绿色值。

蓝色值：设置图片要进行计算的蓝色值。

剪切结果值：裁剪计算得出的数值，创造有效的范围彩色数值。如果不勾选该复选框，一些彩色值可能计算时会超出彩色数值范围。

应用“算术”特效的前后效果如图 4-96 和图 4-97 所示。

图 4-96

图 4-97

◎ **计算**

该特效通过通道混合进行颜色调整，应用该特效后，其参数面板如图 4-98 所示。

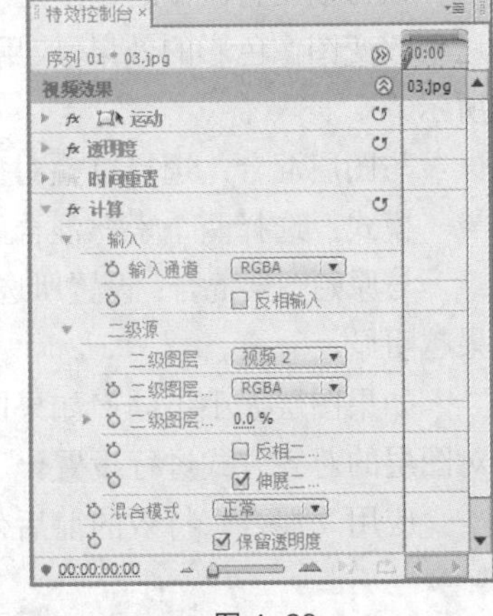

图 4-98

输入：设置原素材显示。

输入通道：选择需要显示的通道，在其下拉列表中各选项如下。

RGBA：正常输入所有通道。

灰度：呈灰色显示原来的 RGBA 图像的亮度。

红、绿、蓝、Alpha 通道：选择对应的通道，显示对应通道。

反相输入：将“输入通道”中选择的通道反向显示。

二级源：设置与原素材混合的素材。

二级图层：选择与原素材混合素材所在的视频轨道。

二级图层通道：选择与原素材混合显示的通道。其下方选项的作用与“输入”设置框中的“输入通道”相同。

二级图层透明度：设置与原素材混合素材的透明度值。

反相二级图层：与“反转输入”的作用相同，但这里指的是与原素材混合的素材。

伸展二级图层进行适配：当混合素材小于原素材，勾选该复选框将在显示最终效果时放大混合素材。

混合模式：用于设置原素材与第二信号源的多种混合模式。

保留透明度：确保被影响素材的透明度不被修改。

应用“计算”特效的前后效果如图 4-99、图 4-100 和图 4-101 所示。

图 4-99

图 4-100

图 4-101

◎ **设置遮罩**

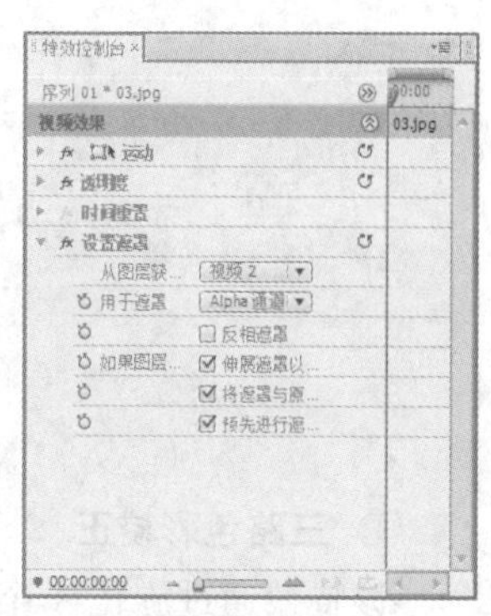

图 4-102

以当前层的 Alpha 通道取代指定层的 Alpha 通道，使之产生运动屏蔽的效果，应用该特效后，其参数面板如图 4-102 所示。

从图层获取遮罩：该选项用于指定作为蒙版的图层。

用于遮罩：选择指定的蒙版层用于效果处理的通道。

反相遮罩：反转蒙版层的透明度。

伸展遮罩以适配：用于放大或缩小屏蔽层的尺寸，使之与当前层适配。

将遮罩与原始图像合成：使当前层合成新的蒙版，而不是替换原始素材层。

预先进行遮罩图层正片叠底：勾选该复选框，软化蒙版层素材的边缘。

应用“设置遮罩”特效的前后效果如图 4-103、图 4-104 和图 4-105 所示。

图 4-103

图 4-104

图 4-105

3. 色彩校正视频特效

“色彩校正”视频特效主要用于对视频素材进行颜色校正，该特效包括了 17 种类型。

◎ **RGB 曲线**

该特效通过曲线调整红色、绿色和蓝色通道中的数值，达到改变图像色彩的目的，应用“RGB 曲线”特效的前后效果如图 4-106 和图 4-107 所示。

图 4-106

图 4-107

◎ **RGB 色彩校正**

该特效可以通过修改 RGB 3 个通道中的参数，实现图像色彩的改变，应用“RGB 色彩校正”特效的前后效果如图 4-108 和图 4-109 所示。

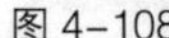

图 4-108

图 4-109

◎ **三路色彩校正**

该特效通过旋转 3 个色盘来调整颜色的平衡，应用“三路色彩校正”特效的前后效果如图 4-110 和图 4-111 所示。

图 4-110

图 4-111

◎ **亮度与对比度**

该特效用于调整素材的亮度和对比度，并同时调节所有素材的亮部、暗部和中间色。应用该特效后，其参数面板如图 4-112 所示。

亮度：调整素材画面的亮度。

对比度：调整素材画面的对比度。

应用“亮度与对比度”特效的前后效果如图 4-113 和图 4-114 所示。

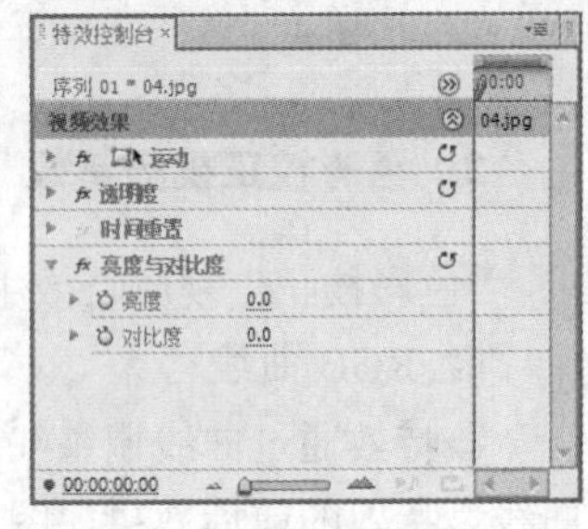

图 4-112

图 4-113

图 4-114

◎ **亮度曲线**

该特效通过亮度曲线图实现对图像亮度的调整，应用“亮度曲线”特效的前后效果如图 4-115 和图 4-116 所示。

图 4-115

图 4-116

◎ **亮度校正**

该特效通过亮度进行图像颜色的校正。应用该特效后，其参数面板如图 4-117 所示。

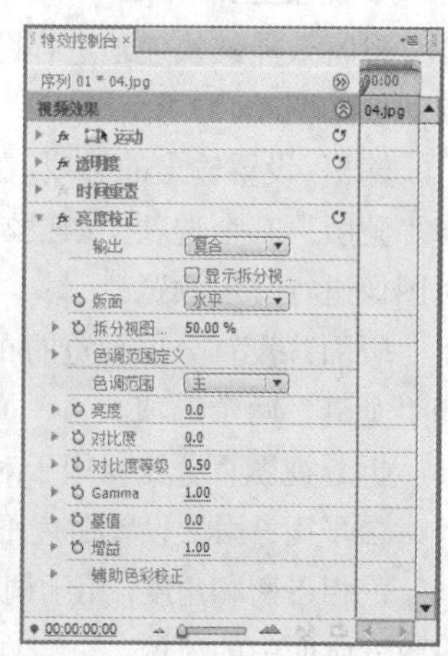

图 4-117

输出：设置输出的选项，在其下拉列表中包括“复合”、“Luam”、“蒙版”和“色调范围”4 个选项，如果勾选“显示拆分视图”复选框，可以对图像进行分屏预览。

版面：设置分屏预览的布局，在其下拉列表中有“水平”和“垂直”两个选项。

拆分视图百分比：用于对分屏比例进行设置。

色调范围定义：用于选择调整的区域，在“色调范围”下拉列表中包括“主”、“高光”、“中间调”和“阴影”4 个选项。

亮度：对图像的亮度进行设置。

对比度：该参数用于改变图像的对比度。

对比度等级：用于设置对比度的级别。

辅助色彩校正：用于设置二级色彩修正。

应用“亮度校正”特效的前后效果如图 4-118 和图 4-119 所示。

图 4-118

图 4-119

◎ **广播级色彩**

该特效可以校正广播级的颜色和亮度，使影视作品在电视机中进行精确地播放。应用该特效后，其参数面板如图 4-120 所示。

广播区域：用于设置 PAL 和 NTSC 两种电视制式。

如何确保颜色安全：设置实现安全色的方法。

最大信号波幅（IRE）：限制最大的信号幅度。

应用“广播级色彩”特效的前后效果如图 4-121 和图 4-122 所示。

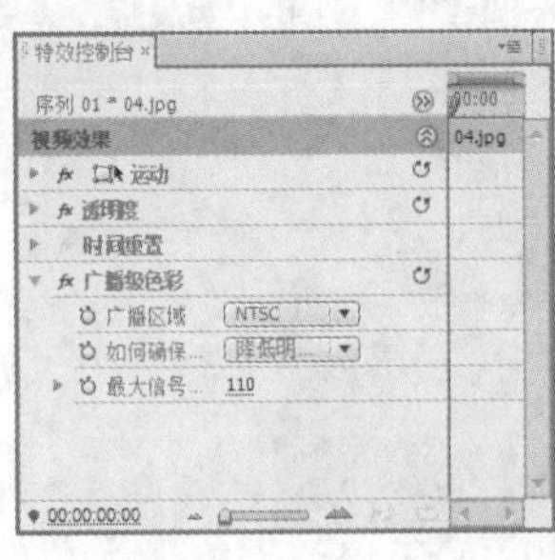

图 4-120

图 4-121

图 4-122

◎ 快速色彩校正

该特效能够快速地进行图像颜色修正。应用该特效后，其参数面板如图 4-123 所示。

输出：设置输出的选项，在其下拉列表中包括“复合”、“Luam”和“蒙版”3 个选项，如果勾选“显示拆分视图”复选框，可以对图像进行分屏预览。

版面：设置分屏预览的布局，在其下拉列表中包括“水平”和“垂直”两个选项。

拆分视图百分比：用于对分屏比例进行设置。

白平衡：用于设置白色平衡，数值越大，画面中的白色越多。

色相平衡和角度：用于调整色调平衡和角度，可以直接使用色盘改变画面中的色调。

平衡数量级：设置平衡的数量。

平衡增益：增加白色平衡。

平衡角度：设置白色平衡的角度。

饱和度：用于设置画面颜色的饱和度。

自动黑电平：单击该按钮，将进行自动黑色级别调整。

自动对比度：单击该按钮，将自动进行对比度调整。

自动白电平：单击该按钮，将自动进行白色级别调整。

黑色阶：用于设置黑色级别的颜色。

灰色阶：用于设置灰色级别的颜色。

白色阶：用于设置白色级别的颜色。

图 4-123

输入电平：对输入的颜色进行级别调整，拖曳该选项颜色条下的 3 个滑块，将对输入黑色阶、输入白色阶和输入灰色阶 3 个参数产生影响。

输出电平：对输出的颜色进行级别调整，拖曳该选项条下的两个滑块，将对输出黑色阶和输出白色阶两个参数产生影响。

输入黑色阶：用于调节黑色输入时的级别。

输入灰色阶：用于调节灰色输入时的级别。

输入白色阶：用于调节白色输入时的级别。

输出黑色阶：用于调节黑色输出时的级别。

输出白色阶：用于调节白色输出时的级别。

应用“快速色彩校正”特效的前后效果如图 4-124 和图 4-125 所示。

图 4-124

图 4-125

◎ **更改颜色**

该特效用于改变图像中某种颜色区域的色调。应用该特效后，其参数面板如图 4-126 所示。

视图：该选项用于设置在合成图像中观看的效果，包含了两个选项，分别为“校正的图层”和“色彩校正蒙版”。

色相变换：调整色相，以“度”为单位改变所选区域的颜色。

明度变换：用于设置所选颜色的明暗度。

饱和度变换：设置所选颜色的饱和度。

要更改的颜色：设置图像中要改变颜色的区域。

匹配宽容度：设置颜色匹配的相似程度。

匹配柔和度：设置颜色的柔和度。

匹配颜色：设置颜色空间，在其下拉列表中包括“使用 RGB”、“使用色相”和“使用色度”3 个选项。

反相色彩校正蒙版：勾选此复选框，可以将颜色进行反向校正。

应用“改变颜色”特效的前后效果如图 4-127 和图 4-128 所示。

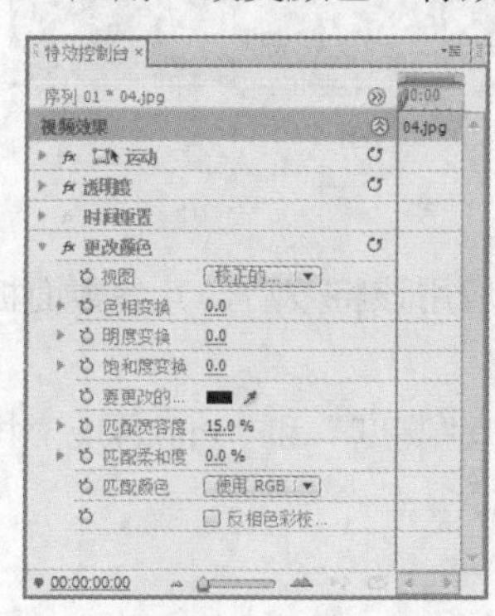

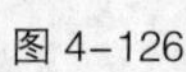

图 4-126

图 4-127

图 4-128

◎ **着色**

该特效用于调整图像中包含的颜色信息，在最亮和最暗之间确定融合度。应用该特效后，其参数面板如图 4-129 所示。

将黑色映射：设置黑色像素被映像到该图像上指定的颜色。

将白色映射：设置白色像素被映像到该图像上指定的颜色。

着色数量：设置颜色被调整的数量。

应用“着色”特效的前后效果如图 4-130 和图 4-131 所示。

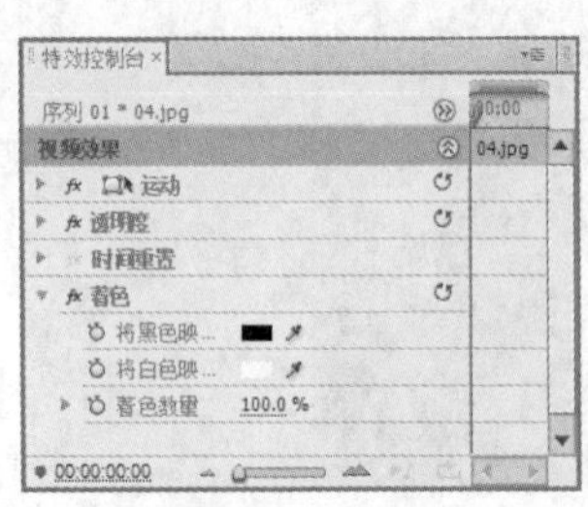

图 4-129

图 4-130

图 4-131

◎ 脱色

该特效可以准确地指定颜色或者删除图层中的颜色。应用该特效后，其参数面板如图 4-132 所示。

脱色量：设置指定层中需要删除的颜色数量。

要保留的颜色：设置图像中需分离的颜色。

宽容度：用于设置颜色的容差度。

边缘柔和度：用于设置颜色分界线的柔化程度。

匹配颜色：设置颜色的对应模式。

应用“脱色”特效的前后效果如图 4-133 和图 4-134 所示。

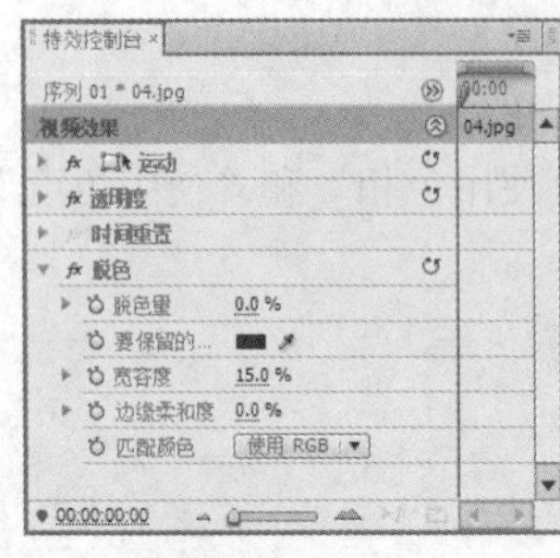

图 4-132

图 4-133

图 4-134

◎ 色彩均化

该特效可以修改图像的像素值，并将其颜色值进行平均化处理。应用该特效后，其参数面板如图 4-135 所示。

色调均化：用于设置平均化的方式，在其下拉列表中包括“RGB”、“亮度”和“Photoshop 样式”3 个选项。

色调均化量：用于设置重新分布亮度值的程度。

应用“色彩均化”特效的前后效果如图 4-136 和图 4-137 所示。

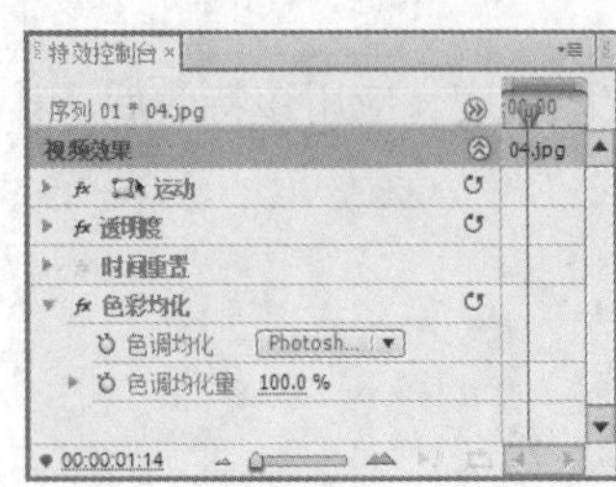

图 4-135

图 4-136

图 4-137

◎ 色彩平衡

应用该特效，可以按照 RGB 颜色调节影片的颜色，以达到校色的目的。应用“色彩平衡”特效的前后效果如图 4-138 和图 4-139 所示。

图 4–138

图 4–139

◎ 色彩平衡（HLS）

通过对图像色相、亮度和饱和度的精确调整，实现对图像颜色的改变。应用该特效后，其参数面板如图 4-140 所示。

色相：该参数可以改变图像的色相。

明度：设置图像的亮度。

饱和度：设置图像的饱和度。

应用“色彩平衡（HLS)”特效的前后效果如图 4-141 和图 4-142 所示。

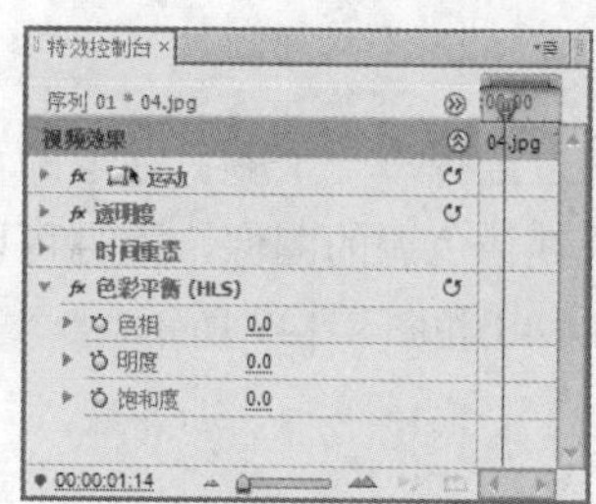

图 4–140

图 4–141

图 4–142

◎ 视频限幅器

该特效利用视频限制器对图像的颜色进行调整，应用“视频限幅器”特效的前后效果如图 4-143 和图 4-144 所示。

图 4–143

图 4–144

◎ 转换颜色

该特效可以在图像中选择一种颜色将其转换为另一种颜色的色调、明度和饱和度。应用该特效后，其参数面板如图 4-145 所示。

从：设置当前图像中需要转换的颜色，可以利用其右侧的“吸管工具”在“节目”窗口中提取颜色。

到：设置转换后的颜色。

更改：设置在 HLS 颜色模式下产生影响的通道。

更改依据：设置颜色转换方式，在其下拉列表中包括“颜色设置”和“颜色变换”两个选项。

宽容度：设置色调、明暗度和饱和度的值。

柔和度：通过百分比的值控制柔和度。

查看校正杂边：通过遮罩控制发生改变的部分。

应用“转换颜色”特效的前后效果如图 4-146 和图 4-147 所示。

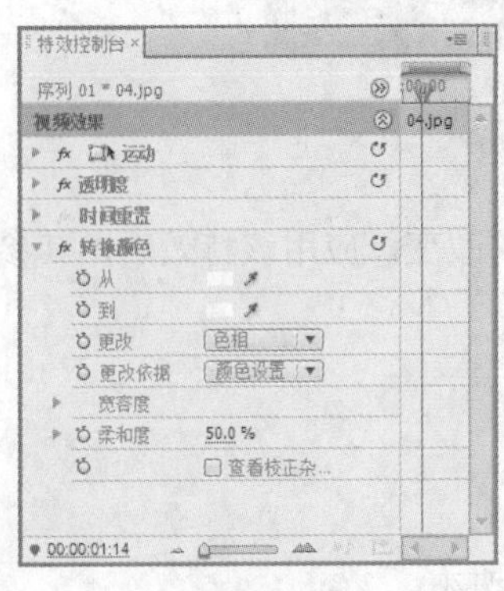

图 4-145

图 4-146

图 4-147

◎ **通道混合器**

该特效用于调整通道之间的颜色数值，实现图像颜色的调整。通过选择每一个颜色通道的百分比组成，可以创建高质量的灰度图像，还可以创建高质量的棕色或其他色调的图像，而且可以对通道进行交换和复制。应用“通道混合器”特效的前后效果如图 4-148 和图 4-149 所示。

图 4-148

图 4-149

4.2.4 【实战演练】冬日雪景

使用“椭圆”工具绘制圆形；使用“高斯模糊”命令制作雪花；使用“滚动/游动”选项制作下雪效果；使用“速度/持续时间”命令改变播放速度。（最终效果参看光盘中的“Ch04\冬日雪景\冬日雪景.prproj”，见图 4-150。）

图 4-150

4.3 镜像效果

4.3.1 【操作目的】

使用“缩放比例”选项改变图像的大小；使用“镜像”命令制作镜像图像；使用“裁剪”命令剪切图像；使用“透明度”选项改变图像的不透明度；使用“照明效果”命令改变图像的灯光亮度。（最终效果参看光盘中的“Ch04\镜像效果\镜像效果.prproj”，见图 4-151。）

图 4–151

4.3.2 【操作步骤】

1. 编辑镜像图像

步骤 1 启动 Premiere Pro CS4 软件，弹出“欢迎使用 Adobe Premiere Pro”界面，单击“新建项目”按钮 ，弹出“新建项目”对话框，设置“位置”选项，选择保存文件路径，在“名称”文本框中输入文件名“镜像效果”，如图 4-152 所示。单击“确定”按钮，弹出“新建序列”对话框，在左侧的列表中展开“DV-PAL”选项，选中“标准 48kHz”模式，如图 4-153 所示，单击“确定”按钮。

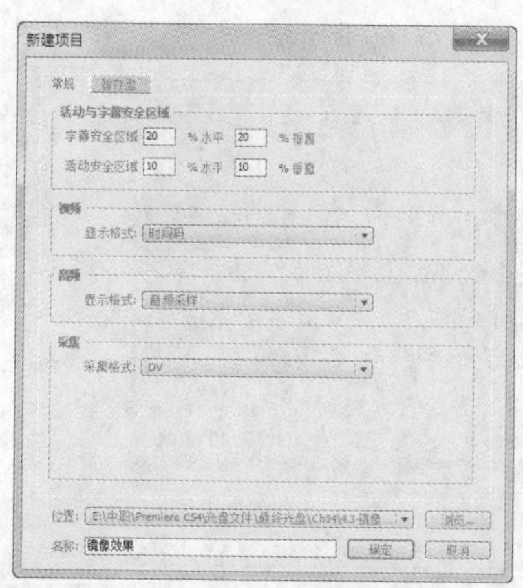

图 4–152

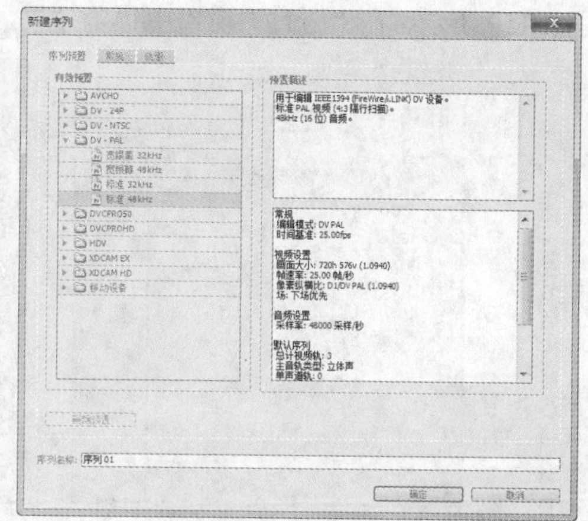

图 4–153

步骤 2 选择“文件 > 导入”命令，弹出“导入”对话框，选择光盘中的“Ch04/镜像效果/素材/ 01 和 02”文件，单击“打开”按钮导入图片，如图 4-154 所示。导入后的文件排列在“项目”面板中，如图 4-155 所示。

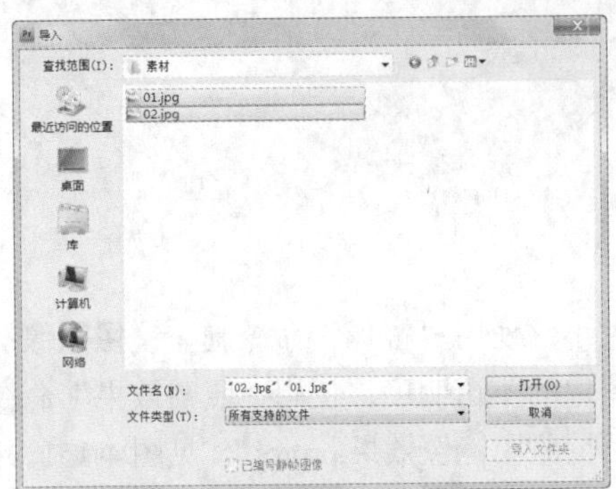
图 4-154

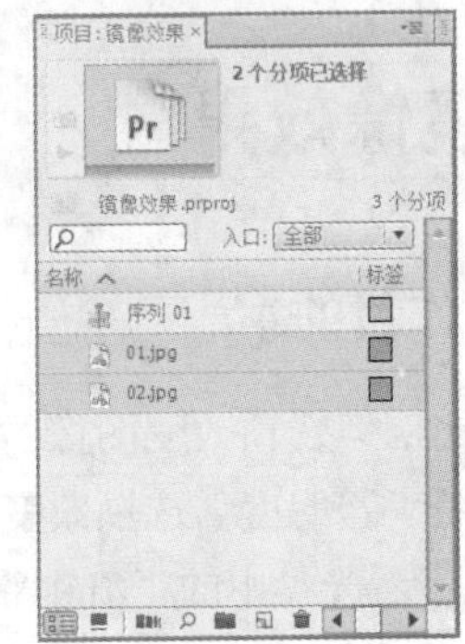
图 4-155

步骤 3 在“项目”面板中选中“01”文件并将其拖曳到“时间线”窗口中的“视频 1”轨道中，如图 4-156 所示。

步骤 4 选择“窗口 > 效果”命令，弹出“效果”面板，展开“视频特效”分类选项，单击“扭曲”文件夹前面的三角形按钮将其展开，选中“镜像”特效，如图 4-157 所示。将“镜像”特效拖曳到“时间线”窗口中的“01”文件上，如图 4-158 所示。

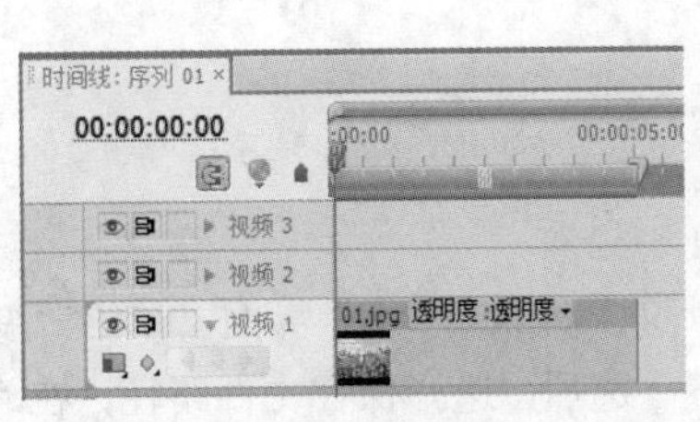
图 4-156

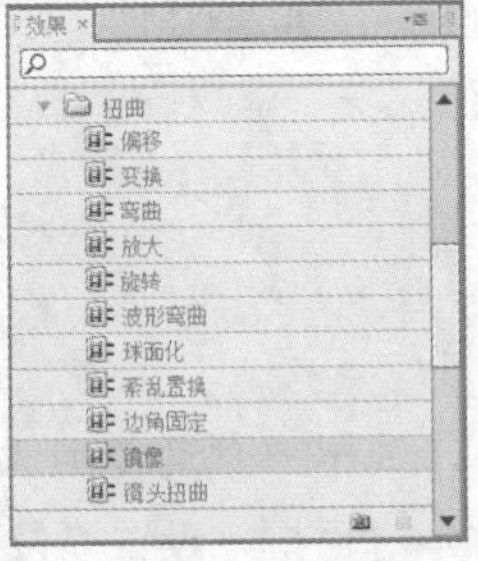
图 4-157

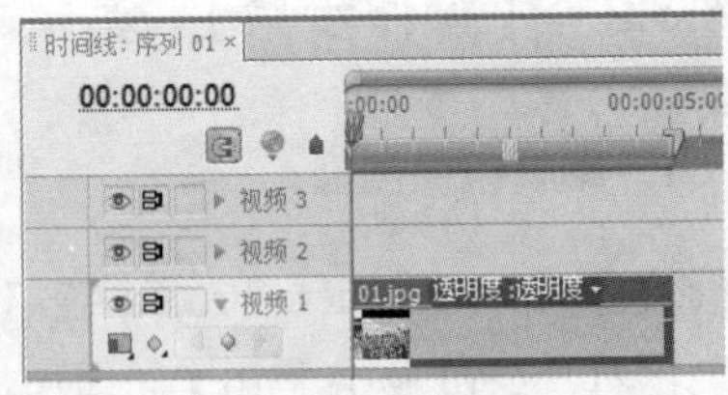
图 4-158

步骤 5 在“时间线”窗口中选中“视频 1”轨道中的“01”文件，选择“特效控制台”面板，展开“镜像”特效，将“反射中心”选项设置为 285.0 和 342.0，“反射角度”选项设置为 90.0°，如图 4-159 所示。在“节目”窗口中预览效果，如图 4-160 所示。

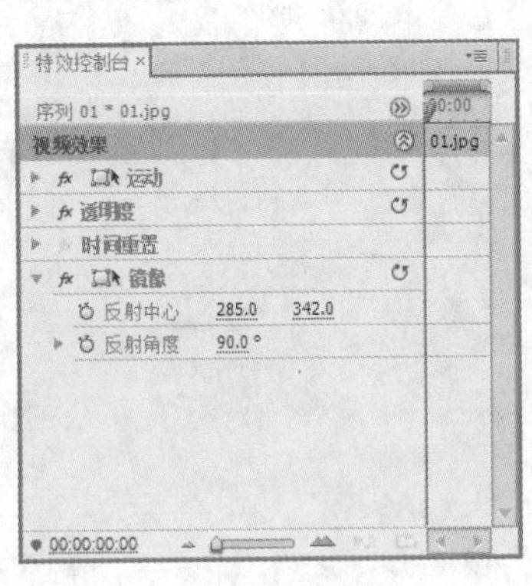
图 4-159

图 4-160

2. 编辑图像透明度

步骤 1 在“项目”面板中选中“02”文件并将其拖曳到“时间线”窗口中的“视频 2”轨道中，

如图 4-161 所示。在“时间线”窗口中选中“视频 2”轨道中的“02”文件，选择“特效控制台”面板，展开“运动”选项，将“缩放比例”选项设置为 140.0，如图 4-162 所示。在“节目”窗口中预览效果，如图 4-163 所示。

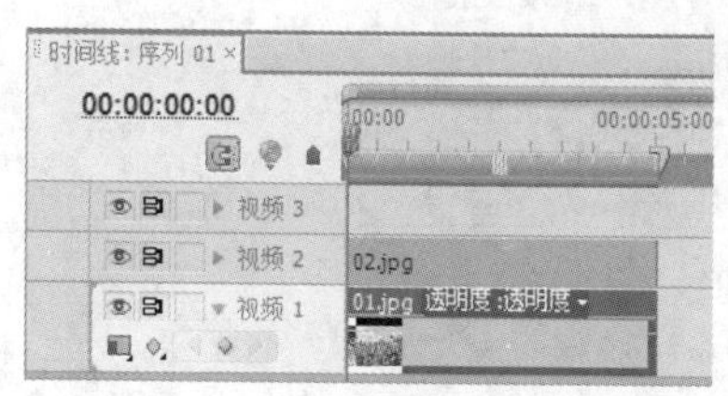

图 4-161

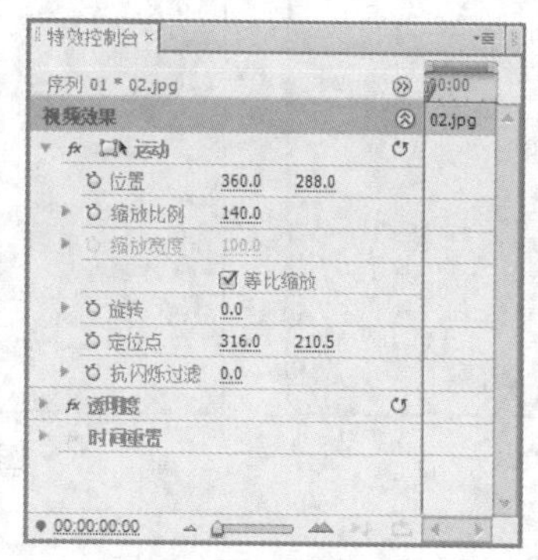

图 4-162

图 4-163

步骤 2 选择“效果”面板，展开“视频特效”分类选项，单击“变换”文件夹前面的三角形按钮▸将其展开，选中“裁剪”特效，如图 4-164 所示。将“裁剪”特效拖曳到“时间线”窗口中的“02”文件上，如图 4-165 所示。

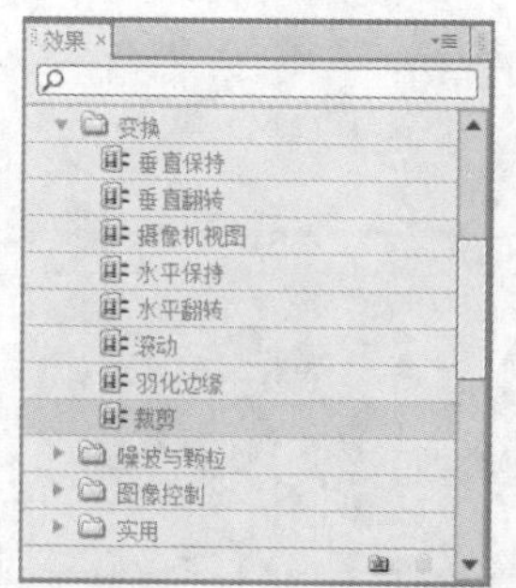

图 4-164

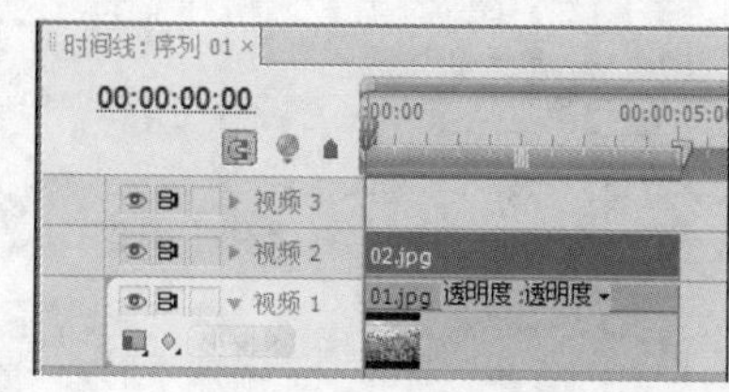

图 4-165

步骤 3 选择“特效控制台”面板，展开“裁剪”特效，将“顶部”选项设置为 60.0%，如图 4-166 所示。在“节目”窗口中预览效果，如图 4-167 所示。

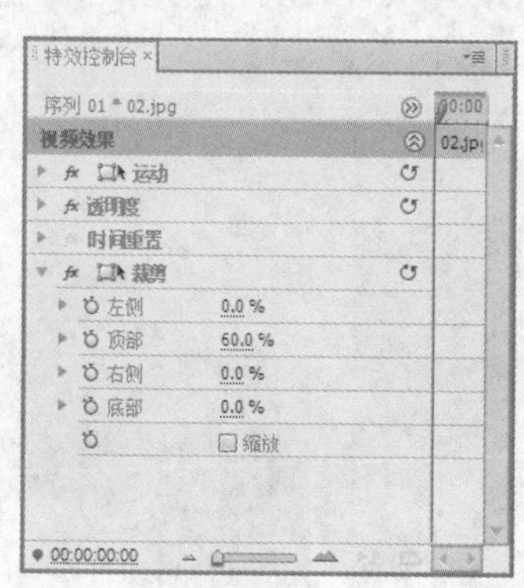

图 4-166

图 4-167

步骤 4 选择“特效控制台”面板，展开“透明度”选项，将“透明度”选项设置为 70.0%，如

图 4-168 所示。在“节目”窗口中预览效果，如图 4-169 所示。

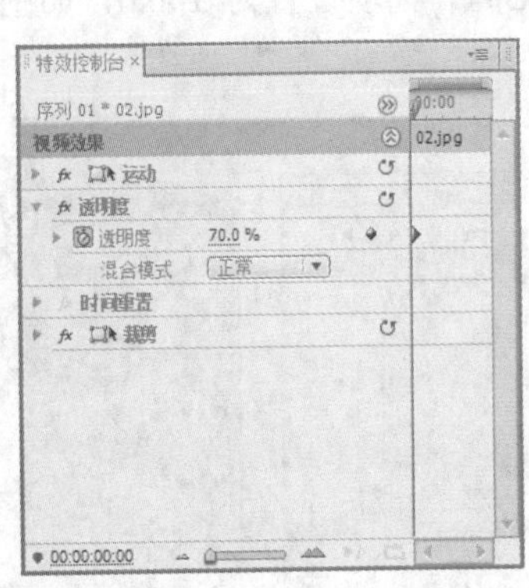

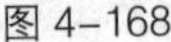
图 4-168

图 4-169

3. 编辑水面亮度

步骤 1 选择“效果”面板，展开“视频特效”分类选项，单击“调整”文件夹前面的三角形按钮▶将其展开，选中“照明效果”特效，如图 4-170 所示。将“照明效果”特效拖曳到“时间线”窗口中的“02”文件上，如图 4-171 所示。

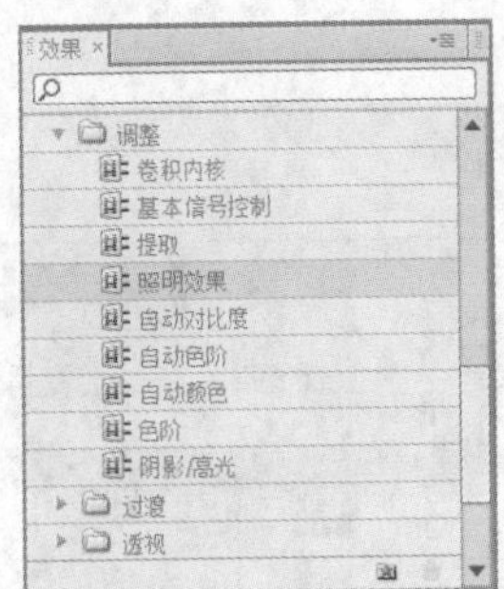

图 4-170

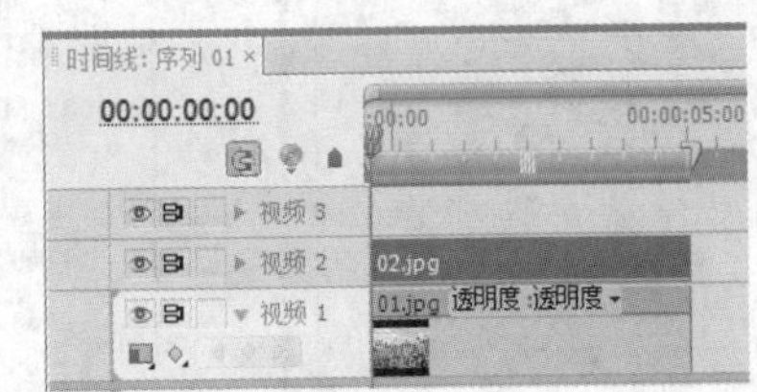

图 4-171

步骤 2 选择“特效控制台”面板，展开“照明效果”特效，单击“灯光类型”选项右侧的按钮，在弹出的下拉列表中选择“全光源”，将“中心”选项设置为 570.0 和 300.0，“主要半径”选项设置为 25.0，“强度”选项设置为 40.0，如图 4-172 所示。在“节目”窗口中预览效果，如图 4-173 所示。镜像效果制作完成，如图 4-174 所示。

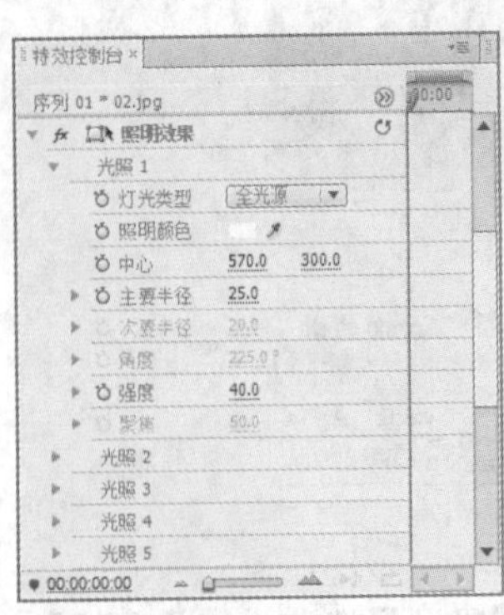

图 4-172

图 4-173

图 4-174

4.3.3 【相关工具】

1. 扭曲视频特效

“扭曲”视频特效主要通过对图像进行几何扭曲变形制作各种画面变形效果，共包含 11 种特效。

◎ 偏移

该特效可以根据设置的偏移量对图像进行位移。应用该特效后，其参数面板如图 4-175 所示。

将衷心转换为：设置偏移的中心点坐标值。

与原始图像混合：设置偏移的程度，数值越大效果越明显。

应用“偏移”特效的前后效果如图 4-176 和图 4-177 所示。

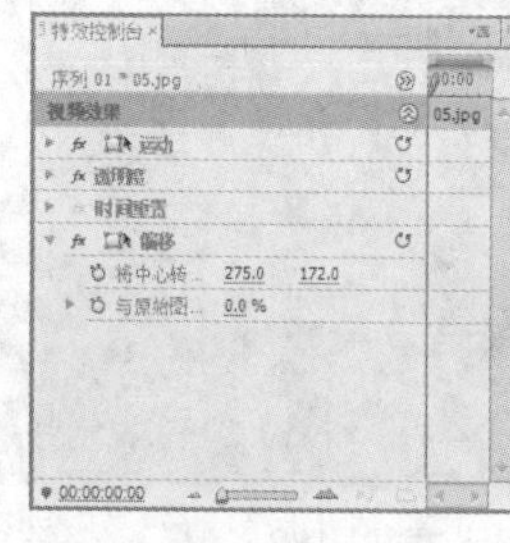

图 4-175

图 4-176

图 4-177

◎ 变换

该特效用于对图像的位置、尺寸、透明度、倾斜度等进行综合设置。应用该特效后，其参数面板如图 4-178 所示。

定位点：用于设置定位点的坐标位置。

位置：用于设置素材在屏幕中的位置。

统一缩放：勾选此复选框，“缩放宽度”将变为不可用，“缩放高度”则变为参数选项，设置比例参数选项时将只能成比例地缩放素材。

缩放高度（高度比例）：用于设置素材的高度/宽度。

倾斜：用于设置素材的倾斜度。

倾斜轴：用于设置素材倾斜的角度。

旋转：用于设置素材放置的角度。

透明度：用于设置素材的透明度。

快门角度：用于设置素材的遮挡角度。

应用“变换”特效的前后效果如图 4-179 和图 4-180 所示。

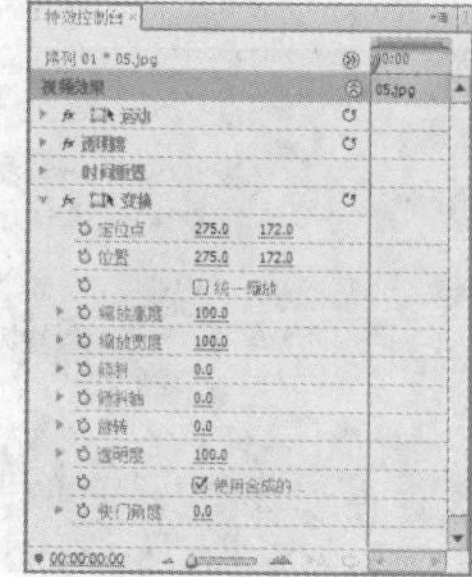

图 4-178

图 4-179

图 4-180

◎ 弯曲

应用该特效，可以制作出类似水面上的波纹效果。应用该特效后，其参数面板如图 4-181 所示。

水平强度：调整水平方向素材弯曲的程度。

水平速率：调整水平方向素材弯曲的大小比例。

水平宽度：调整水平方向素材弯曲的宽度。

垂直强度：调整垂直方向素材弯曲的程度。

垂直速率：调整垂直方向素材弯曲的大小比例。

垂直宽度：调整垂直方向素材弯曲的宽度。

应用“弯曲”特效的前后效果如图 4-182 和图 4-183 所示。

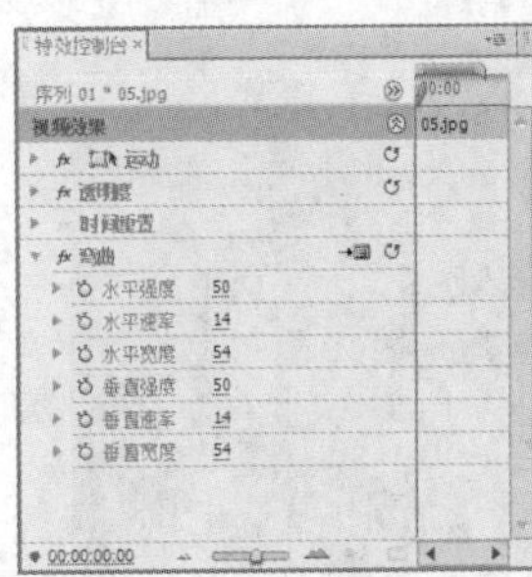

图 4-181

图 4-182

图 4-183

◎ 放大

该特效可以将素材的某一部分放大，并可以调整放大区域的透明度，羽化放大区域边缘。应用该特效后，其参数面板如图 4-184 所示。

形状：设置放大区域的形状。

居中：设置放大区域的中心点坐标值。

放大率：设置放大区域的放大倍数。

链接：选择放大区域的模式。

大小：设置用于产生放大效果区域的尺寸大小。

羽化：设置放大区域的羽化值。

透明度：设置放大部分的透明度。

缩放：设置缩放的方式。

混合模式：设置放大部分与原图颜色混合模式。

调整图层大小：只有在“链接”选项中选择了“无”选项，才能勾选该复选框。

应用“放大”特效的前后效果如图 4-185 和图 4-186 所示。

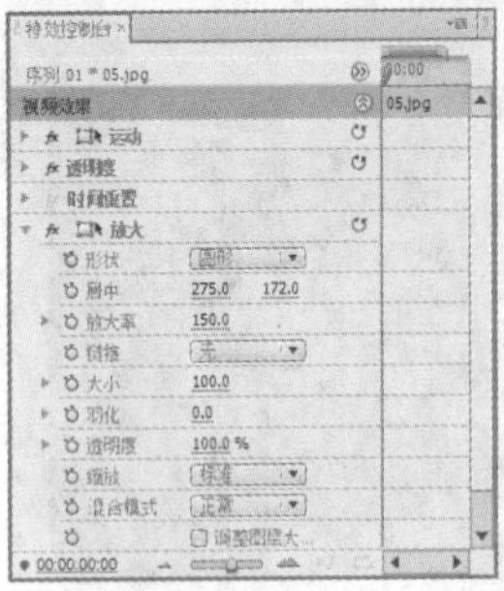

图 4-184

图 4-185

图 4-186

◎ 旋转

该特效可以使图像产生沿中心轴旋转的效果，应用该特效后，其参数面板如图 4-187 所示。

角度：用于设置漩涡的旋转角度。

扭曲半径：用于设置产生漩涡的半径。

扭曲中心：用于设置产生漩涡的中心点位置。

应用“旋转”特效的前后效果如图 4-188 和图 4-189 所示。

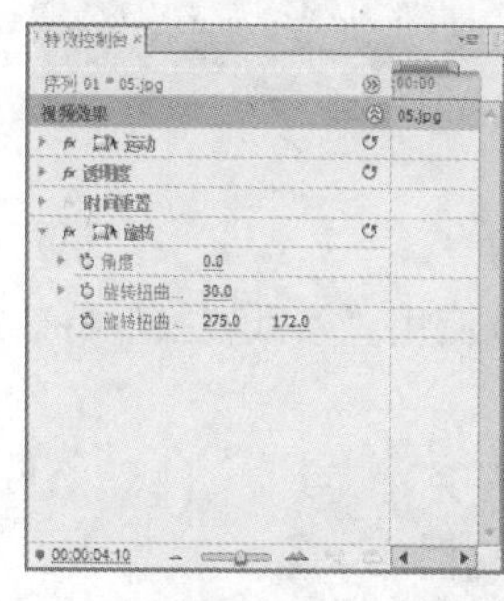

图 4-187

图 4-188

图 4-189

◎ 波形弯曲

该特效类似于波纹效果，可以对波纹的形状、方向、宽度等进行设置。应用该特效后，其参数面板如图 4-190 所示。

波形类型：用于选择波形的类型模式。

波形高度/波形宽度：用于设置波形的高度（即振幅）/宽度（即波长）。

方向：用于设置波形旋转的角度。

波形速度：用于设置波形的运动速度。

固定：用于设置波形面积模式。

相位：用于设置波形的角度。

消除锯齿（最佳品质）：选择波形特效的质量。

应用“波形弯曲”特效的前后效果如图 4-191 和图 4-192 所示。

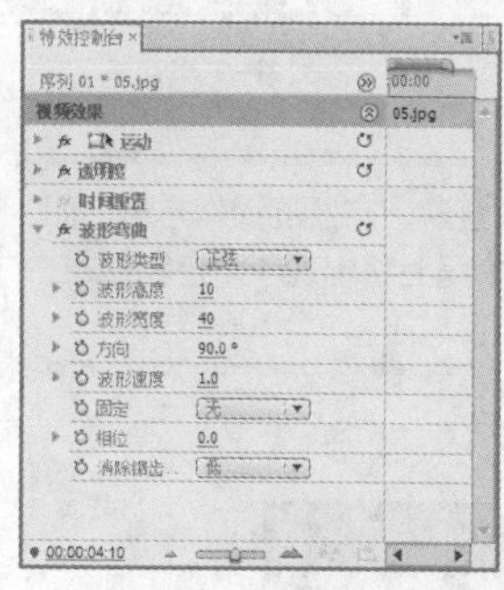

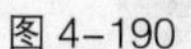

图 4-190

图 4-191

图 4-192

◎ 球面化

应用该特效可以在素材中制作出球形画面效果。应用该特效后，其参数面板如图 4-193 所示。

半径：用于设置球形的半径值。

玩要中心：用于设置产生球面效果的中心点位置。

应用“球面化”特效的前后效果如图 4-194 和图 4-195 所示。

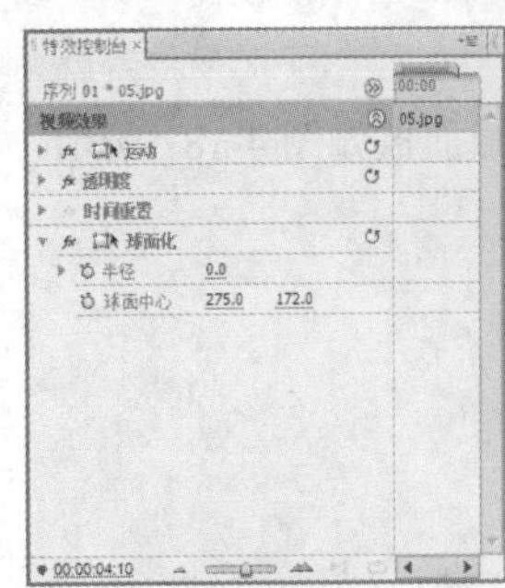

图 4-193

图 4-194

图 4-195

◎ 紊乱置换

该特效可以使素材产生类似流水、旗帜飘动、哈哈镜等扭曲效果，应用“紊乱置换”特效的前后效果如图 4-196 和图 4-197 所示。

图 4-196

图 4-197

◎ 边角固定

应用该特效，可以使图像的 4 个顶点发生变化，达到变形效果。应用该特效后，其参数面板如图 4-198 所示。

左上：调整素材左上角的位置。

右上：调整素材右上角的位置。

左下：调整素材左下角的位置。

右下：调整素材右下角的位置。

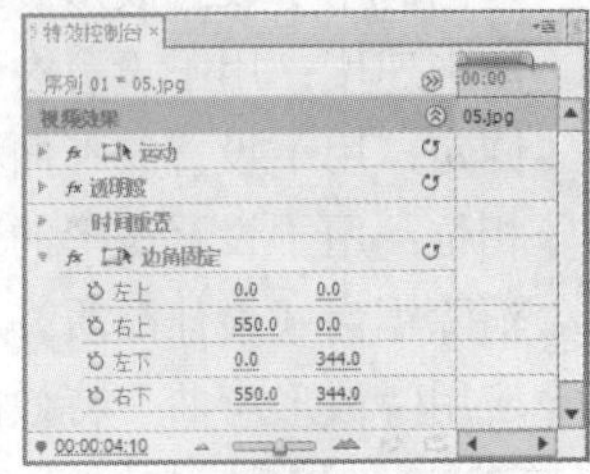

图 4-198

提　示　除了在“效果控制”面板中调整参数值，还有一种比较直观、方便的操作方法，即单击“边角”按钮，这时在“节目”窗口中，图片的 4 个角上将出现 4 个控制柄，然后调整控制柄的位置就可以改变图片的形状。

应用“边角固定”特效的前后效果如图 4-199 和图 4-200 所示。

图 4-199

图 4-200

◎ **镜像**

应用该特效可以将图像沿一条直线分割为两部分，制作出镜像效果。应用该特效后，其参数面板如图 4-201 所示。

反射中心：用于设置镜像效果的中心点坐标值。

反射角度：用于设置镜像效果的角度。

应用“镜像”特效的前后效果如图 4-202 和图 4-203 所示。

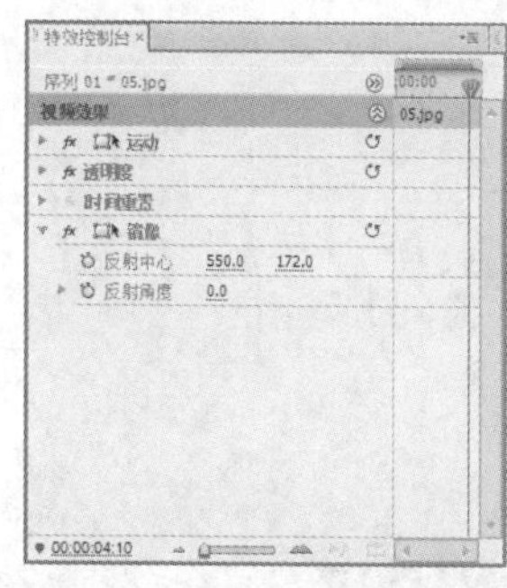

图 4-201

图 4-202

图 4-203

◎ **镜头扭曲**

该特效是模拟一种从失真的镜头里观看素材的效果。应用该特效后，其参数面板如图 4-204 所示。

弯度：设置素材的弯曲程度。数值为 0 以上时将缩小素材，数值为 0 以下时将放大素材。

垂直偏移：设置弯曲中心点垂直方向上的位置。

水平偏移：设置弯曲中心点水平方向上的位置。

垂直棱镜效果：设置素材上、下两边棱角的弧度。

水平棱镜效果：设置素材左、右两边棱角的弧度。

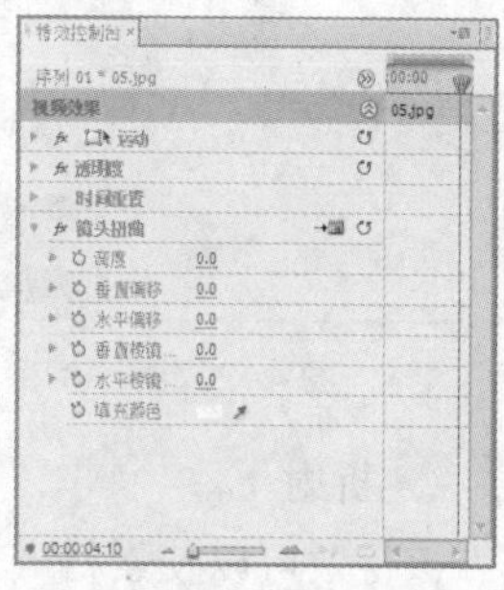

图 4-204

提 示 单击“设置”按钮，弹出“镜头扭曲设置”对话框，在对话框中可以更直观地设置效果。

应用“镜头扭曲”特效的前后效果如图 4-205 和图 4-206 所示。

图 4-205

图 4-206

2. GPU 特效视频特效

“GPU 特效”视频特效主要用于制作一些边角卷起或者画面的变形效果，共包含 3 种特效。

◎ 卷页

该特效可以使素材模拟翻书一样的动画效果，通过该特效还可以调整素材的角度、明亮度、移动光亮的位置以及素材的粗糙度。应用该特效后，其参数面板如图 4-207 所示。

表面角度‘X’/‘Y’：调整该参数项，在素材 *x/y* 轴上旋转。

卷曲角度：设置素材卷页角度。

卷曲值：设置素材卷页的弯曲度。

主光源角度‘A’/‘B’：设置素材上光亮点的位置。

照明距离：设置素材光线范围。

凹凸感：设置粗糙度，数值越大，画面越粗糙。

光泽：设置素材的明亮度，数值越大，画面越暗。

噪波：设置该选项可以为素材添加噪点。

应用“卷页”特效的前后效果如图 4-208 和图 4-209 所示。

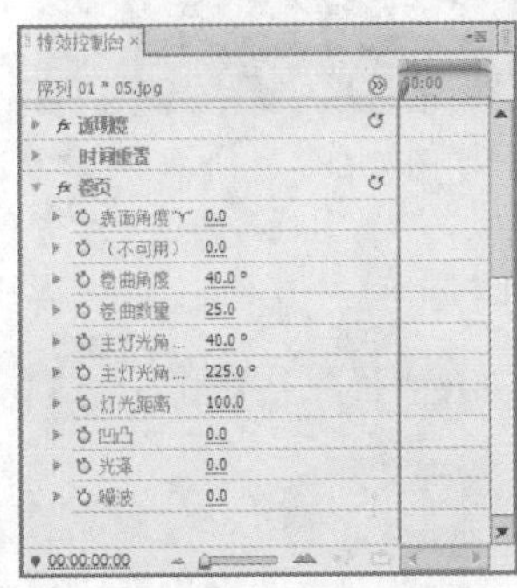

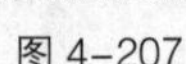
图 4-207

图 4-208

图 4-209

◎ 折射

该特效可以使素材产生水波效果，同时还可以让素材具有霜花效果，类似于透过毛玻璃观看的效果。应用该特效后，其参数面板如图 4-210 所示。

波纹数量：设置水波形的数量。

折射率：该选项可控制面板中其他参数选项的作用程度，数值越大，其他参数选项设置后的效果越明显。

凹凸：设置素材表面颗粒的数量，数值越大，素材表面的颗粒越多，画面越粗糙。

深度：调整特效运用的程度，数值越大，效果越明显。

应用“折射”特效的前后效果如图 4-211 和图 4-212 所示。

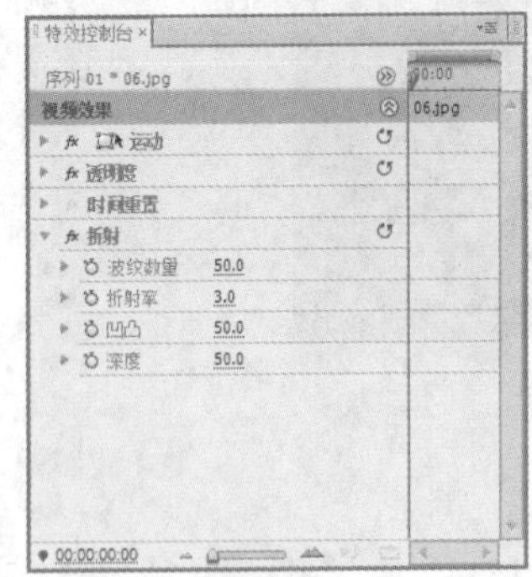

图 4-210

图 4-211

图 4-212

◎ 波纹（圆形）

该特效可以使素材产生水波动画效果，通过该特效还可以调整素材的角度、明亮度、移动光亮的位置以及素材的粗糙度。应用“波纹（圆形）”特效的前后效果如图 4-213 和图 4-214 所示。

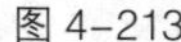
图 4-213

图 4-214

3. 噪波与颗粒视频特效

该特效主要用于去除素材画面中的擦痕及噪点，共包含 6 种特效。

◎ 中间值

该特效用于将图像的每一个像素都用它周围像素的 RGB 平均值来代替，从而达到平均整个画面的色值，达到艺术效果的目的。应用“中间值”特效的前后效果如图 4-215 和图 4-216 所示。

图 4-215

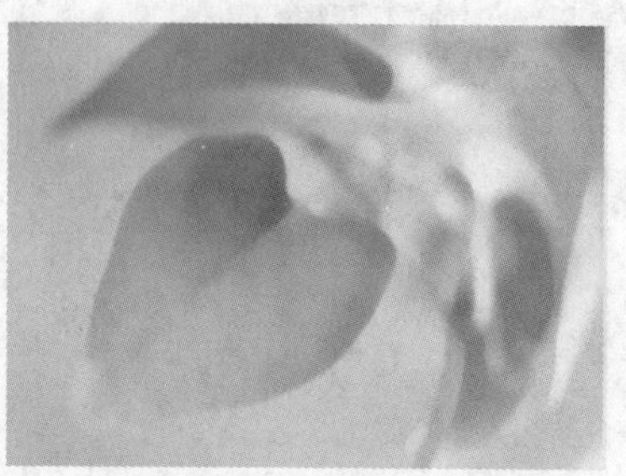
图 4-216

◎ 噪波

应用该特效，将在画面中添加模拟的噪点效果。应用“噪波”特效的前后效果如图 4-217 和图 4-218 所示。

图 4-217

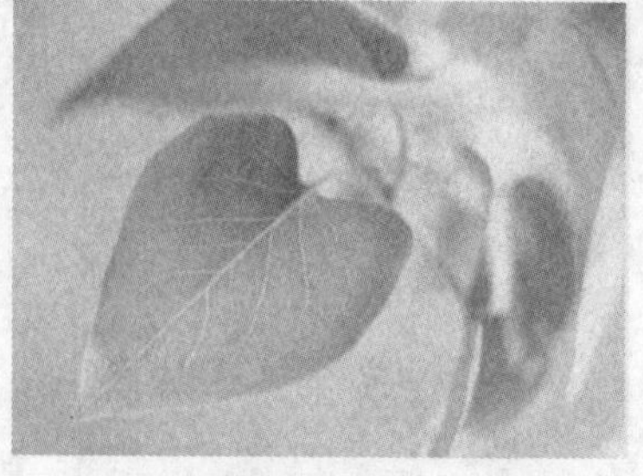
图 4-218

◎ 噪波 Alpha

该特效可以在一个素材的通道中添加统一或方形的噪波，应用“噪波 Alpha”特效的前后效果如图 4-219 和图 4-220 所示。

图 4-219

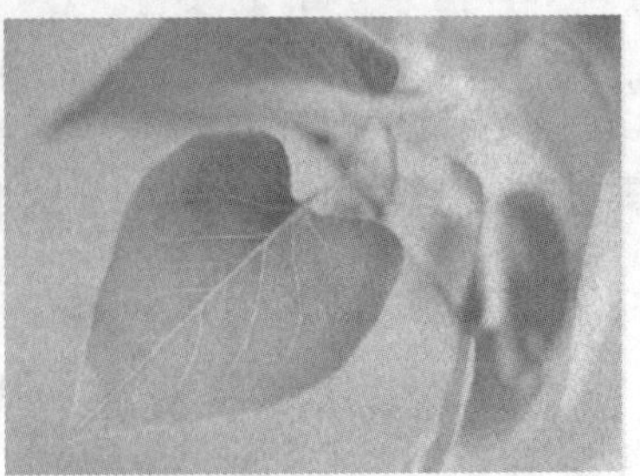

图 4-220

◎ **噪波** HLS

该特效可以根据素材的色相、亮度和饱和度添加不规则的噪点。

噪波：设置噪声的类型。

色相：用于设置色相通道产生杂质的强度。

亮度：用于设置亮度通道产生杂质的强度。

饱和度：用于设置饱和度通道产生杂质的强度。

颗粒大小：用于设置素材中添加杂质的颗粒大小。

噪波相位：用于设置杂质的方向角度。

应用"噪波 HLS"特效的前后效果如图 4-221 和图 4-222 所示。

图 4-221

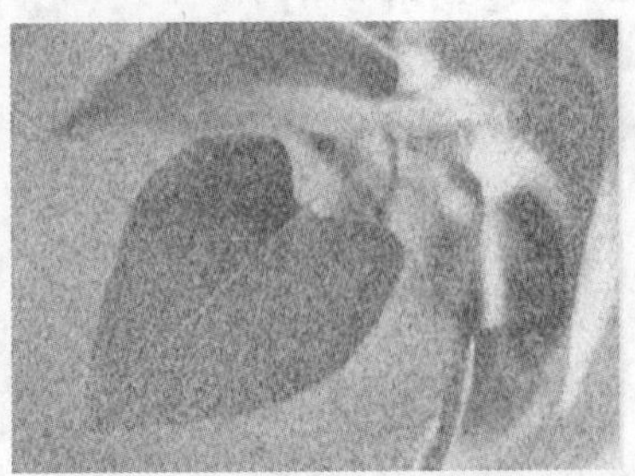

图 4-222

◎ **自动噪波** HLS

该特效可以为素材添加杂色，并设置这些杂色的色彩、亮度、颗粒大小和饱和度及杂质的运动速率。应用"自动噪波 HLS"特效的前后效果如图 4-223 和图 4-224 所示。

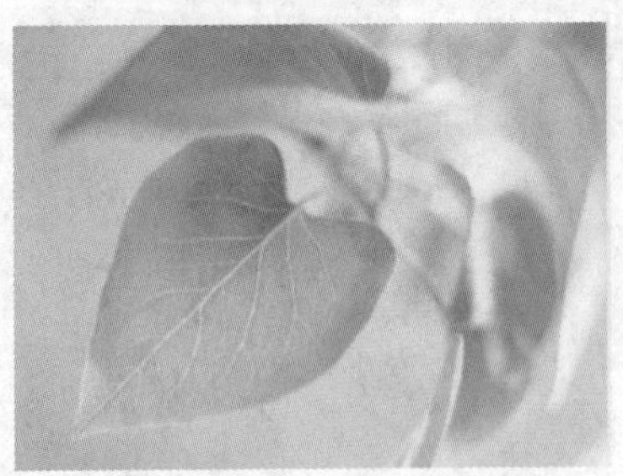

图 4-223

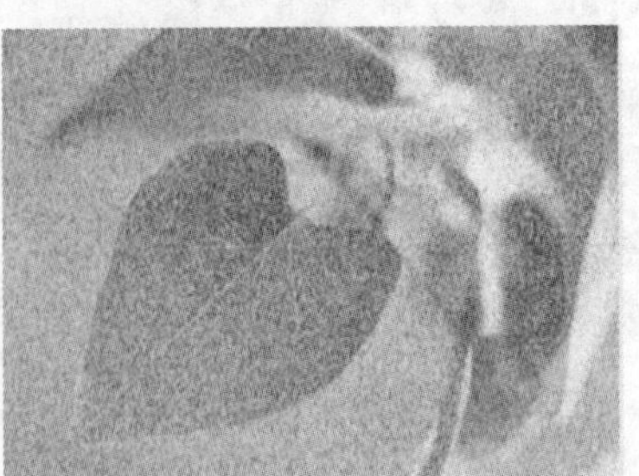

图 4-224

◎ **蒙尘与刮痕**

该特效可以减小图像中的杂色，以达到平衡整个图像色彩的效果。应用该特效后，其参数面板如图 4-225 所示。

半径：设置产生柔化效果的范围半径。

界限：用于设置柔化的强度。

应用“蒙尘与刮痕”特效的前后效果如图 4-226 和图 4-227 所示。

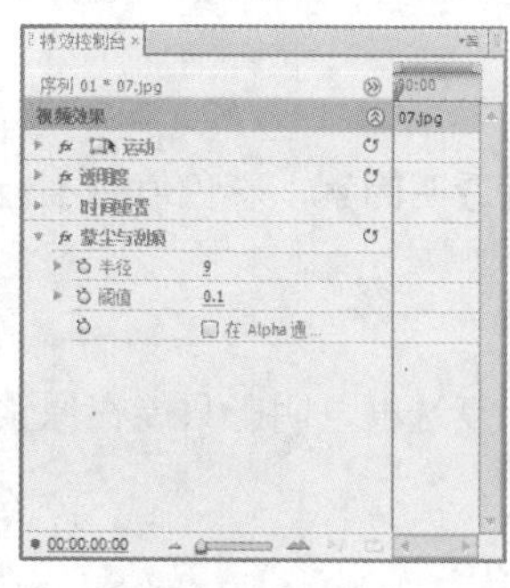

图 4-225

图 4-226

图 4-227

4. 透视视频特效

该特效主要用于制作三维透视效果，使素材产生立体感或空间感。该特效共包含 5 种类型。

◎ 基本 3D

该特效可以模拟平面图像在三维空间的运动效果，能够使素材绕水平和垂直的轴旋转，或者沿着虚拟的 *z* 轴移动，以靠近或远离屏幕。此外，使用该特效可以为旋转的素材表面添加反光效果。应用该特效后，其参数面板如图 4-228 所示。

旋转：设置素材水平旋转的角度，当旋转角度为 90° 时，可以看到素材的背面，这就成了正面的镜像。

倾斜：设置素材垂直旋转的角度。

与图像的距离：设置素材拉近或推远的距离。数值越大，素材距离屏幕越远，看起来越小；数值越小，素材距离屏幕越近，看起来就越大。当数值为负值时，图像会被放大并撑出屏幕之外。

镜面高光：用于为素材添加反光效果。

预览：设置图像以线框的形式显示。

应用“基本 3D”特效的前后效果如图 4-229 和图 4-230 所示。

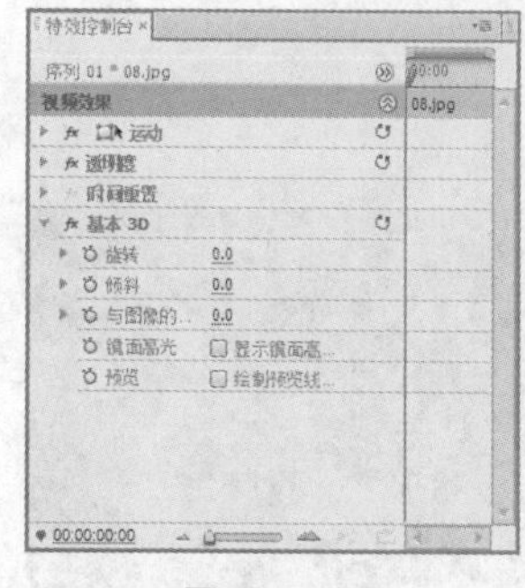

图 4-228

图 4-229

图 4-230

◎ 径向放射阴影

该特效为素材添加一个阴影，并可通过原素材的 Alpha 值影响阴影的颜色。应用该特效后，其参数面板如图 4-231 所示。

阴影颜色：用于设置阴影的颜色。

透明度：用于设置阴影的透明度。

光源：调整光源移动阴影的位置。

投影距离：设置该参数，调整阴影与原素材之间的距离。

柔和度：用于设置阴影的边缘柔和度。

渲染：选择产生阴影的类型。

颜色影响：原素材在阴影中彩色值的合计。如果这一个素材没有透明因素，彩色值将不会受到影响，而且阴影彩色数值决定阴影的颜色。

仅阴影：勾选此复选框，在“节目”窗口中将只显示素材的阴影。

调整图层大小：设置阴影可以超出原素材的界线。如果不勾选此复选框，阴影只能在原素材的界线内显示。

应用“径向放射阴影”特效的前后效果如图 4-232 和图 4-233 所示。

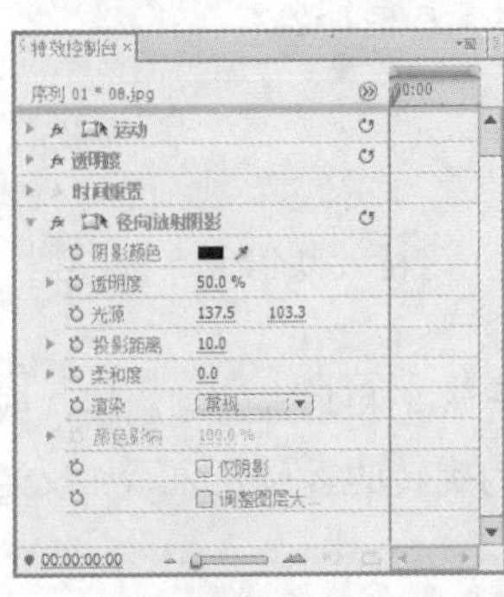

图 4-231

图 4-232

图 4-233

◎ **斜角边**

该特效能够使图像边缘产生一个凿刻的高亮的三维效果，边缘的位置由源图像的 Alpha 通道来确定。与斜角 Alpha 效果不同，该效果中产生的边缘总是成直角的。应用该特效后，其参数面板如图 4-234 所示。

边缘厚度：设置素材边缘凿刻的高度。

照明角度：设置光线照射的角度。

照明颜色：选择光线的颜色。

照明强度：设置光线照射到素材的强度。

应用“斜角边”特效的前后效果如图 4-235 和图 4-236 所示。

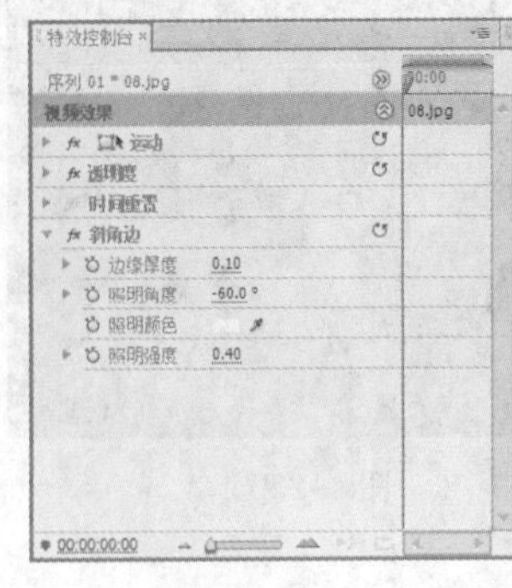

图 4-234

图 4-235

图 4-236

◎ **斜角 Alpha**

该特效能够产生一个倒角的边，而且使图像的 Alpha 通道边界变亮，通常是将一个二维图像赋予三维效果。如果素材没有 Alpha 通道或它的 Alpha 通道是完全不透明的，那么这个效果就全

部应用到素材边缘。应用该特效后，其参数面板如图 4-237 所示。

边缘厚度：用于设置素材边缘的厚度。

照明角度：设置光线照射的角度。

照明颜色：选择光线的颜色。

照明强度：设置光线照射素材的强度。

应用“斜角 Alpha”特效的前后效果如图 4-238 和图 4-239 所示。

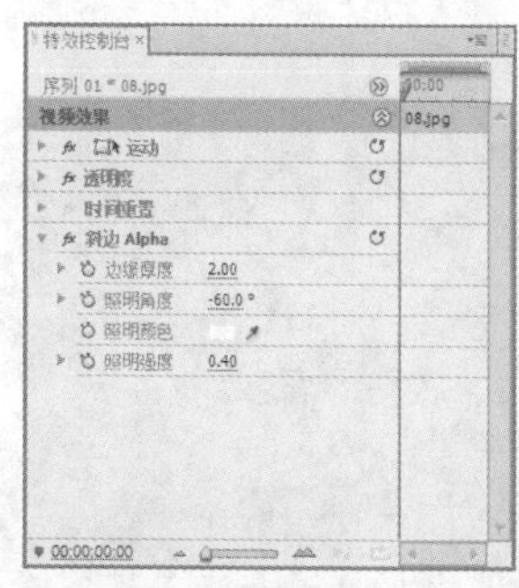

图 4-237

图 4-238

图 4-239

◎ 阴影（投影）

该特效可用于为素材添加阴影。应用该特效后，其参数面板如图 4-240 所示。

阴影颜色：用于设置阴影的颜色。

透明度：用于设置阴影的透明度。

方向：用于设置阴影投影的角度。

距离：用于设置阴影与原素材之间的距离。

柔和度：用于设置阴影的边缘柔和度。

仅阴影：勾选此复选框，将在“节目”窗口中将只显示素材的阴影。

应用“阴影（投影）”特效的前后效果如图 4-241 和图 4-242 所示。

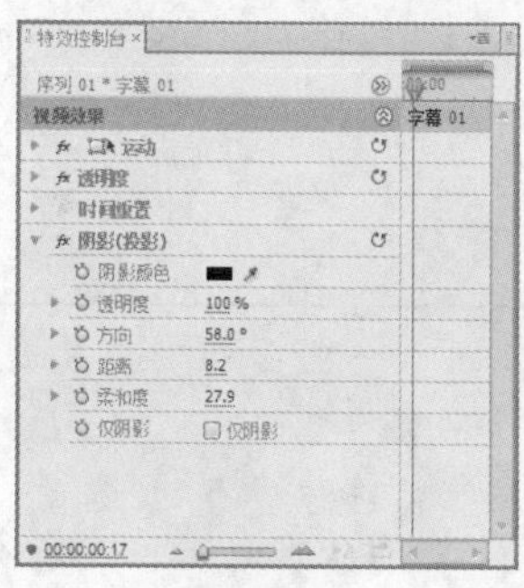

图 4-240

图 4-241

图 4-242

5. 渲染视频特效

渲染特效只包含了一种椭圆特效，该特效主要用于将图像的重点位置突出。

该特效可以创建自定义的椭圆，也可以模拟激光圈的效果。应用该特效后，其参数面板如图 4-243 所示。

中心：设置椭圆中心的坐标值。

宽：设置椭圆水平方向的长度。

高：设置椭圆垂直方向的长度。

厚度：设置椭圆内侧边缘的厚度。

柔和度：设置羽化椭圆边缘。

内侧颜色：设置椭圆内侧边颜色。

外侧颜色：设置椭圆外侧边颜色。

应用“椭圆形”特效的前后效果如图 4-244 和图 4-245 所示。

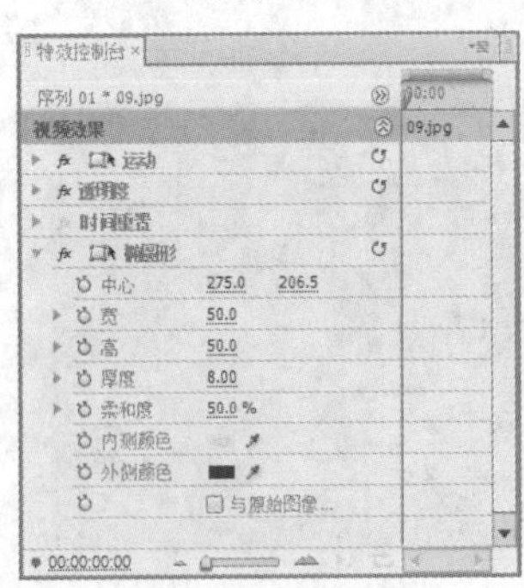

图 4-243

图 4-244

图 4-245

6. 风格化视频特效

“风格化”视频特效主要是模拟一些美术风格，实现丰富的画面效果，该特效包含了 13 种类型。

◎ Alpha 辉光

该特效对含有通道的素材起作用，在通道的边缘部分产生一圈渐变的辉光效果，可以在单色的边缘处或者在边缘运动时变成两个颜色。应用该特效后，其参数面板如图 4-246 所示。

发光：用于设置光晕从素材的 Alpha 通道扩散边缘的大小。

亮度：用于设置辉光的强度。

起始颜色/结束颜色：用于设置辉光内部/外部的颜色。

应用“Alpha 辉光”特效的前后效果如图 4-247 和图 4-248 所示。

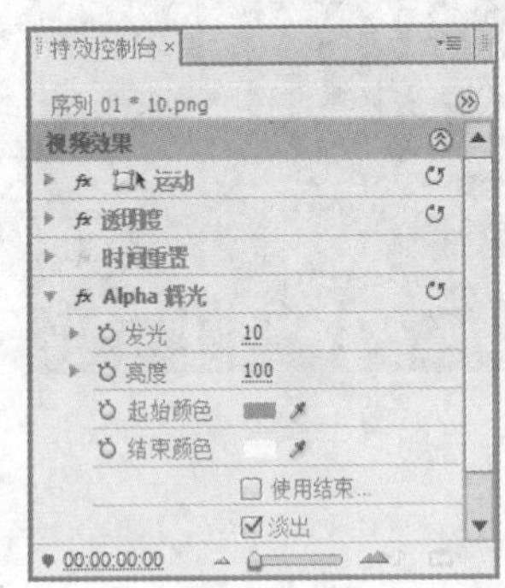

图 4-246

图 4-247

图 4-248

◎ **复制**

该特效可以将图像复制成指定的数量，并同时在每一单元中播放出来。在“特效控制台”面板中拖曳“计数”参数选项的滑块，可以设置每行或每列的分块数目。应用“复制”特效的前后效果如图 4-249 和图 4-250 所示。

图 4-249

图 4-250

◎ **彩色浮雕**

该特效通过锐化素材中物体的轮廓，从而使素材产生彩色的浮雕效果。应用该特效后，其参数面板如图 4-251 所示。

方向：设置浮雕的方向。

凸现：设置浮雕压制的明显高度。实际上是设定浮雕边缘最大加亮宽度。

对比度：设置图像内容的边缘锐利，如增加参数值，加亮区变得更明显。

与原始图像混合：该参数值越小，上述设置项的效果越明显。

应用“彩色浮雕”特效的前后效果如图 4-252 和图 4-253 所示。

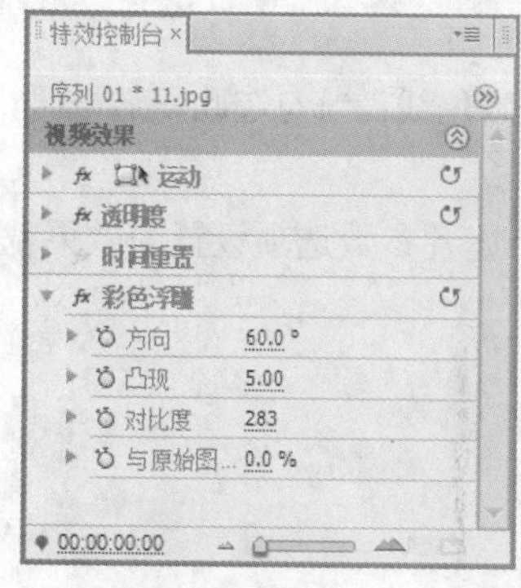

图 4-251

图 4-252

图 4-253

◎ **曝光过度**

该特效可以沿着画面的正反方向进行混合，从而产生类似于底片在显影时的快速曝光效果。应用“曝光过度”特效的前后效果如图 4-254 和图 4-255 所示。

图 4-254

图 4-255

◎ **纹理材质**

该特效可以使一个素材上显示另一个素材纹理。应用该特效后，其参数面板如图 4-256 所示。

材质图层：用于选择与素材混合的视频轨道。

照明方向：用于设置光照的方向，该选项决定纹理图案的亮部方向。

材质对比度：用于设置纹理的强度。

材质位置：指定纹理的应用方式。

应用“纹理材质”特效的前后效果如图 4-257 和图 4-258 所示。

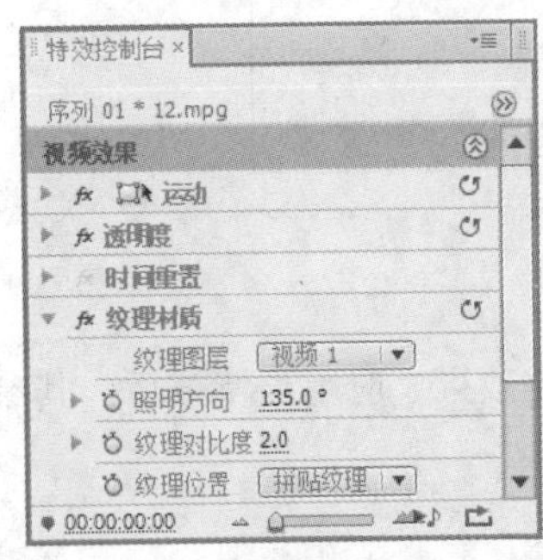

图 4-256

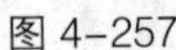

图 4-257

图 4-258

◎ **查找边缘**

该特效通过强化素材中物体的边缘，从而使素材产生类似于铅笔素描或底片的效果，而且构图越简单，明暗对比越强烈的素材，描出的线条越清楚。应用该特效后，其参数面板如图 4-259 所示。

反相：当取消勾选此复选框时，素材边缘出现如在白色背景上的黑色线；当勾选此复选框时，素材边缘出现如在黑色背景上的明亮线。

与原始图像混合：用于设置与原素材混合的程度。数值越小，上述各参数选项设置的效果越明显。

应用“查找边缘”特效的前后效果如图 4-260 和图 4-261 所示。

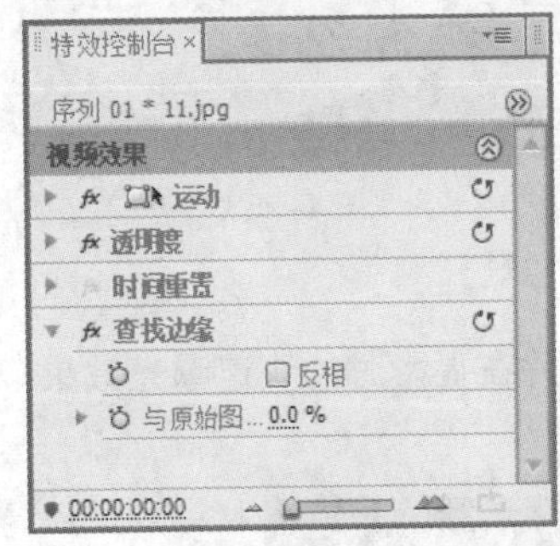

图 4-259

图 4-260

图 4-261

◎ **浮雕**

该特效与“彩色浮雕”特效的效果相似，只是没有色彩，它们的各项参数选项都相同，即通过锐化素材中物体的轮廓使画面产生浮雕效果。应用“浮雕”特效的前后效果如图 4-262 和图 4-263 所示。

图 4-262

◎ **招贴画**

该特效可以将图像按照多色调进行显示，为每一个通道指定色调级别的数值，并将像素映射到最接近的匹配级别。应用“海报”特效的前后效果如图 4-264 和图 4-265 所示。

图 4-263

图 4-264

图 4-265

◎ **画笔描绘**

该特效使素材产生一种使用美术画笔描绘的效果。应用该特效后，其参数面板如图 4-266 所示。

描绘角度：设置笔刷的角度。

画笔大小：设置笔刷的大小。

描绘长度：设置笔刷的长度。

描绘浓度：设置笔触的浓度。

描绘随机性：设置笔触随机描绘的程度。

表面上色：用于设置应用笔触效果的区域。

与原始图像混合：用于设置与原素材混合的程度。数值越小，上述各参数选项设置的效果越明显。

应用“画笔描绘”特效的前后效果如图 4-267 和图 4-268 所示。

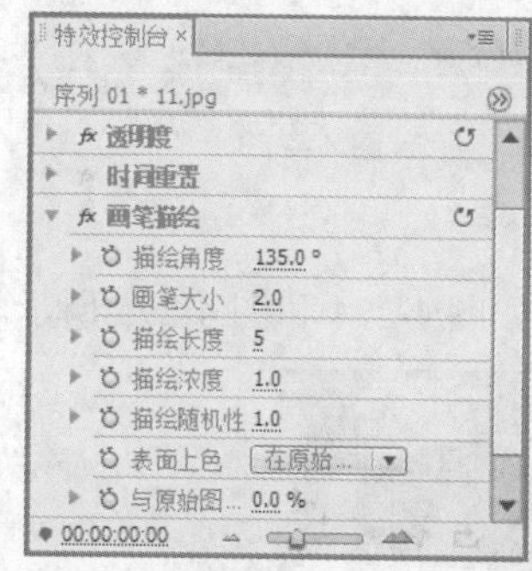

图 4-266

图 4-267

图 4-268

◎ **边缘粗糙**

该特效可以使素材的 Alpha 通道边缘粗糙化，从而使素材或者栅格化文本产生一种粗糙的自然外观。应用“边缘粗糙”特效的前后效果如图 4-269 和图 4-270 所示。

图 4-269

图 4-270

◎ 闪光灯

该特效能够以一定的周期或随机地对一个素材进行算术运算。例如，每隔 5s 素材就变成白色，并显示 0.1s；或素材颜色以随机的时间间隔进行反转。此特效常用来模拟照相机的瞬间强烈闪光效果。应用该特效后，其参数面板如图 4-271 所示。

明暗闪动：设置频闪瞬间屏幕上呈现的颜色。

与原始图像混合：设置与原素材混合的程度。

明暗闪动持续时间：设置频闪持续的时间。

明暗闪动间隔时间：以 s 为单位，设置频闪效果出现的间隔时间。它是从相邻两个频闪效果的开始时间算起，因此，该选项的数值大于“闪光长度”选项时才会出现频闪效果。

随机明暗闪动概率：设置素材中每一帧产生频闪效果的概率。

闪光：设置频闪效果的不同类型。

闪光运算符：设置频闪时所使用的运算方法。

应用“闪光灯”特效的前后效果如图 4-272 和图 4-273 所示。

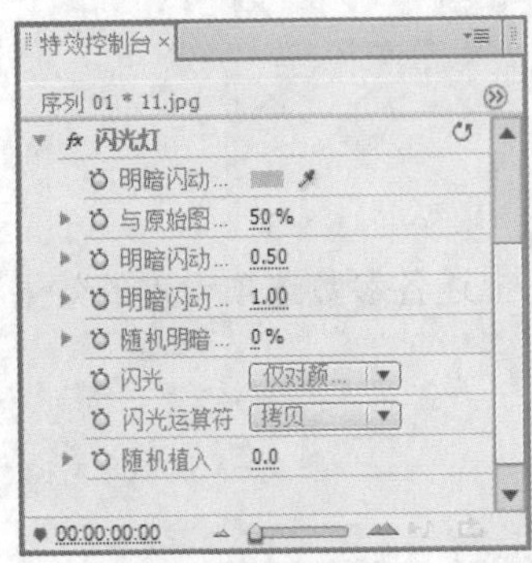

图 4-271

图 4-272

图 4-273

◎ 阈值

该特效可以将图像变成灰度模式，应用“阈值”特效的前后效果如图 4-274 和图 4-275 所示。

图 4-274

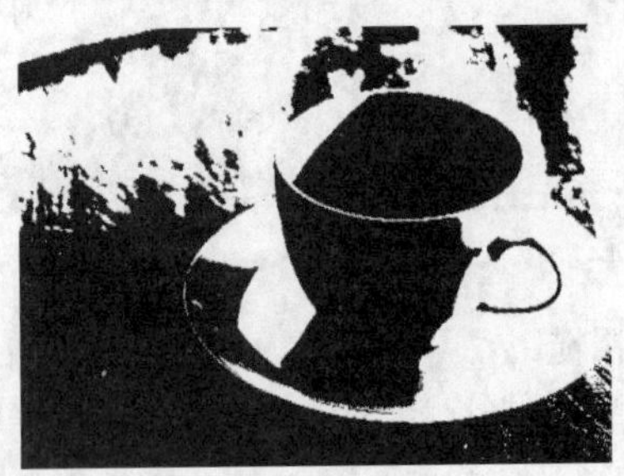

图 4-275

◎ 马赛克

该特效用若干方形色块填充素材，使素材产生马赛克效果。此效果通常用于模拟低分辨率显示或者模糊图像。应用该特效后，其参数面板如图 4-276 所示。

水平块：用于设置水平方向上的分割色块数量。

垂直块：用于设置垂直方向上的分割色块数量。

锐化颜色：勾选此复选框，可锐化图像素材。

应用“马赛克”特效的前后效果如图 4-277 和图 4-278 所示。

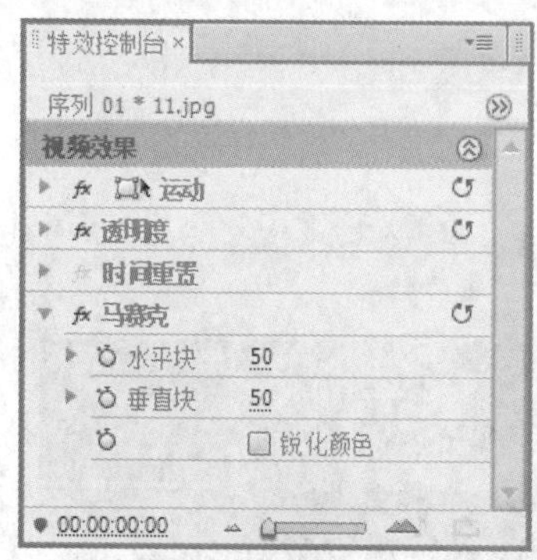

图 4-276

图 4-277

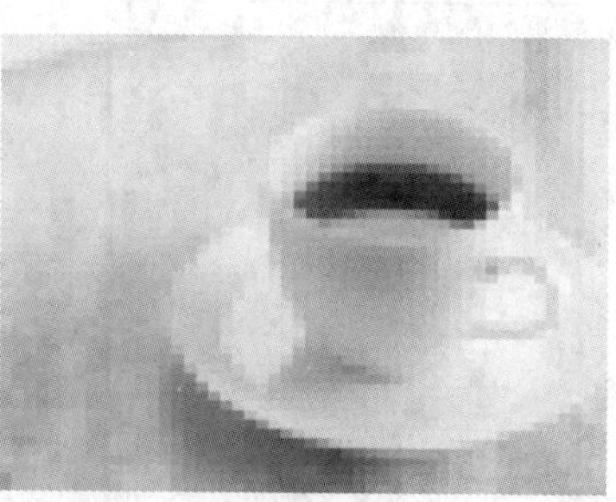

图 4-278

7. 时间视频特效

“时间”特效用于对素材的时间特性进行控制，该特效包含 3 种类型。

◎ **抽帧**

该特效可以将素材设定为某一个帧率进行播放，产生跳帧的效果。图 4-279 所示为抽帧特效设置。

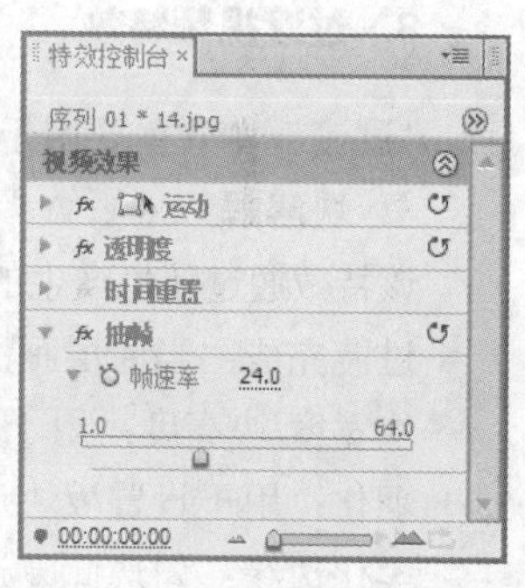

图 4-279

该特效只有一项参数帧速率可以设置，当修改素材默认的播放速率以后，素材就会按照指定的播放速率进行播放，从而产生跳帧播放的效果。

◎ **重影**

该特效可以将素材中不同时间的多个帧进行同时播放，产生条纹和反射的效果。应用该特效后，其参数面板如图 4-280 所示。

回现时间：设置两个混合图像之间的时间间隔。

重影数量：设置重复帧的数量。

起始强度：设置素材的亮度。

衰减：设置组合素材强度减弱的比例。

重影运算符：确定在回声与素材之间的混合模式。

应用“重影”特效的前后效果如图 4-281 和图 4-282 所示。

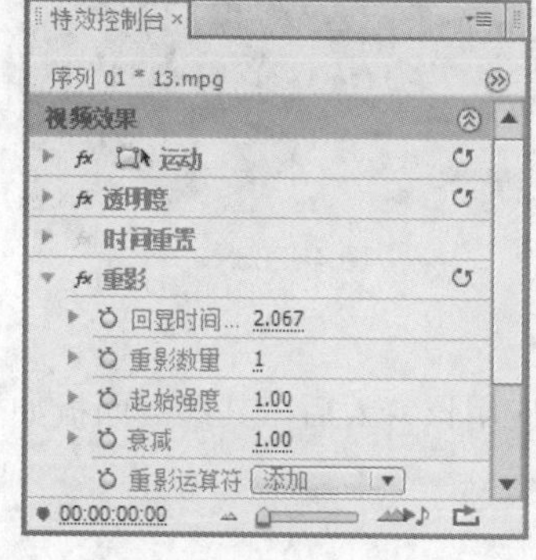

图 4-280

图 4-281

图 4-282

◎ **时间偏差**

该特效可以将画面进行扭曲播放，图 4-283、图 4-284 和图 4-285 所示分别为时间扭曲特效设置及应用前后的效果对比。

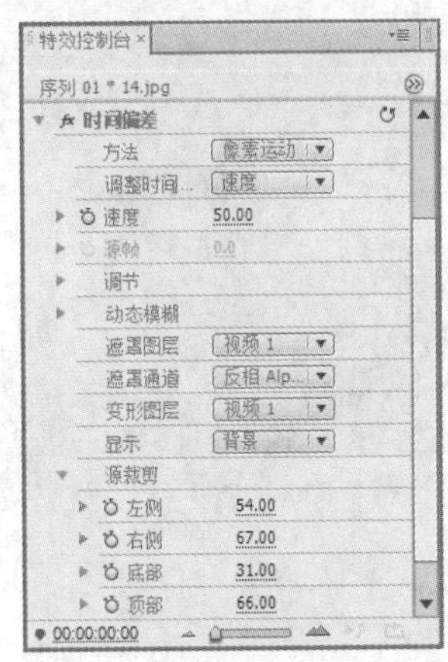

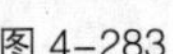
图 4-283　　图 4-284　　图 4-285

8. 过渡视频特效

“过渡”特效主要用于对两个素材之间进行连接的切换，该特效共包含 5 种类型。

◎ **块溶解**

该特效通过随机产生的板块对图像进行溶解，应用该特效后，其参数面板如图 4-286 所示。

过渡完成：当前层画面，数值为 100%时完全显示切换层画面。

块宽度/块高度：用于设置板块的高度/宽度。

羽化：用于设置板块边缘的羽化程度。

柔化边缘：勾选此复选框，板块边缘将进行柔化处理。

应用“块溶解”特效的前后效果如图 4-287 和图 4-288 所示。

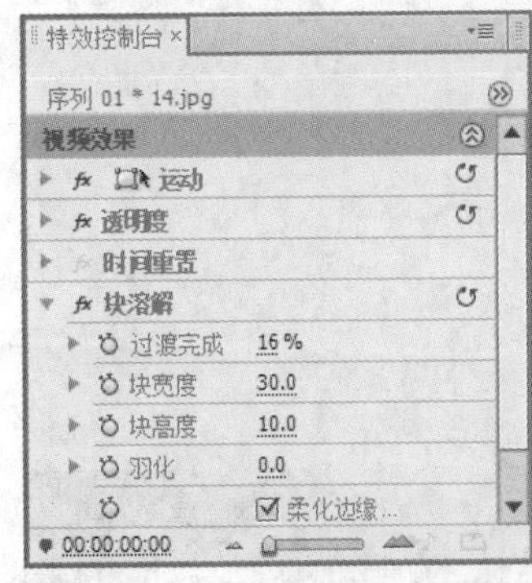

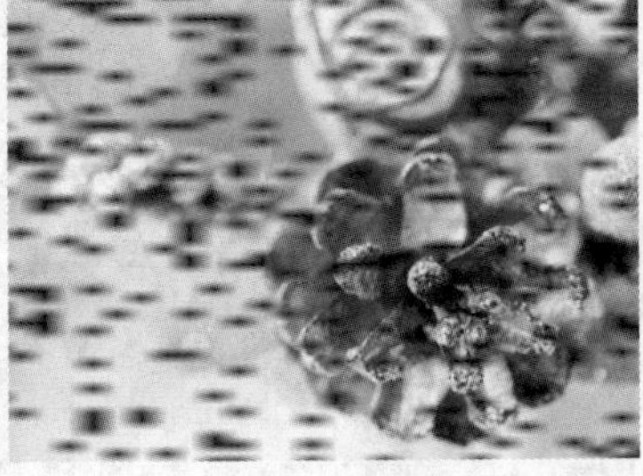

图 4-286　　图 4-287　　图 4-288

◎ **径向擦除**

运用该特效，可以围绕指定点以旋转的方式进行图像的擦除。应用该特效后，其参数面板如图 4-289 所示。

过渡完成：用于设置转换完成的百分比。

起始角度：用于设置转换效果的起始角度。

擦除中心：用于设置擦除的中心点位置。

擦除：用于设置擦除的类型。

羽化：用于设置擦除边缘的羽化程度。

应用“径向擦除”特效的前后效果如图 4-290 和图 4-291 所示。

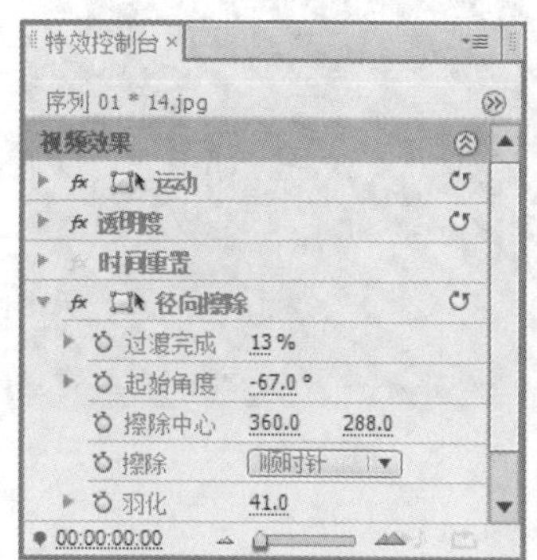

图 4-289

图 4-290

图 4-291

◎ 渐变擦除

该特效可以根据两个层的亮度值建立一个渐变层，在指定层和原图层之间进行角度切换。应用该特效后，其参数面板如图 4-292 所示。

过渡完成：用于设置转换完成的百分比。

过渡柔和度：用于设置转换边缘的柔化程度。

渐变图层：用于选择进行参考的渐变层。

渐变位置：用于设置渐变层放置的位置。

反相渐变：勾选此复选框，将对渐变层进行反转。

应用“渐变擦除”特效的前后效果如图 4-293 和图 4-294 所示。

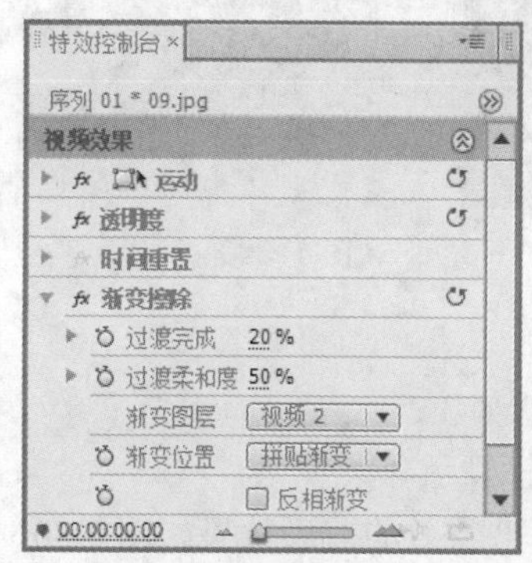

图 4-292

图 4-293

图 4-294

◎ 百叶窗

该特效通过对图像进行百叶窗式的分割，形成图层之间的切换。应用该特效后，其参数面板如图 4-295 所示。

过渡完成：用于设置转换完成的百分比。

方向：用于设置素材分割的角度。

宽度：用于设置分割的宽度。

羽化：用于设置分割边缘的羽化程度。

应用“百叶窗”特效的前后效果如图 4-296 和图 4-297 所示。

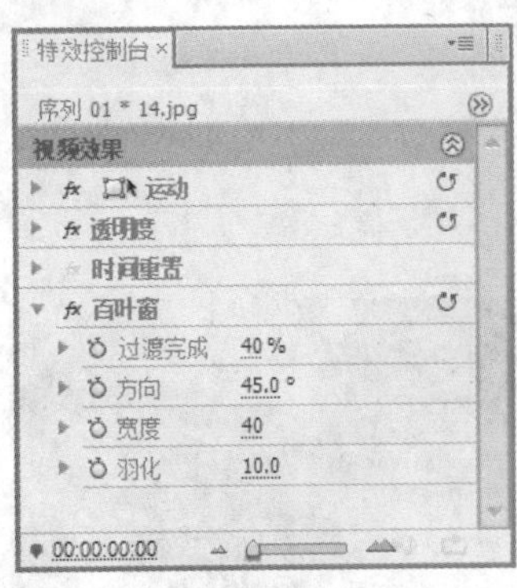

图 4-295

图 4-296

图 4-297

◎ 线性擦除

该特效通过线条划过的方式形成擦除效果。应用该特效后，其参数面板如图 4-298 所示。

过渡完成：用于设置转换完成的百分比。

擦除角度：设置素材被擦除的角度。

羽化：用于设置擦除边缘的羽化程度。

应用“线性擦除”特效的前后效果如图 4-299 和图 4-300 所示。

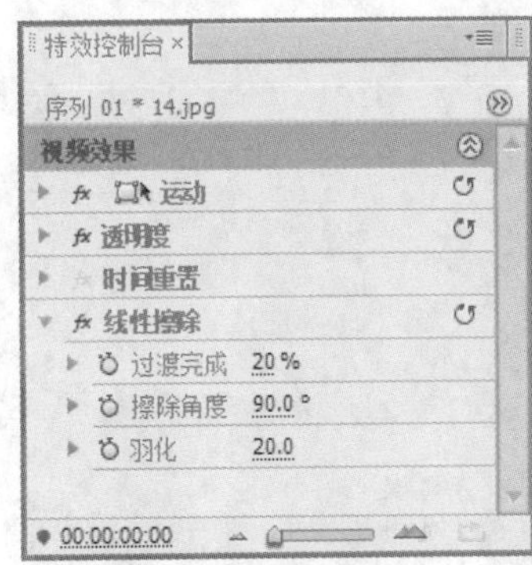

图 4-298

图 4-299

图 4-300

9. 视频视频特效

该特效只包含了一种时间码特效，该特效主要用于对时间码进行显示。

时间码特效可以在影片的画面中插入时间码信息，应用“时间码”特效的前后效果如图 4-301 和图 4-302 所示。

图 4-301

图 4-302

4.3.4 【实战演练】变形画面

使用“缩放比例”选项改变图像的大小；使用“位置”选项改变图像的位置；使用“边角固定”命令制作图像变形；使用“色彩平衡”和“亮度与对比度”调整图像的颜色。（最终效果参看光盘中的“Ch04\变形页面\变形页面.prproj”，见图 4-303。）

图 4-303

4.4 综合演练——局部马赛克

使用“裁剪”命令制作图像的裁剪动画；使用“马赛克”命令制作图像的马赛克效果。（最终效果参看光盘中的“Ch04\局部马赛克\局部马赛克.prproj”，见图 4-304。）

图 4-304

4.5 综合演练——夕阳斜照

使用“缩放比例”命令编辑图像的大小；使用“基本信号控制”命令调整图像的颜色；使用“镜头光晕”命令编辑模拟强光折射效果。（最终效果参看光盘中的“Ch04\夕阳斜照\夕阳斜照.prproj”，见图 4-305。）

图 4-305

第5章 调色、抠像、透明与叠加技术

本章主要介绍在 Premiere Pro CS4 中素材调色、抠像、透明与叠加的基础设置方法。调色、抠像、透明和叠加技术属于 Premiere Pro CS4 剪辑中较高级的应用，它可以使影片通过剪辑产生完美的画面合成效果。通过本章的学习，读者可以掌握 Premiere Pro CS4 的调色、抠像、透明和叠加技术。

课堂学习目标

- 视频调色基础
- 增强视频——视频调色技术详解
- 影视合成——抠像及叠加技术

5.1 水墨画

5.1.1 【操作目的】

使用“黑白”命令将彩色图像转换为灰度图像；使用“查找边缘”命令制作图像的边缘；使用“色阶”命令调整图像的亮度和对比度；使用“高斯模糊”命令制作图像的模糊效果；使用“字幕”命令输入与编辑文字；使用“运动”选项调整文字的位置。（最终效果参看光盘中的“Ch05\水墨画\水墨画.prproj”，见图 5-1。）

图 5-1

5.1.2 【操作步骤】

1. 制作图像水墨效果

步骤 1 启动 Premiere Pro CS4 软件，弹出“欢迎使用 Adobe Premiere Pro”界面，单击“新建项目”按钮，弹出“新建项目”对话框，设置“位置”选项，选择保存文件路径，在“名称”文本框中输入文件名“水墨画”，如图 5-2 所示。单击“确定”按钮，弹出“新建序列”对话框，在左侧的列表中展开“DV-PAL”选项，选中“标准 48kHz”模式，如图 5-3 所示，单击“确定”按钮。

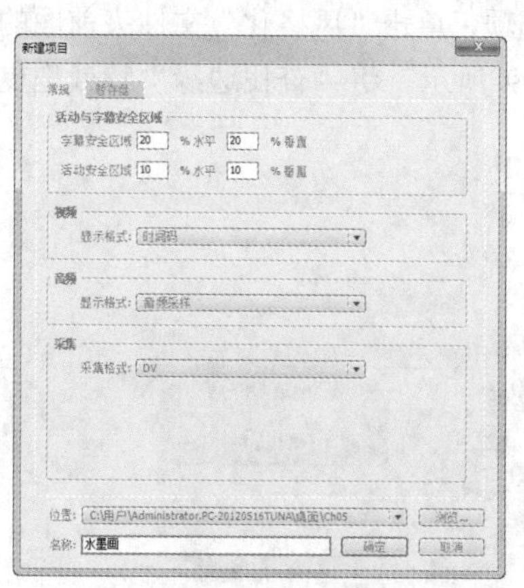

图 5–2

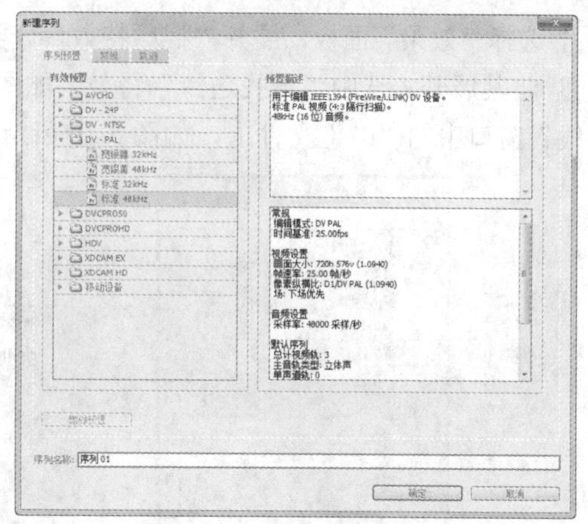

图 5–3

步骤 2 选择“文件 > 导入”命令，弹出“导入”对话框，选择光盘中的“Ch05/水墨画/素材/01”文件，单击“打开”按钮导入视频文件，如图 5-4 所示。导入后的文件排列在“项目”面板中，如图 5-5 所示。

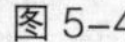

图 5–4

图 5–5

步骤 3 在“项目”面板中选中“01”文件并将其拖曳到“时间线”窗口中的“视频 1”轨道中，如图 5-6 所示。

步骤 4 选择“窗口 > 效果”命令，弹出“效果”面板，展开“视频特效”分类选项，单击“图像控制”文件夹前面的三角形按钮▶将其展开，选中“黑白”特效，如图 5-7 所示。将“黑白”特效拖曳到“时间线”窗口中的“01”文件上，如图 5-8 所示。

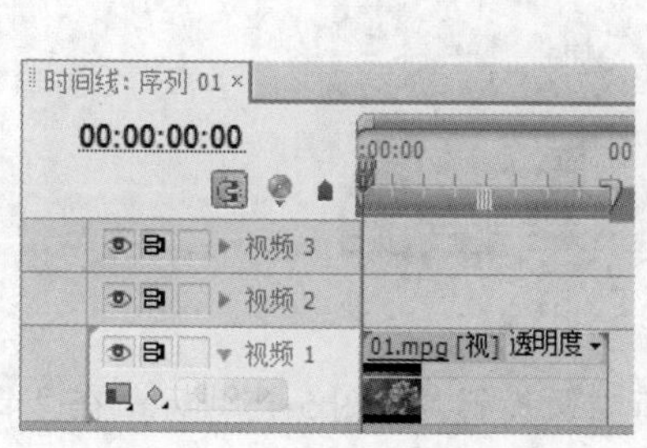

图 5–6

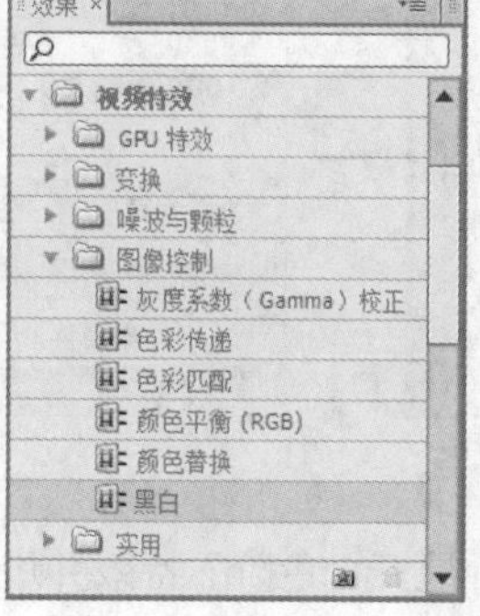

图 5–7

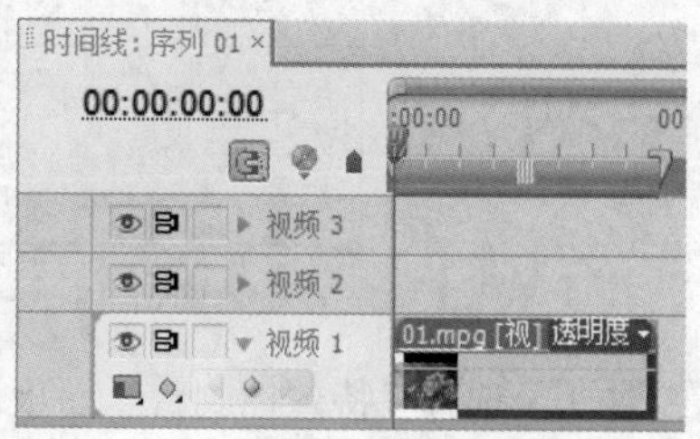

图 5–8

步骤 5 选择“效果”面板，展开“视频特效”分类选项，单击“风格化”文件夹前面的三角形按钮▶将其展开，选中“查找边缘”特效，如图 5-9 所示。将“查找边缘”特效拖曳到“时间线”窗口中的“01”文件上，如图 5-10 所示。

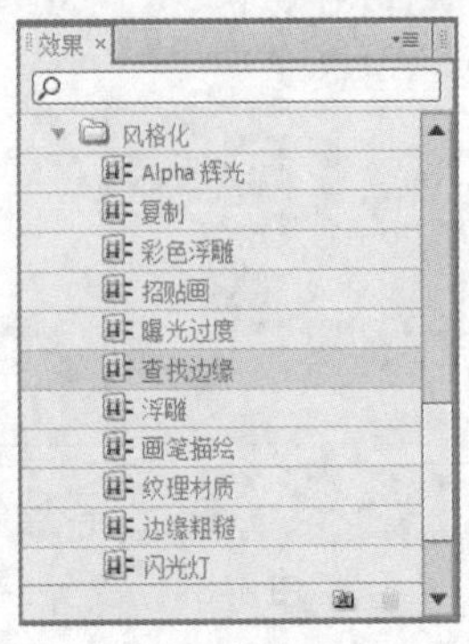

图 5-9

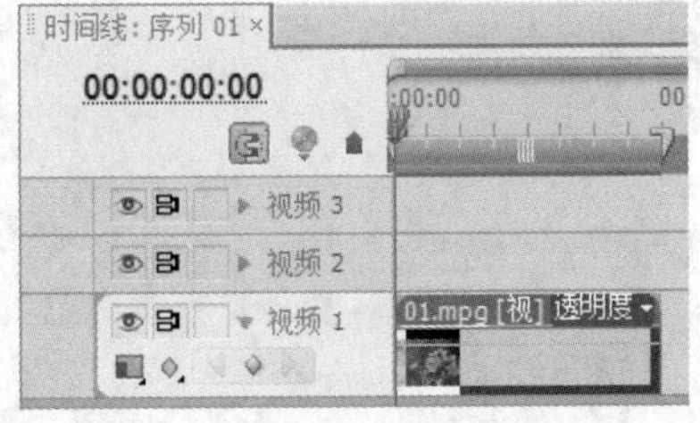

图 5-10

步骤 6 在“特效控制台”面板中展开“查找边缘”特效，将“与原始图”选项设置为 24%，如图 5-11 所示。在“节目”窗口中预览效果，如图 5-12 所示。

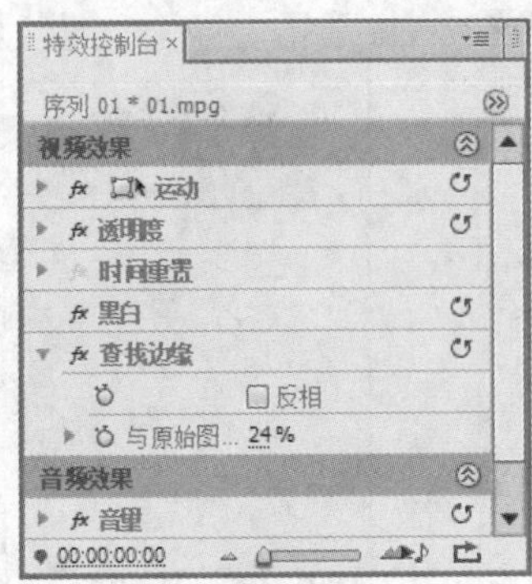

图 5-11

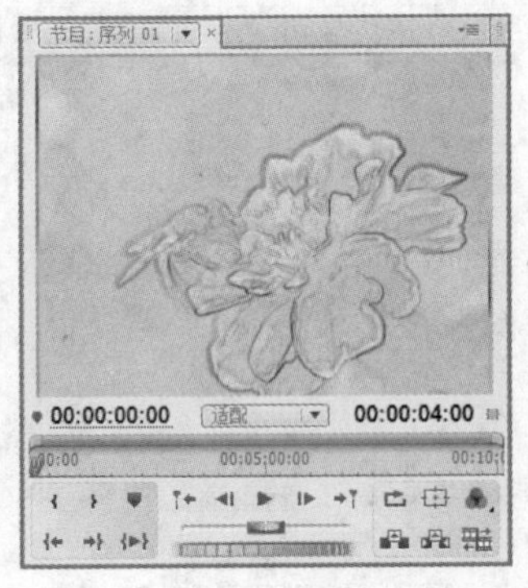

图 5-12

步骤 7 选择“效果”面板，展开“视频特效”分类选项，单击“调整”文件夹前面的三角形按钮▶将其展开，选中“色阶”特效，如图 5-13 所示。将“色阶”特效拖曳到“时间线”窗口中的“01”文件上，如图 5-14 所示。

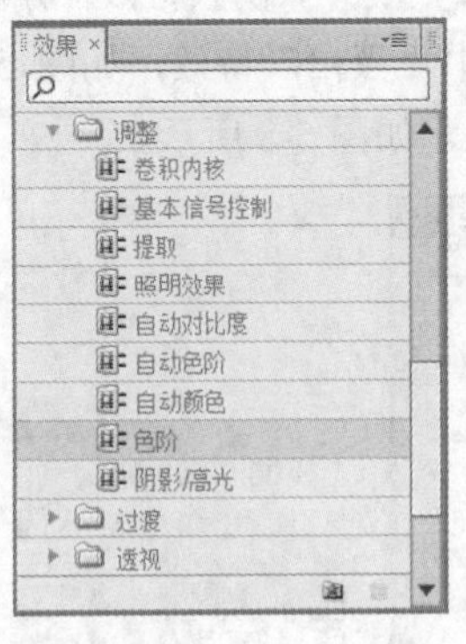

图 5-13

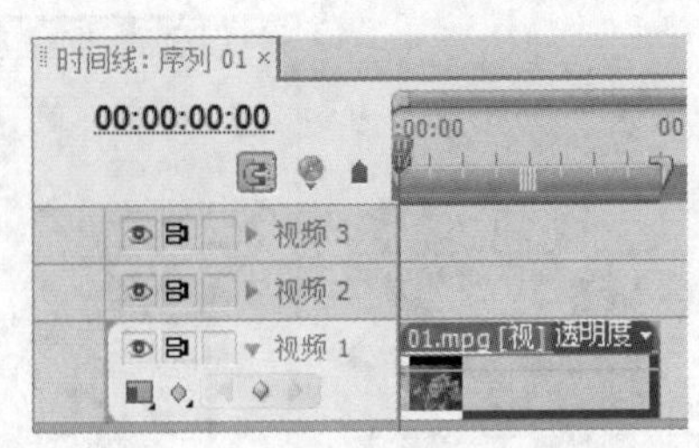

图 5-14

步骤 8 选择“特效控制台”面板，展开“色阶”特效并进行参数设置，如图 5-15 所示。在“节目”窗口中预览效果，如图 5-16 所示。

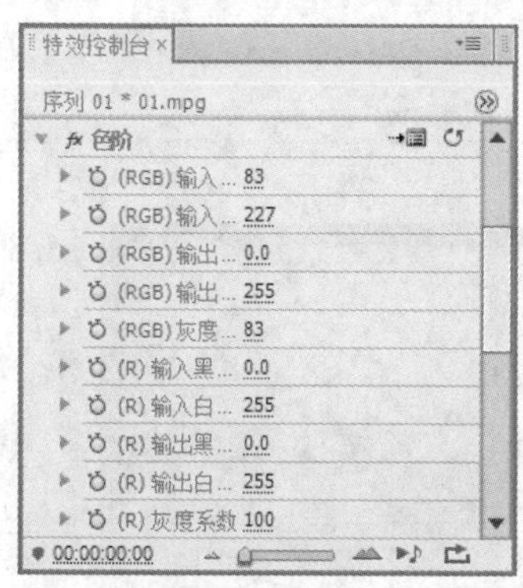

图 5–15

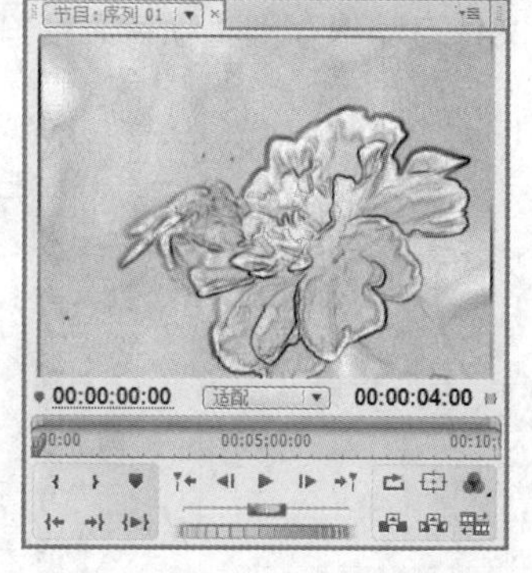

图 5–16

步骤 9 选择“效果”面板，展开“视频特效”分类选项，单击“模糊与锐化”文件夹前面的三角形按钮将其展开，选中“高斯模糊”特效，如图5-17所示。将“高斯模糊”特效拖曳到“时间线”窗口中的“01”文件上，如图5-18所示。

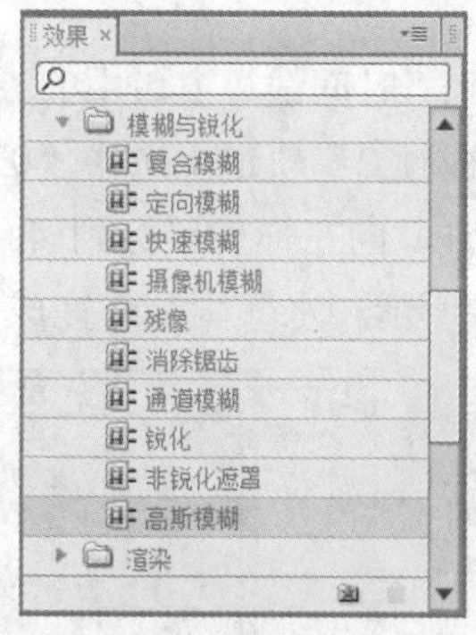

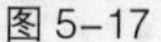

图 5–17

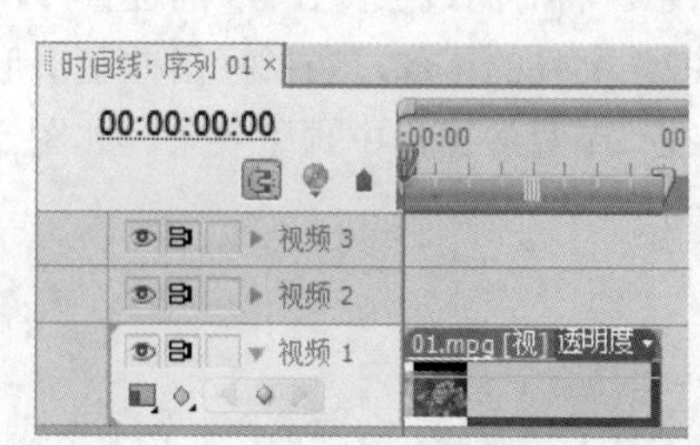

图 5–18

步骤 10 在“特效控制台”面板中展开“高斯模糊”特效，将“模糊度”选项设置为5.6，如图5-19所示。在“节目”窗口中预览效果，如图5-20所示。

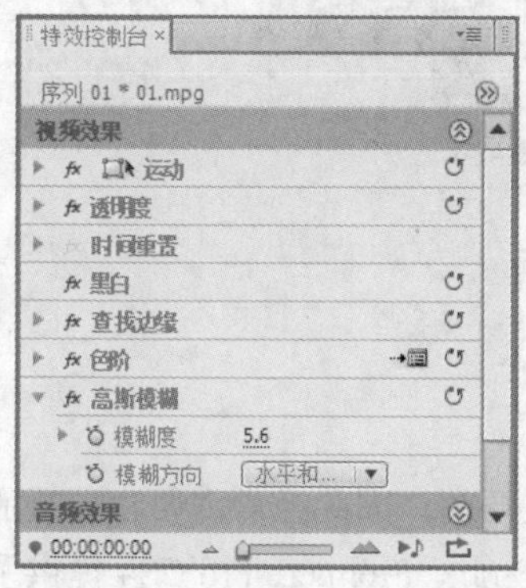

图 5–19

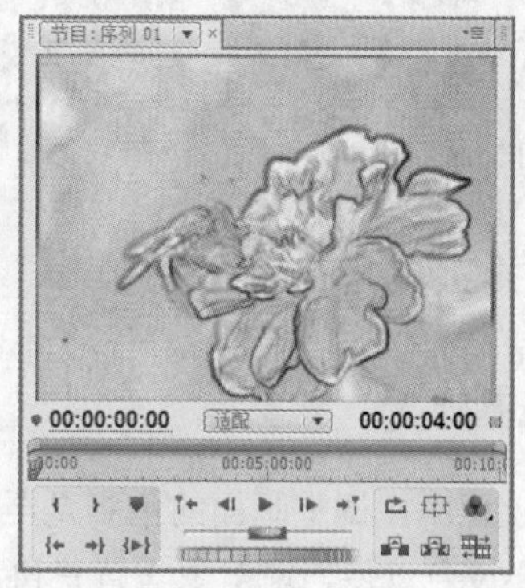

图 5–20

2. 添加文字

步骤 1 选择“文件 > 新建 > 字幕”命令，弹出“新建字幕”对话框，在“名称”文本框中输入“题词”，如图5-21所示。单击“确定”按钮，弹出字幕编辑面板，选择“垂直文字”工具，在字幕工作区中输入需要的文字，其他设置如图5-22所示。关闭字幕编辑面板，

新建的字幕文件自动保存到“项目”窗口中。

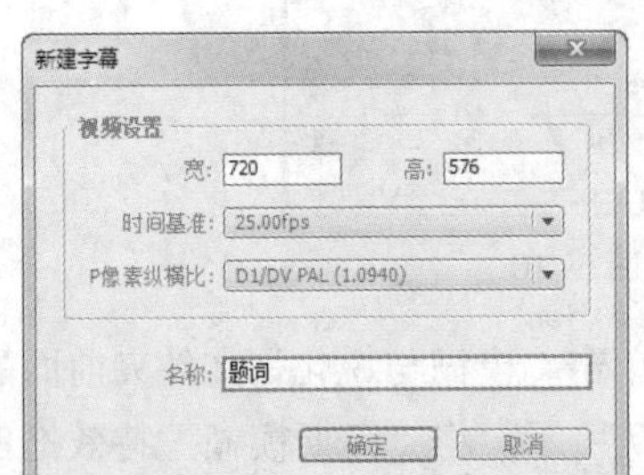

图 5-21

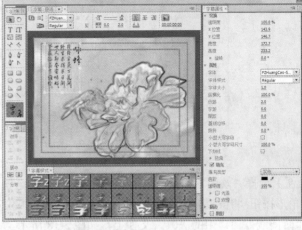

图 5-22

步骤 2 在“项目”窗口中选中“题词”层并将其拖曳到“时间线”窗口中的“视频 2”轨道中，如图 5-23 所示。将时间线放置在 4s 的位置，在“视频 2”轨道上选中“02”文件，将鼠标指针放在“02”文件的尾部，当鼠标指针呈 形状时，向左拖曳鼠标到 4s 的位置上，如图 5-24 所示。在“节目”窗口中预览效果，如图 5-25 所示。水墨画制作完成。

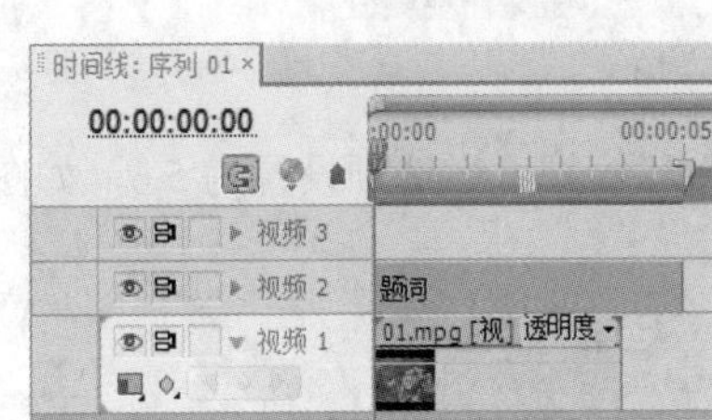

图 5-23

图 5-24

图 5-25

5.1.3 【相关工具】

1. 视频调色基础

在视频编辑过程中，调整画面的色彩是至关重要的，因此经常需要将拍摄的素材进行颜色调整，抠像后也需要校色以使当前对象与背景协调。为此，Premiere Pro CS4 提供了一整套的图像调整工具。

在进行颜色校正前，必须要保证监视器显示颜色准确，否则调整出来的影片颜色就会不准确。对监视器颜色的校正，除了使用专门的硬件设备外，也可以凭自己的眼睛来校准监视器色彩。

在 Premiere Pro CS4 中，“节目”监视器面板提供了多种素材的显示方式，不同的显示方式，对分析影片有着重要的作用。

单击“节目”窗口下方的“输出”按钮 ，在弹出的下拉列表中可选择不同的显示模式，如

图 5-26 所示。

合成视频：在该模式下显示编辑合成后的影片效果。

透明通道：在该模式下显示影片 Alpha 通道。

所有范围：在该模式下显示所有颜色分析模式，包括波形、矢量、YCbCr 和 RGB。

矢量图：在部分的电影制作中，都会用到“矢量图”和“YC 波形”两种硬件设备，主要用于检测影片的颜色信号。信号的色相饱和度构成一个圆形的图表，饱和度从圆心开始向外扩展，越向外，饱和度越高，如图 5-27 所示。

从图表中可以看出，图 5-27 所示上方素材的饱和度较低，绿色的饱和度信号处于中心位置，而下方的素材饱和度被提高，信号开始向外扩展。

图 5-26

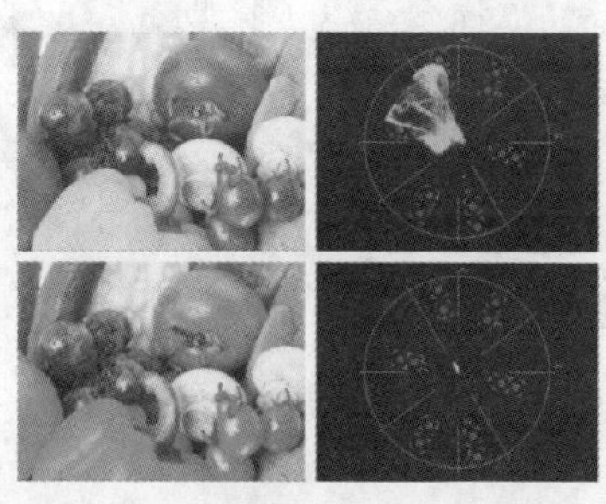

图 5-27

YC 波形：该模式用于检测亮度信号时非常有用。它使用 IRE 标准单位进行检测，水平方向轴表示视频图像，垂直方向轴则检测亮度。在绿色的波形图表中，明亮的区域总是处于图表上方，而暗淡区域总在图表下方，如图 5-28 所示。

YCbCr 检视：该模式主要用于检测 NTSC 颜色区间。在图表中左侧的垂直信号表示影片的亮度，右侧水平线为色相区域，水平线上的波形则表示饱和度的高低，如图 5-29 所示。

RGB 检视：该模式主要检测 RGB 颜色区间。图表中水平坐标从左到右分别为红、绿和蓝颜色区间，垂直坐标则显示颜色数值，如图 5-30 所示。

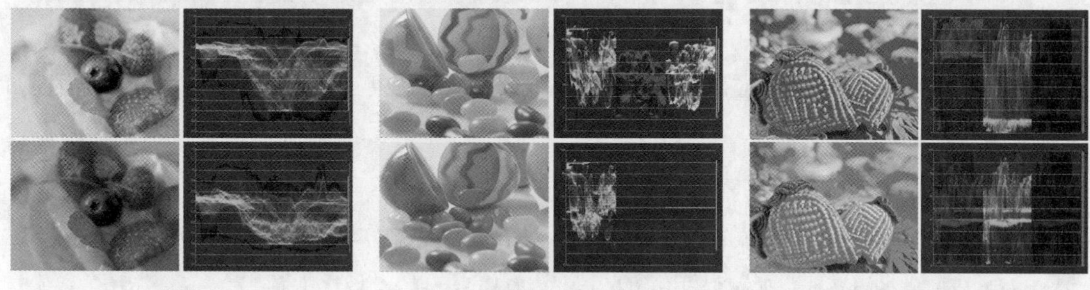

图 5-28　　图 5-29　　图 5-30

2. 应用调整类特效

如果需要调整素材的亮度、对比度、色彩以及通道，修复素材的偏色或者曝光不足等缺陷，提高素材画面的颜色及亮度，制作特殊的色彩效果，最好的选择就是使用“调节”特效。该类特效中共包含 9 个视频特效。

◎ **自动对比度、自动颜色、自动色阶**

使用“自动对比度”、“自动颜色”和“自动色阶”3 个特效可以快速、全面地修正素材，可以调整素材的中间色调、暗调和高亮区的颜色。“自动对比度”特效主要用于调整所有颜色的亮度和对比度；“自动颜色”特效主要用于调整素材的颜色；“自动色阶”特效主要用于调整暗部和高亮区。

图 5-31 和图 5-32 所示为应用“自动对比度”特效的前后效果。应用该特效后，其参数面板如图 5-33 所示。

图 5-31

图 5-32

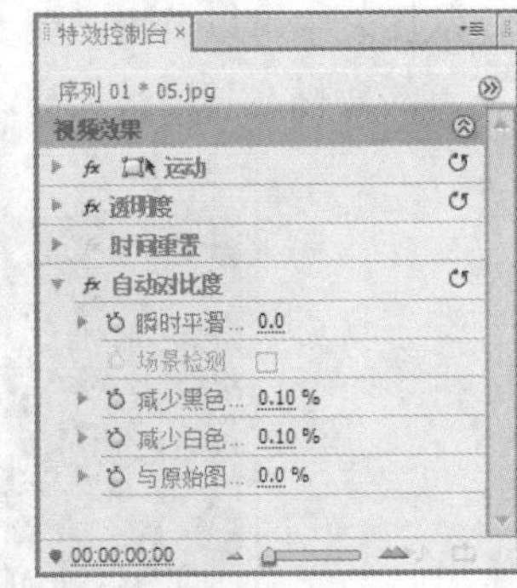

图 5-33

图 5-34 和图 5-35 所示为应用“自动颜色”特效的前后效果。应用该特效后，其参数面板如图 5-36 所示。

图 5-34

图 5-35

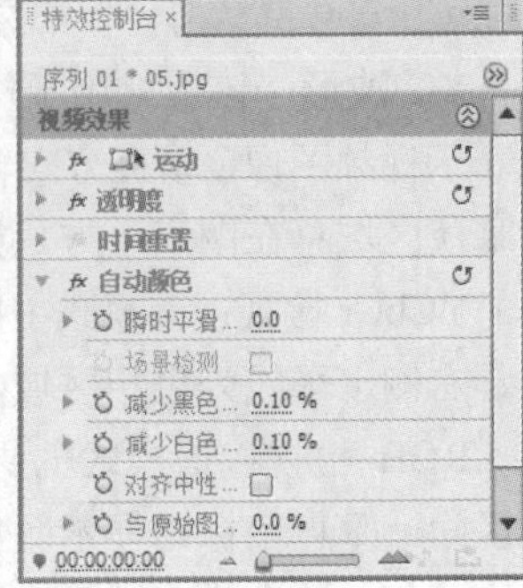

图 5-36

图 5-37 和图 5-38 所示为应用“自动色阶”特效的前后效果。应用该特效后，其参数面板如图 5-39 所示。

图 5-37

图 5-38

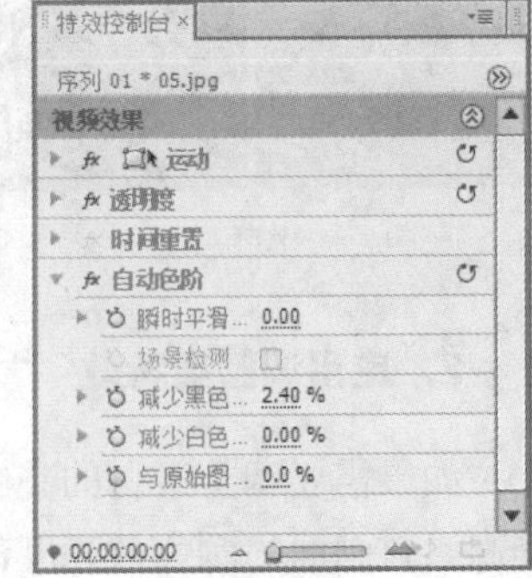

图 5-39

以上 3 种特效中提供了 5 个相同的参数选项，各参数选项的具体含义如下。

瞬时平滑：此选项控制有多少帧被用来决定调整图像中需要调整颜色数量范围。当该选项值为 0 时，Premiere Pro CS4 将独立地分析每一帧。当该选项值高为 1 时，Premiere Pro CS4 会在帧显示前以 1s 的时间间隔分析帧。

场景检测：在设置了“瞬时平滑”选项值时，该复选框才被激活。勾选此复选框，Premiere Pro CS4 将忽略场景变化。

减少黑色/减少白色：用于增加或减小图像的黑色/白色。

与原始图：用于改变素材应用特效的程度。当该选项值为 0 时，在素材上可以看到 100%的特效；当该选项为 100 时，素材上可以看到 0%的特效。

◎ 卷积内核

该特效根据运算来改变素材中每个像素的颜色和亮度值来改变图像的质感。应用该特效后，其参数面板如图 5-40 所示。

M11～M33：表示像素亮度增效的矩阵，其参数值为-30～30。

偏移：用于调整素材色彩明暗的偏移量。

缩放：输入一个数值，在积分操作中包含的像素总和将除以该数值。

应用“卷积内核”特效的前后效果如图 5-41 和图 5-42 所示。

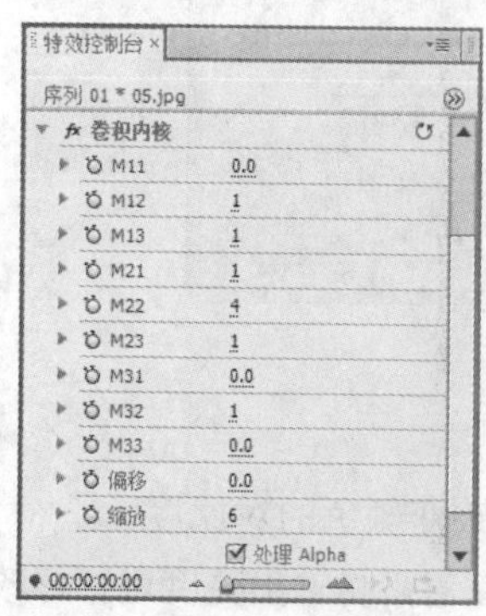

图 5-40

图 5-41

图 5-42

◎ 提取

该特效可以从视频片段中吸取颜色，然后通过设置灰度的范围控制影像的显示。应用该特效后，其参数面板如图 5-43 所示。

应用“提取”特效的前后效果如图 5-44 和图 5-45 所示。

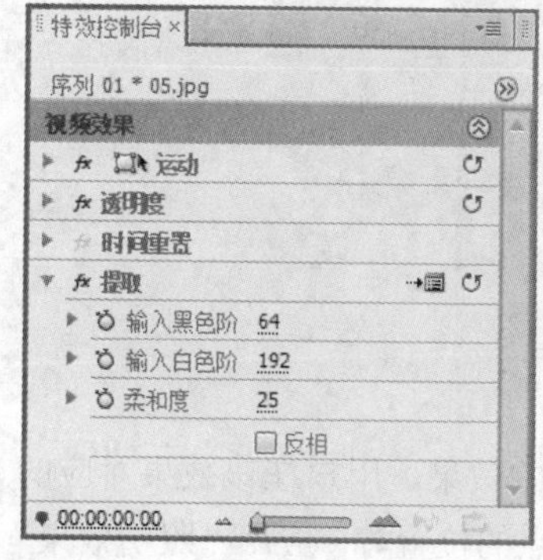

图 5-43

图 5-44

图 5-45

输入黑色阶：表示画面中黑色的提取情况。

输入白色阶：表示画面中白色的提取情况。

柔和度：用于调整画面的灰度，数值越大，其灰度越高。

反相：勾选此复选框，将对黑色和白色像素范围进行反转。

◎ **色阶**

该特效的作用是调整影片的亮度和对比度。应用该特效后，其参数面板如图 5-46 所示。单击右上角的“设置”按钮，弹出“色阶设置”对话框，左边显示了当前画面的柱状图，水平方向代表亮度值，垂直方向代表对应亮度值的像素总数。在该对话框的下拉列表中，可以选择需要调整的颜色通道，如图 5-47 所示。

图 5-46

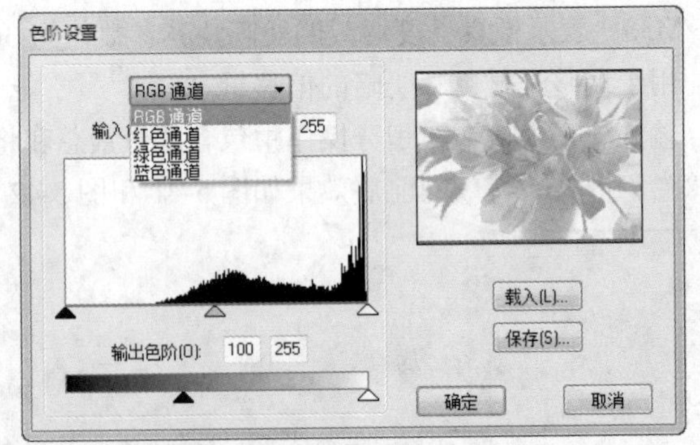

图 5-47

通道：在该下拉列表中可以选择需要调整的通道。

输入色阶：用于进行颜色的调整。拖曳下方的三角形滑块，可以改变颜色的对比度。

输出色阶：用于调整输出的级别，在该对话框中输入有效数值，可以对素材输出亮度进行修改。

载入：单击该按钮可以载入以前所存储的效果。

保存：单击该按钮可以保存当前的设置。

应用“色阶”特效的前后效果如图 5-48 和图 5-49 所示。

图 5-48

图 5-49

◎ **照明效果**

该特效可以为素材添加最多 5 个灯光照明，以模拟舞台追光灯的效果。用户在该效果对应的“效果控制”面板中可以设置灯光的类型、方向、强度、颜色、中心点的位置等。应用“照明效果”特效的前后效果如图 5-50 和图 5-51 所示。

图 5-50

图 5-51

◎ 基本信号控制

该特效可以用于调整素材的亮度、对比度和色相，是一个较常用的视频特效。应用“基本信号控制”特效的前后效果如图 5-52 和图 5-53 所示。

图 5-52

图 5-53

◎ 阴影/高光

该特效用于分别调整素材的阴影和高光区域，应用“阴影/高光”特效的前后效果如图 5-54 和图 5-55 所示。该特效不应用整个图像的调暗或增加图像的点亮，但可以单独调整图像高光区域，并基于图像周围的像素。

图 5-54

图 5-55

3. 应用图像控制类特效

“图像控制”特效的主要用途是对素材进行色彩的特效处理，广泛应用于视频编辑中处理一些因前期拍摄总量所遗留下的缺陷，或使素材达到某种预想的效果。这是一组重要的视频特效，它包含了 6 种特效。

◎ 黑白

该特效用于将彩色影像直接转换成黑白灰度影像，应用“黑白”特效的前后效果如图 5-56 和图 5-57 所示。该特效没有参数选项。

图 5-56

图 5-57

◎ **颜色平衡 RGB**

利用“颜色平衡 RGB”特效可以通过对素材的红色、绿色和蓝色进行调整来达到改变图像色彩效果的目的。应用“颜色平衡 RGB”特效的前后效果如图 5-58 和图 5-59 所示。

图 5-58

图 5-59

◎ **色彩匹配**

利用“色彩匹配”特效可以将一个素材中的颜色与另一个素材中的颜色进行匹配，匹配的内容包括颜色、高亮区、中间色调和阴影区。使用“色彩匹配”的操作步骤如下。

步骤 1 在“方法”下拉列表中选择一种匹配方式，其中包括“HSL”、“RGB”和“曲线”3 个选项。选择“HSL”选项，可以将特效应用到不同的 HSL 值上；选择“RGB”选项，可以将该特效应用到某个或整个颜色通道上；选择“曲线”选项，可以利用亮度和对比度匹配颜色。

步骤 2 单击“主体采样”选项右侧的“吸管工具”，在“节目”窗口中单击选择采样颜色（想要匹配的颜色）。可以选择一个“主体采样”，也可以选择匹配“阴影采样”、“中值彩样”和“高光采样”。

步骤 3 单击“主体目标”选项右侧的“吸管工具”，在“节目”窗口中单击选择目标颜色（想要更改或者校正的颜色）。可以选择一个“主体目标”也可以选择匹配“阴影目标”、“中值目标”和“高光目标”。但所选择目标参数选项必须与样本参数选项相对应。例如，如果选择了“阴影取样”，那么就必须选择“阴影目标”。

步骤 4 通过勾选“HSL”、“RGB”复选框，可以选择包括还是排除 HSL 和 RGB 值。

步骤 5 在匹配颜色和颜色组成部分之前，可以单击“匹配”选项的三角形按钮，显示匹配按钮，然后单击该按钮即可。

步骤 6 “匹配色调”、“匹配饱和度”和“匹配亮度”这 3 个复选框可选择上面参数设置所应用到的位置，即可以应用到色相、饱和度和亮度。

应用“色彩匹配”特效的前后效果如图 5-60 和图 5-61 所示，其参数面板如图 5-62 所示。

图 5-60

图 5-61

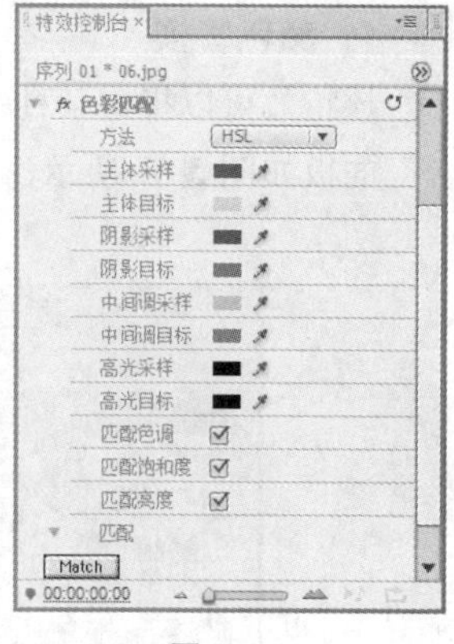

图 5-62

◎ **色彩传递**

该特效可以将素材中指定颜色以外的其他颜色转化成灰度（黑、白），即保留指定的颜色。该特效对应的“特效控制台”面板如图 5-63 所示，单击“设置”按钮，弹出“色彩传递设置”对话框，如图 5-64 所示。

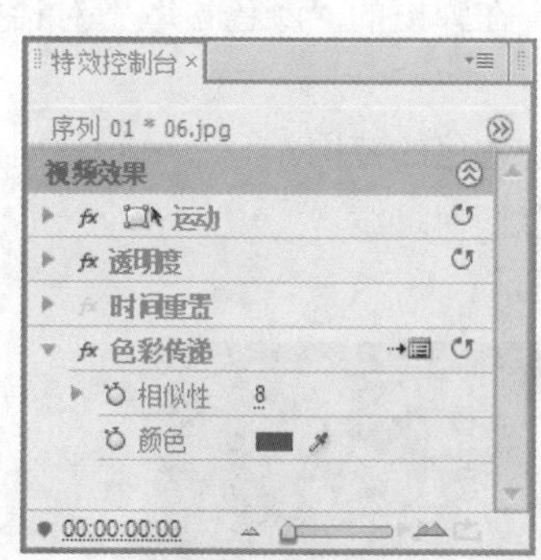

图 5-63

图 5-64

素材示例：显示素材画面，将鼠标指针移动到此画面中单击，可以直接在画面中选取颜色。

输出示例：显示添加了特效后的素材画面。

颜色：要保留的颜色，单击该色块，将弹出“颜色拾取”对话框，从中可以设置要保留的颜色。

相似性：用于设置相似色彩的容差值，即增加或减少所选颜色的范围。

反向：勾选此复选框，将颜色进行反转，即所选的颜色转变成灰度而其他颜色保持不变。

应用“色彩传递”特效的前后效果如图 5-65 和图 5-66 所示。

图 5-65

图 5-66

◎ **颜色替换**

该特效可以指定某种颜色，然后使用一种新的颜色替换指定的颜色，该特效对应的“特效控制台”面板如图 5-67 所示，单击“设置”按钮，弹出“色彩替换设置”对话框，如图 5-68 所示。

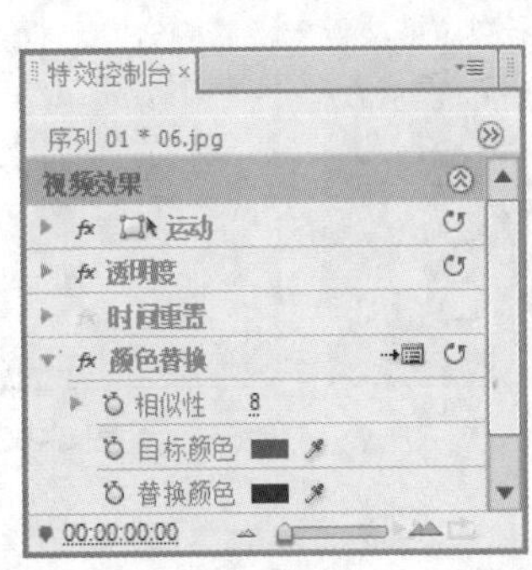

图 5-67

图 5-68

目标颜色：用于设置被替换的颜色。选取的方法与“色彩传递设置”对话框中选取的方法相同。

替换颜色：用于设置替换当前颜色的颜色。单击颜色块，在弹出的“颜色拾取”对话框中进行设置。

相似性：用于设置相似色彩的容差值，即增加或减少所选颜色的范围。

纯色：勾选此复选框，该特效将用纯色替换目标色，没有任何过渡。

应用“颜色替换”特效的前后效果如图 5-69 和图 5-70 所示。

图 5-69

图 5-70

◎ **灰度系数 Gamma 校正**

该特效可以通过改变素材中间色调的亮度，以实现在不改变素材亮度和阴影的情况下，使素材变得更明亮或更灰暗。应用“灰度系数 Gamma 校正”特效的前后效果如图 5-71 和图 5-72 所示。

图 5-71

图 5-72

5.1.4 【实战演练】怀旧老电影效果

使用“基本信号控制”命令调整亮度、饱和度和增加对比度；使用“色彩平衡”命令降低图像中的部分颜色；使用“DE_AgedFilm”命令制作老电影效果。（最终效果参看光盘中的“Ch05\怀旧老电影效果\怀旧老电影效果.prproj”，见图5-73。）

图 5–73

5.2 淡彩铅笔画

5.2.1 【操作目的】

使用“缩放比例”选项改变图像大小；使用“透明度”选项改变图像的不透明度；使用“查找边缘”命令编辑图像的边缘效果；使用“色阶”命令调整图像的亮度对比度；使用“黑白”命令将彩色图像转换为灰度图像；使用“笔触”命令制作图像的粗糙外观。（最终效果参看光盘中的“Ch05\淡彩铅笔画\淡彩铅笔画.prproj”，见图5-74。）

图 5–74

5.2.2 【操作步骤】

1. 编辑图像大小

步骤 1 启动Premiere Pro CS4软件，弹出“欢迎使用Adobe Premiere Pro”界面，单击“新建项目”按钮，弹出“新建项目”对话框，设置“位置”选项，选择保存文件路径，在“名称”文本框中输入文件名“淡彩铅笔画”，如图5-75所示。单击“确定”按钮，弹出“新建序列”对话框，在左侧的列表中展开“DV-PAL”选项，选中“标准48kHz”模式，如图5-76所示，单击“确定”按钮。

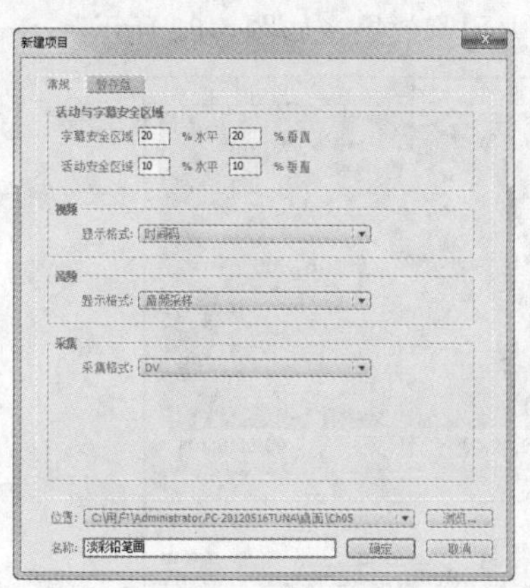

图 5–75

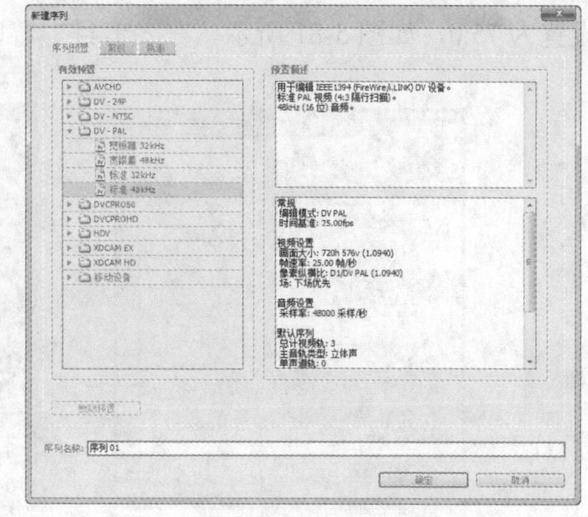

图 5–76

步骤 2 选择“文件 > 导入”命令，弹出“导入”对话框，选择光盘中的“Ch05/淡彩铅笔画/

素材/ 01”文件，单击“打开”按钮导入视频文件，如图 5-77 所示。导入后的文件排列在“项目”面板中，如图 5-78 所示。

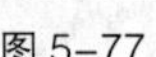

图 5–77

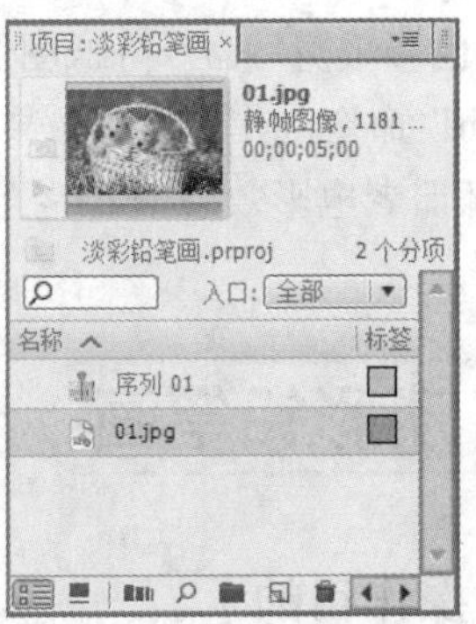

图 5–78

步骤 3 在“项目”窗口中选中“01”文件，将“01”文件拖曳到“时间线”窗口中的“视频 1”轨道中，如图 5-79 所示。在“节目”窗口中预览效果，如图 5-80 所示。

图 5–79

图 5–80

步骤 4 在“时间线”窗口中选中“01”文件。选择“窗口 > 特效控制台”命令，弹出“特效控制台”面板，展开“运动”选项，将“位置”选项设置为 400.0 和 282.0，“缩放比例”选项设置为 75.0，如图 5-81 所示。在“节目”窗口中预览效果，如图 5-82 所示。

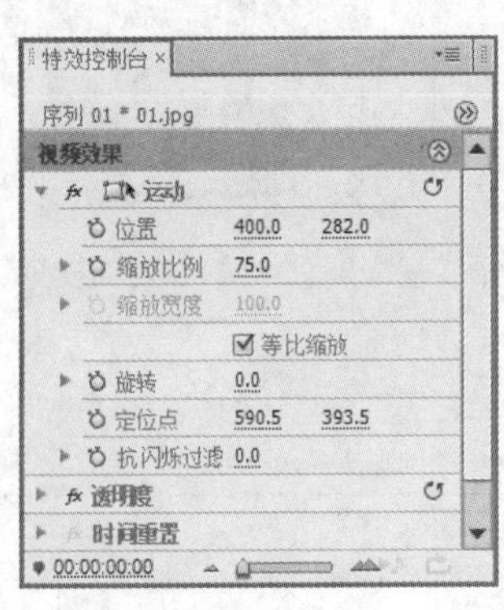

图 5–81

图 5–82

步骤 5 在“时间线”窗口中选中“01”文件，按<Ctrl>+<C>组合键复制层，并锁定该轨道，选中“视频 2”轨道，按<Ctrl>+<V>组合键粘贴层，如图 5-83 所示。在“时间线”窗口中选择“视频 2”轨道上的“01”文件，选择“特效控制台”面板，展开“透明度”选项，单击“透明度”选项前面的切换动画按钮，取消关键帧，将“透明度”选项设置为 70.0%，如图 5-84 所示。选中“视频 1”轨道上的“01”文件，解除锁定。

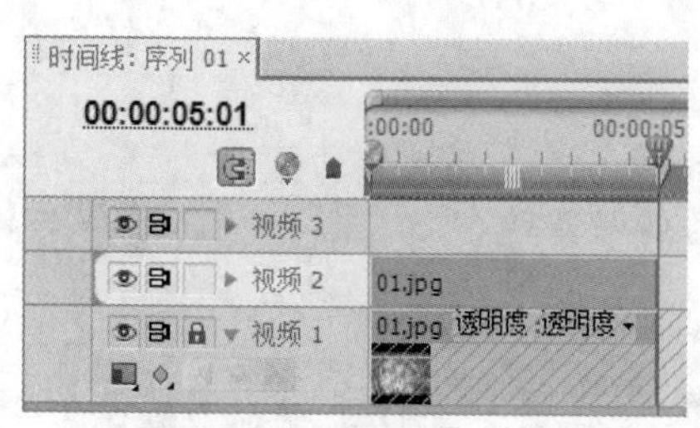

图 5-83

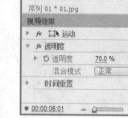

图 5-84

2. 编辑图像特效

步骤 1 选择“窗口 > 效果”命令，弹出“效果”面板，展开“视频特效”分类选项，单击“风格化”文件夹前面的三角形按钮将其展开，选中“查找边缘”特效，如图 5-85 所示。将“查找边缘”特效拖曳到“时间线”窗口中的“视频 2”轨道“01”文件，如图 5-86 所示。

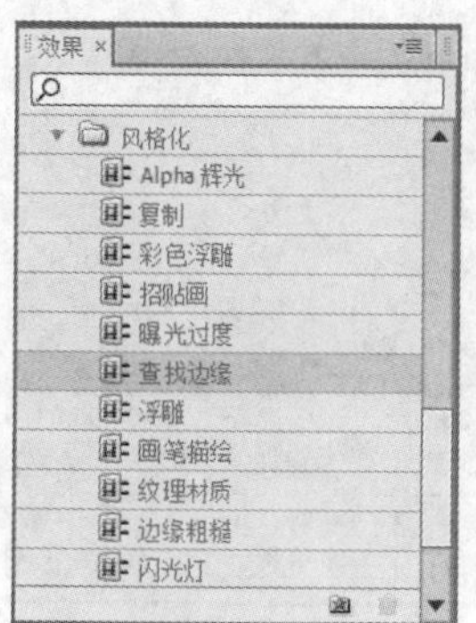

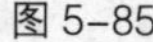

图 5-85

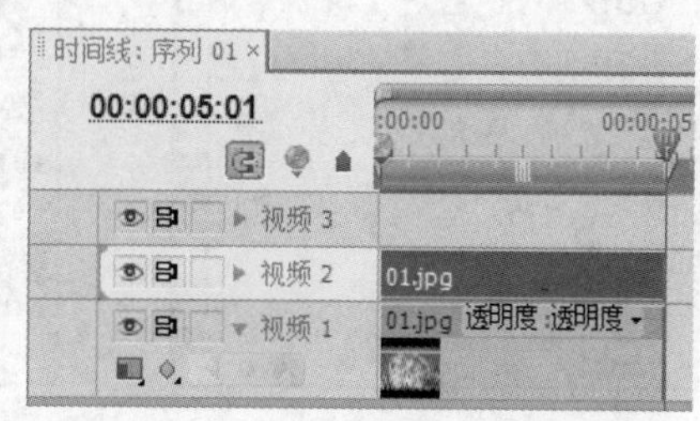

图 5-86

步骤 2 将时间指示器放置在 0s 的位置，选择“特效控制台”面板，展开“查找边缘”特效，将“与原始图”选项设置为 50%，如图 5-87 所示。在“节目”窗口中预览效果，如图 5-88 所示。

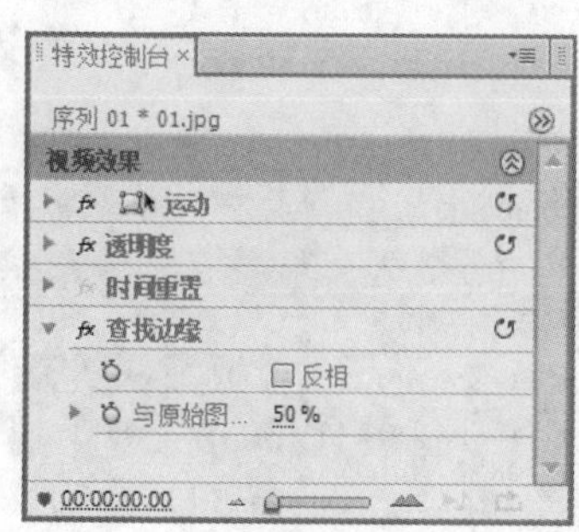

图 5-87

图 5-88

步骤 3 选择“效果”面板，展开“视频特效”分类选项，单击“调整”文件夹前面的三角形按钮▸将其展开，选中“色阶”特效，如图 5-89 所示。将“色阶”特效拖曳到“时间线”窗口中的“视频 2”轨道“01”文件上，如图 5-90 所示。

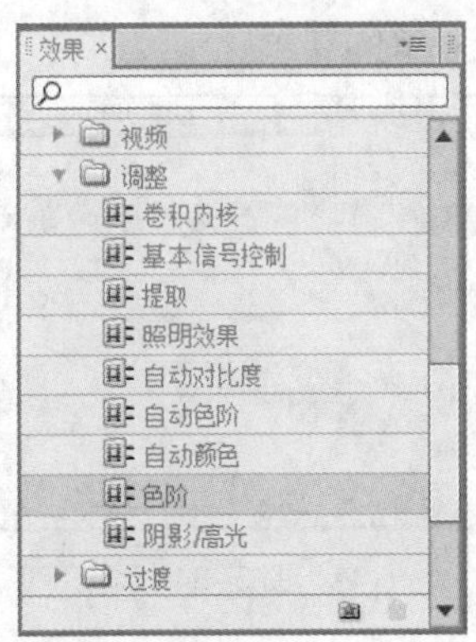

图 5-89

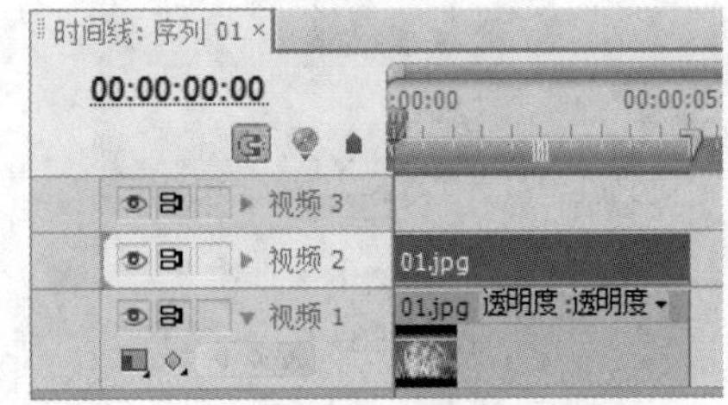

图 5-90

步骤 4 选择“特效控制台”面板，展开“色阶”特效，选项的设置如图 5-91 所示。在“节目”窗口中预览效果，如图 5-92 所示。

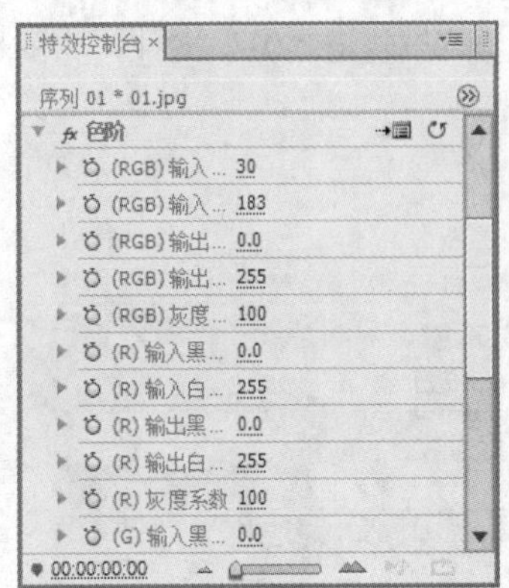

图 5-91

图 5-92

步骤 5 选择“效果”面板，展开“视频特效”分类选项，单击“图像控制”文件夹前面的三角形按钮▸将其展开，选中“黑白”特效，如图 5-93 所示。将“黑白”特效拖曳到“时间线”窗口中的“视频 2”轨道“01”文件上，如图 5-94 所示。

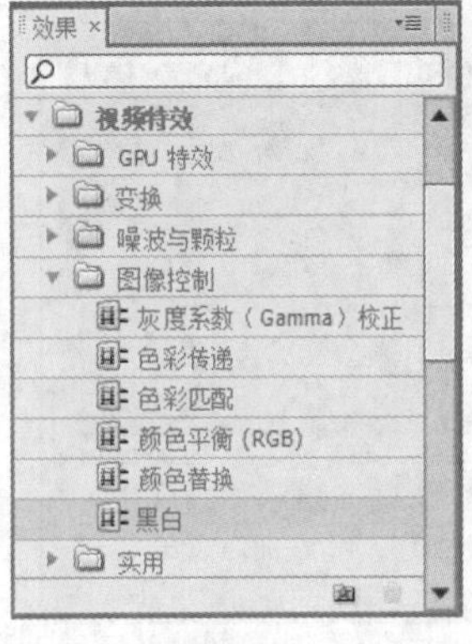

图 5-93

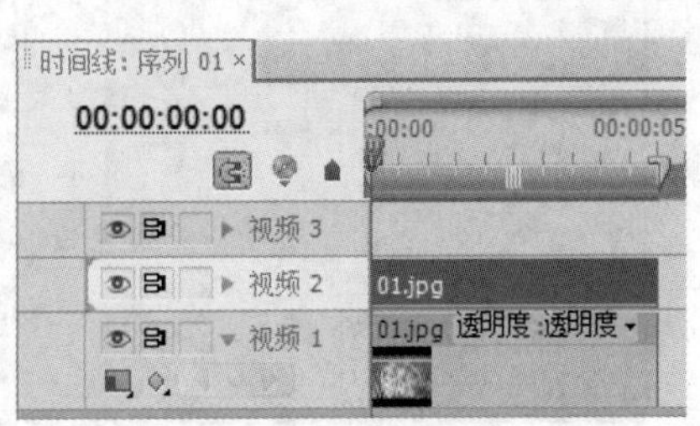

图 5-94

步骤 6 选择“效果”面板，展开“视频特效”分类选项，单击“风格化”文件夹前面的三角形按钮▶将其展开，选中“画笔描绘”特效，如图 5-95 所示。将“画笔描绘”特效拖曳到“时间线”窗口中的“视频 2”轨道“01”文件上，如图 5-96 所示。

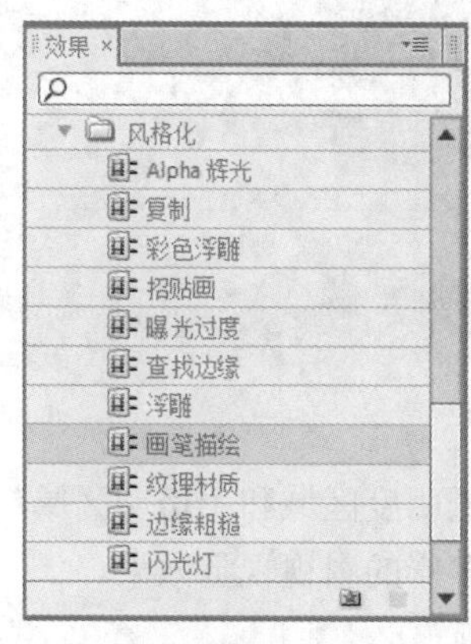

图 5-95

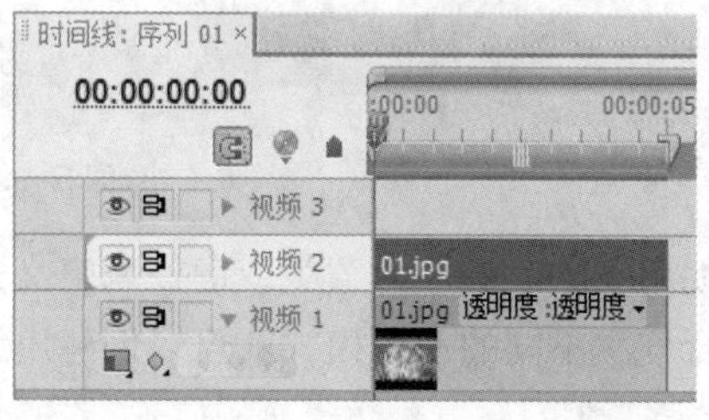

图 5-96

步骤 7 选择“特效控制台”面板，展开“画笔描绘”特效，选项设置如图 5-97 所示。淡彩铅笔画制作完成，如图 5-98 所示。

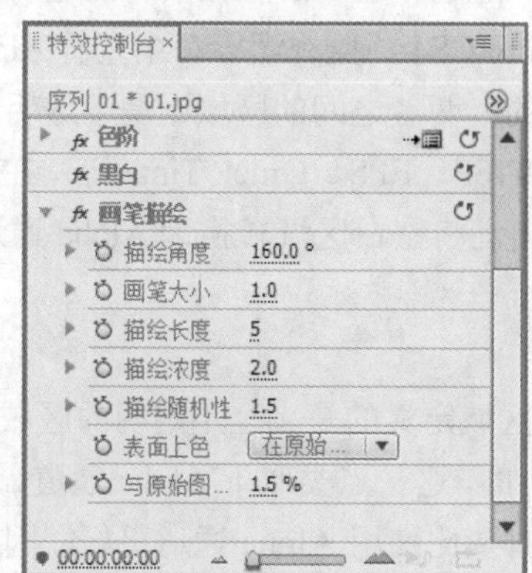

图 5-97

图 5-98

5.2.3 【相关工具】

合成一般用于制作效果比较复杂的影视作品中，简称复合影视。它主要是通过使用多个视频素材的叠加、透明以及应用各种类型的键控来实现的。在电视制作上键控也常被称为“抠像”，而在电影制作中被称为“遮罩”。Premiere Pro CS4 建立叠加的效果，是在多个视频轨道中的素材实现切换之后，才将叠加轨道上的素材相互叠加，较高层轨道的素材会叠加在较低层轨道的素材上，并在监视器窗口优先显示出来，也就意味着在其他素材的上面播放。

1. 透明

使用透明叠加的原理是因为每个素材都有一定的不透明度，在不透明度为 0%时，图像完全透明，在不透明度为 100%时，图像完全不透明，介于两者之间的不透明度，图像呈半透明。在 Premiere Pro CS4 中，将一个素材叠加在另一个素材上之后，位于轨道上面的素材能够显示其下方素材的部分图像，所利用的就是素材的不透明度。因此，通过素材不透明度的设置，可以制作透明叠加的效果，如图 5-99 所示。

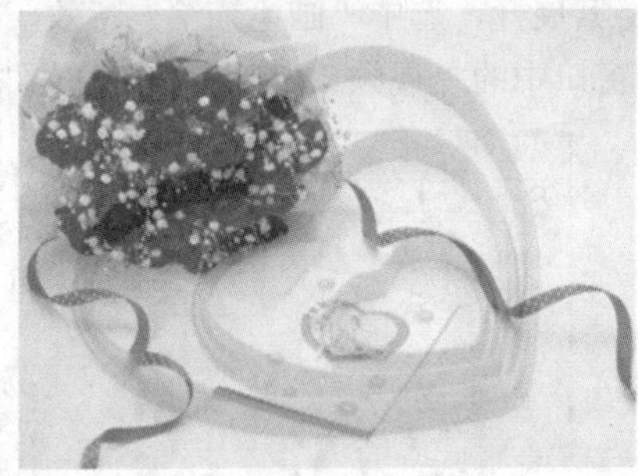

图 5-99

用户可以使用 Alpha 通道、蒙版或键控来定义素材透明度区域和不透明区域，通过设置素材的透明度并结合使用不同的混合模式就可以创建出绚丽多彩的影视视觉效果。

2. Alpha 通道

素材的颜色信息都被保存在 3 个通道中，这 3 个通道分别是红色通道、绿色通道和蓝色通道。另外，在素材中还包含看不见的第 4 个通道，即 Alpha 通道，它用于存储素材的透明度信息。

当在 After Effects Composition 面板或者 Premiere Pro CS4 的监视器窗口中查看 Alpha 通道时，白色区域是完全不透明的，而黑色区域则是完全透明的，两者之间的区域则是半透明的。

在很多素材格式中都包含 Alpha 通道，如 TGA、TIFF、EPS、Quick Time 等。在使用 Adobe Illustrator EPS 和 PDF 格式的素材时，After Effects 会自动将空白区域转换为 Alpha 通道。

3. 蒙版

"蒙版"是一个层，用于定义层的透明区域，白色区域定义的是完全不透明的区域，黑色区域定义的是完全透明的区域，两者之间的区域则是半透明的，这一点类似于 Alpha 通道。通常，Alpha 通道被用作蒙版，但是使用蒙版定义素材的透明区域时要比使用 Alpha 通道更好，因为在很多的原始素材中不包含 Alpha 通道。

4. 键控

前面已经介绍，在进行素材合成时，可以使用 Alpha 通道将不同的素材对象合成到一个场景中。但是在实际的工作中，能够使用 Alpha 通道进行合成的原素材非常少，因为摄像机是无法产生 Alpha 通道的，这时候使用键控（即抠像技术）就非常重要了。

键控是使用特定的颜色值（颜色键控或者色度键控）和亮度值（亮度键控）来定义视频素材中的透明区域。当断开颜色值时，颜色值或者亮度值相同的所有像素将变为透明。

使用键控可以很容易地为一幅颜色或者亮度一致的视频素材替换背景，这一技术一般称为"蓝屏技术"或"绿屏技术"，也就是背景色完全是蓝色或者绿色的，当然也可以是其他颜色的背景。应用"蓝屏键"特效的前后效果如图 5-100 和图 5-101 所示，选项设置如图 5-102 所示。

图 5-100

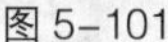

图 5-101

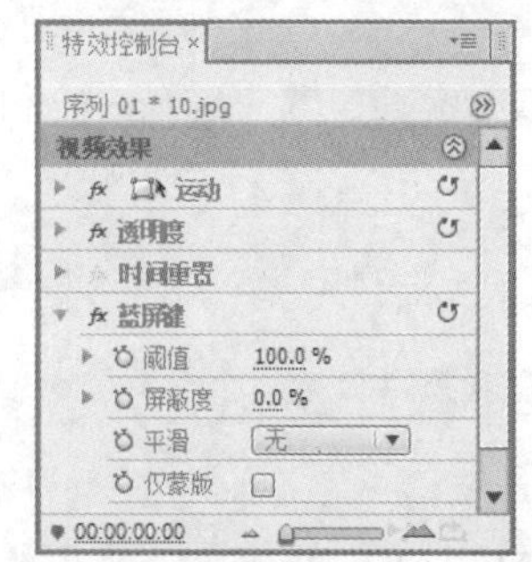

图 5-102

5.2.4 【实战演练】城市夜景

使用“缩放比例”选项缩放素材的大小；使用“导入”命令导入视频文件；使用“添加/移除关键帧”按钮添加关键帧；使用“特效控制台”面板改为透明度制作叠加效果。（最终效果参看光盘中的“Ch05\城市夜景\城市夜景.prproj”，见图 5-103。）

图 5-103

5.3 抠像效果

5.3.1 【操作目的】

使用“色彩平衡”命令调整图像亮度；使用“蓝屏键”命令抠出人物图像；使用“亮度与对比度”命令调整人物的亮度和对比度。（最终效果参看光盘中的“Ch05\抠像效果\抠像效果.prproj”，见图 5-104。）

图 5-104

5.3.2 【操作步骤】

1. 导入视频文件

步骤 1 启动 Premiere Pro CS4 软件，弹出“欢迎使用 Adobe Premiere Pro”界面，单击“新建项目”按钮，弹出“新建项目”对话框，设置“位置”选项，选择保存文件路径，在“名称”文本框中输入文件名“抠像效果”，如图 5-105 所示。单击“确定”按钮，弹出“新建序列”对话框，在左侧的列表中展开“DV-PAL”选项，选中“标准 48kHz”模式，如图 5-106 所示，单击“确定”按钮。

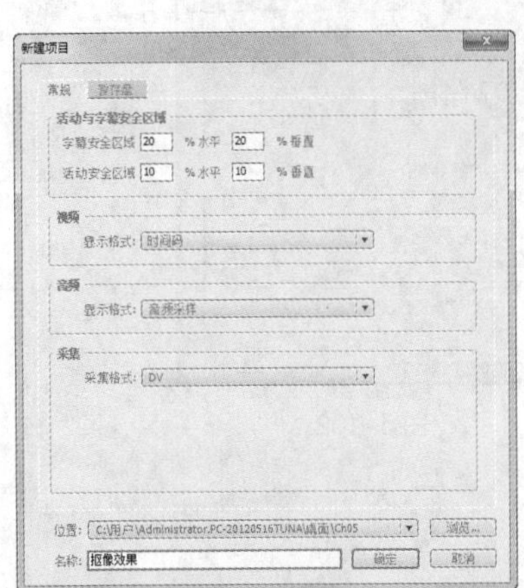

图 5-105

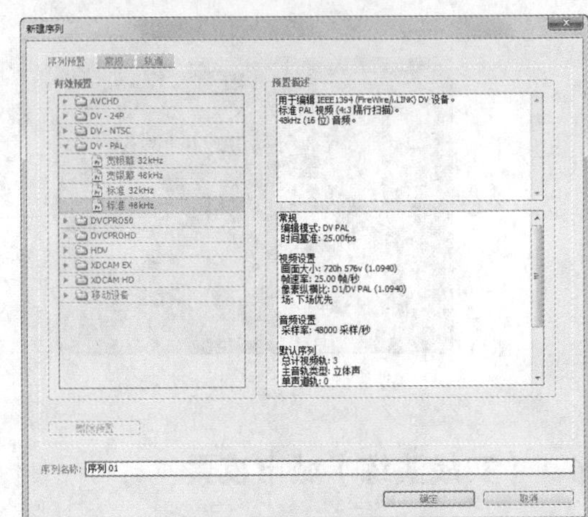

图 5-106

步骤 2 选择“文件 > 导入”命令，弹出“导入”对话框，选择光盘中的“Ch05/抠像效果/素材/ 01 和 02”文件，单击“打开”按钮导入视频文件，如图 5-107 所示。导入后的文件排列在“项目”面板中，如图 5-108 所示。

图 5-107

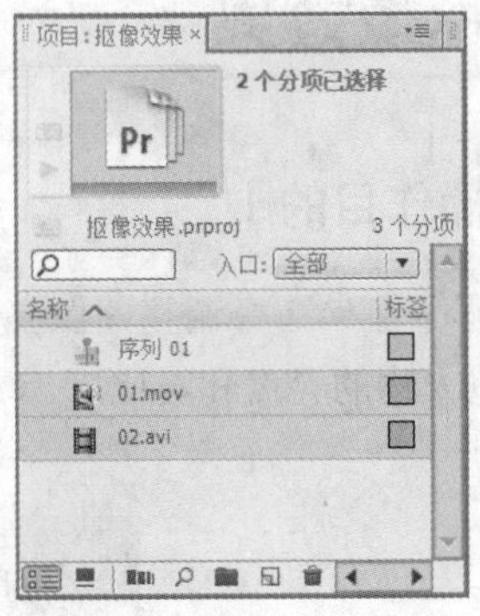

图 5-108

步骤 3 在“项目”面板中选中“01”文件并将其拖曳到“时间线”窗口中的“视频 1”轨道中，选中“02”文件并将其拖曳到“时间线”窗口中的“视频 2”轨道中，如图 5-109 所示。单击“02”文件前面的“切换轨道输出”按钮关闭可视性，如图 5-110 所示。

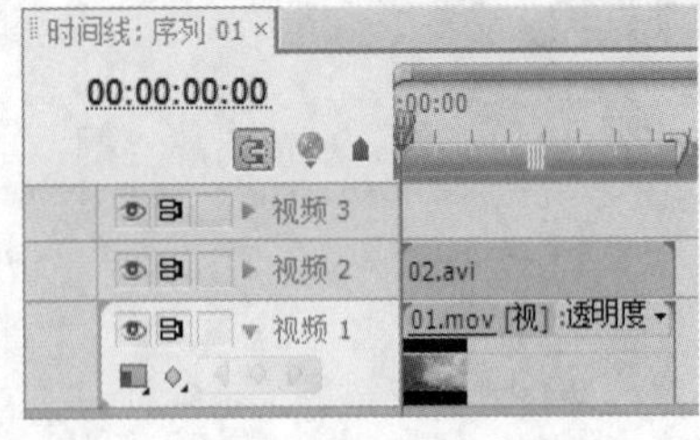

图 5-109

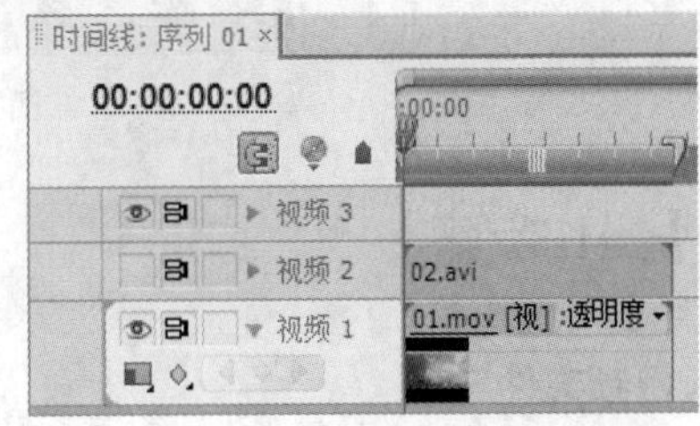

图 5-110

2. 抠出视频图像人物

步骤 1 选择“窗口 > 效果”命令，弹出“效果”面板，展开“视频特效”分类选项，单击“色彩校正”文件夹前面的三角形按钮将其展开，选中“色彩平衡”特效，如图 5-111 所示。将

"色彩平衡"特效拖曳到"时间线"窗口中的"01"文件上，如图 5-112 所示。

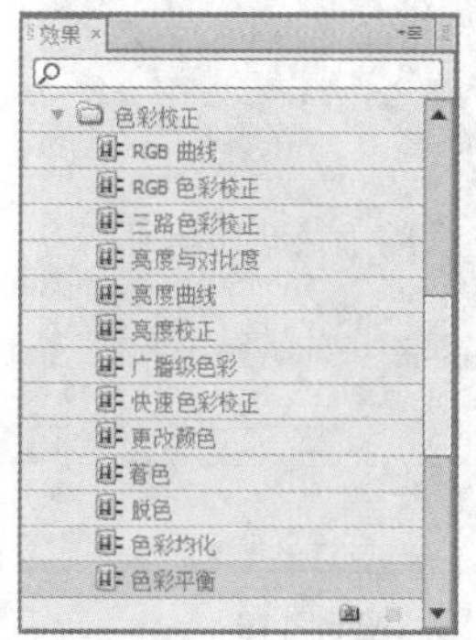

图 5-111

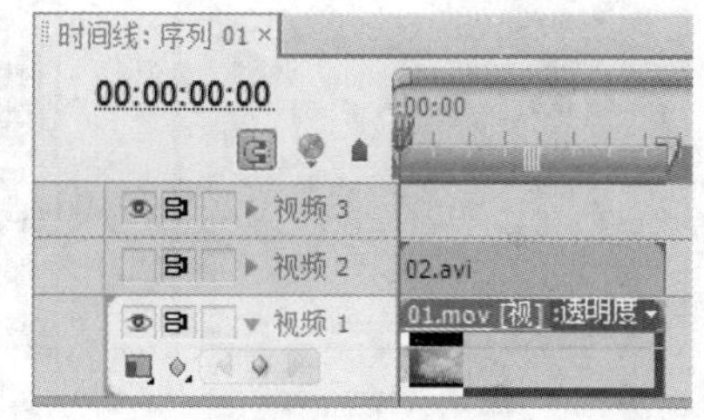

图 5-112

步骤 2 选择"特效控制台"面板，展开"色彩平衡"特效，设置如图 5-113 所示。在"节目"窗口中预览效果，如图 5-114 所示。

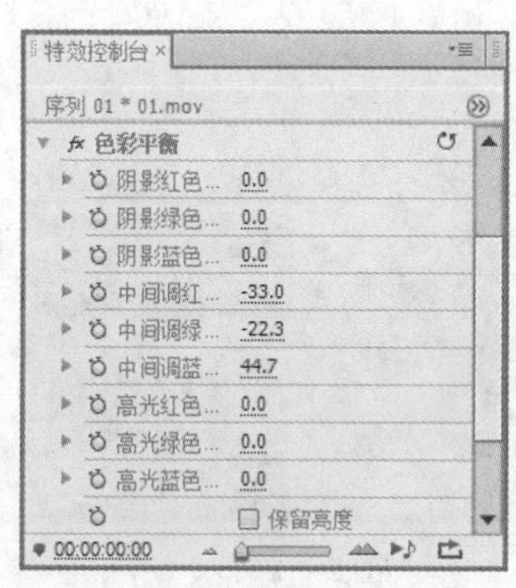

图 5-113

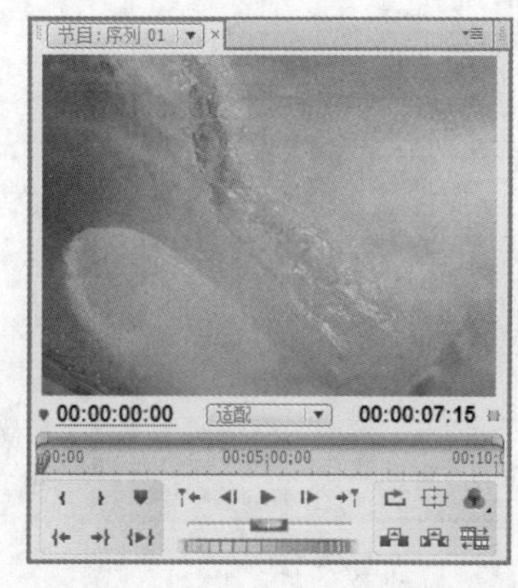

图 5-114

步骤 3 单击"02"文件前面的"切换轨道输出"按钮打开可视性，如图 5-115 所示。选择"效果"面板，展开"视频特效"分类选项，单击"键控"文件夹前面的三角形按钮将其展开，选中"蓝屏键"特效，如图 5-116 所示。将"蓝屏键"特效拖曳到"时间线"窗口中的"02"文件上，如图 5-117 所示。

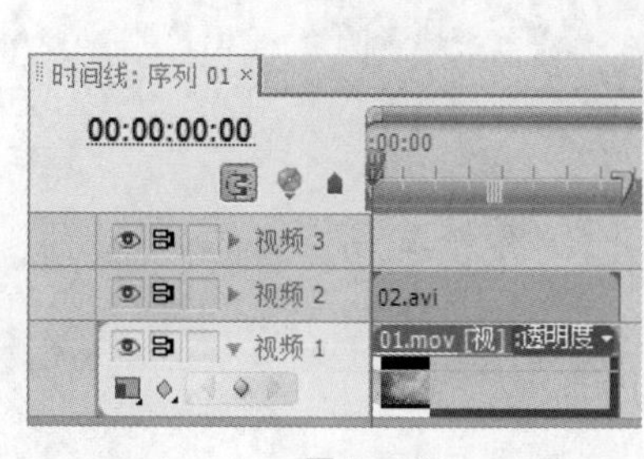

图 5-115

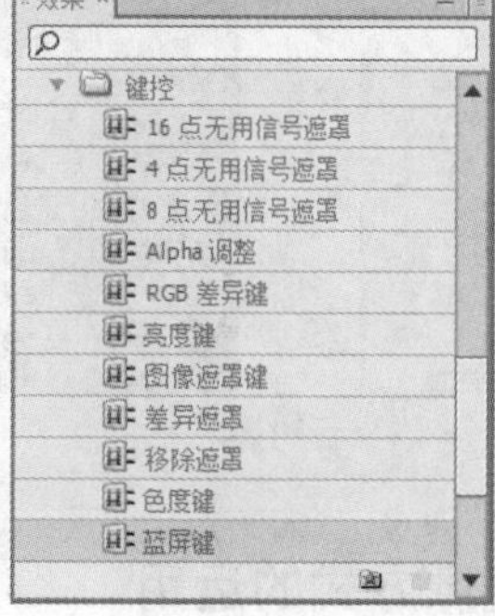

图 5-116

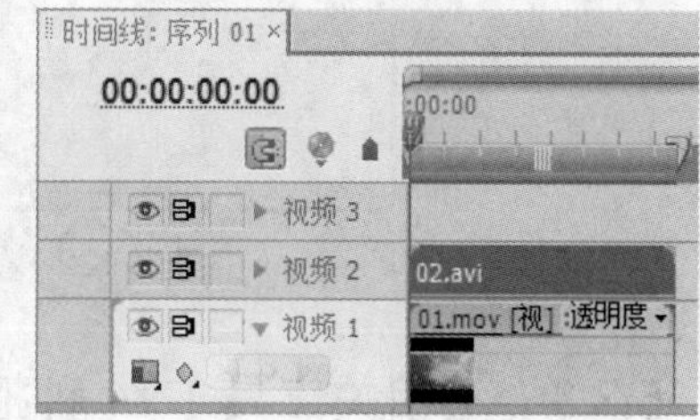

图 5-117

步骤 4 选择"特效控制台"面板，展开"蓝屏键"特效，将"阈值"选项设置为 63.6%，"屏蔽度"选项设置为 14.6%，如图 5-118 所示。在"节目"窗口中预览效果，如图 5-119 所示。

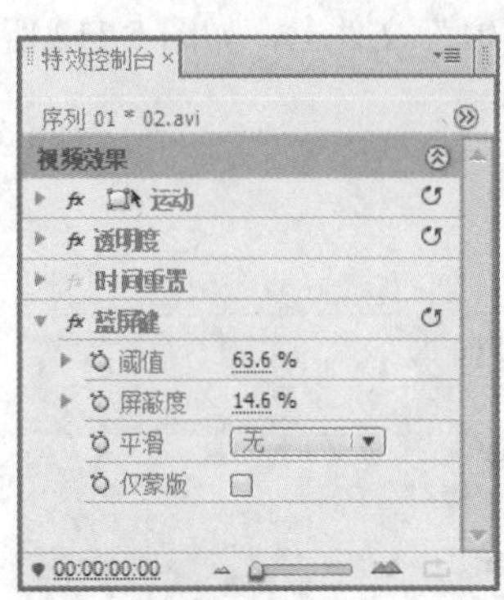

图 5-118

图 5-119

步骤 5 选择“效果”面板，展开“视频特效”分类选项，单击“色彩校正”文件夹前面的三角形按钮▶将其展开，选中“亮度与对比度”特效，如图 5-120 所示。将“亮度与对比度”特效拖曳到“时间线”窗口中的“02”文件上，如图 5-121 所示。

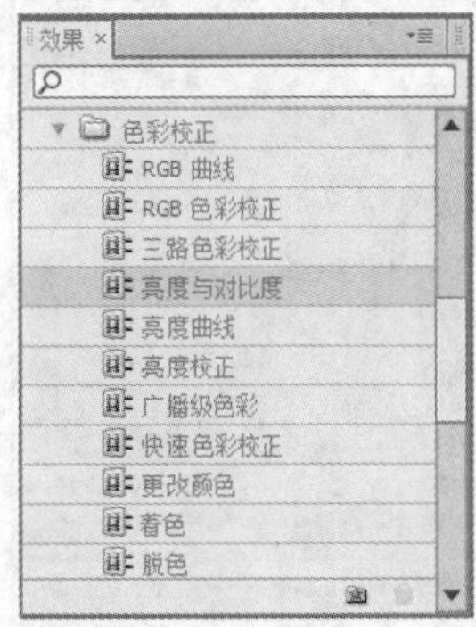

图 5-120

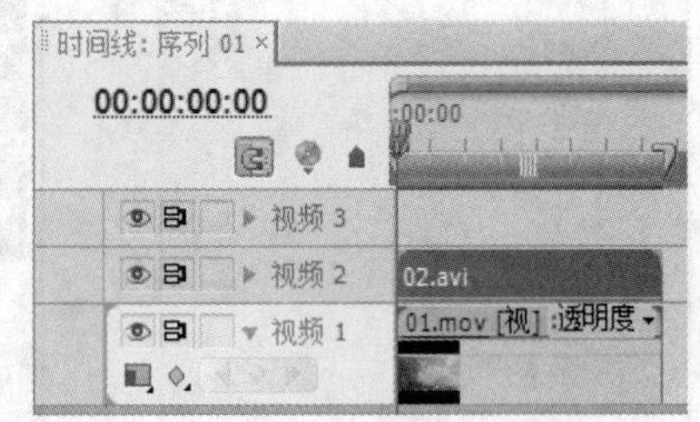

图 5-121

步骤 6 选择“特效控制台”面板，展开“亮度与对比度”特效，选项设置如图 5-122 所示。抠像效果制作完成，如图 5-123 所示。

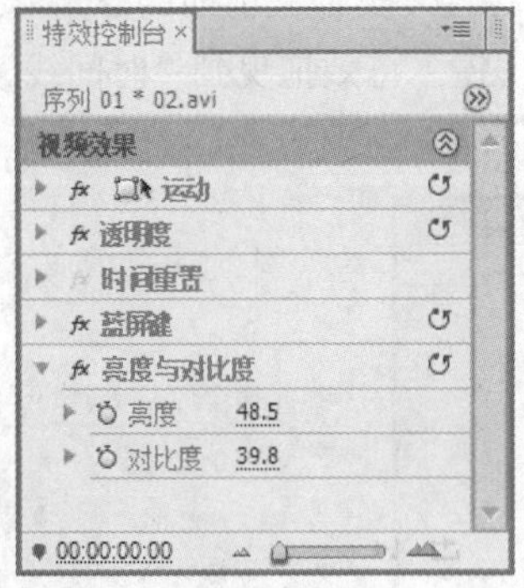

图 5-122

图 5-123

5.3.3 【相关工具】14 种抠像方式的运用

Premiere Pro CS4 中自带了 14 种抠像（键控）特效，下面介绍各种抠像特效的使用方法。

◎ **16 点无用信号遮罩**

该特效通过 16 个控制点的位置来调整被叠加图像的大小。应用“16 点无用信号遮罩”特效

的效果如图 5-124、图 5-125 和图 5-126 所示。

图 5–124

图 5–125

图 5–126

◎ **4 点无用信号遮罩**

该特效通过 4 个控制点的位置来调整被叠加图像的大小。应用“4 点无用信号遮罩”特效的效果如图 5-127、图 5-128 和图 5-129 所示。

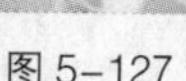
图 5–127

图 5–128

图 5–129

◎ **8 点无用信号遮罩**

该特效通过 8 个控制点的位置来调整被叠加图像的大小。应用“8 点无用信号遮罩”特效的效果如图 5-130、图 5-131 和图 5-132 所示。

图 5–130

图 5–131

图 5–132

◎ **Alpha 调整**

该特效主要通过调整当前素材的 Alpha 通道信息(即改变 Alpha 通道的透明度)，使当前素材与其下面的素材产生不同的叠加效果。如果当前素材不包含 Alpha 通道，改变的将是整个素材的透明度。应用该特效后，其参数面板如图 5-133 所示。

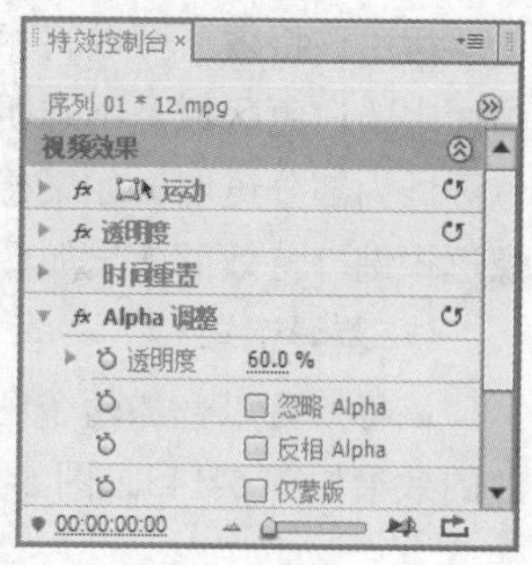

图 5–133

透明度：用于调整画面的不透明度。

忽略 Alpha：勾选此复选框，可以忽略 Alpha 通道。

反相 Alpha：勾选此复选框，可以对通道进行反向处理。

仅蒙版：勾选此复选框，可以将通道作为蒙版使用。

应用“Alpha 调整”特效的效果如图 5-134、图 5-135 和图 5-136 所示。

图 5-134

图 5-135

图 5-136

◎ RGB 差异键

该特效与“亮度键”特效基本相同，可以将某个颜色或者颜色范围内的区域变为透明。应用“RGB 差异键”特效的效果如图 5-137、图 5-138 和图 5-139 所示。

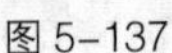

图 5-137

图 5-138

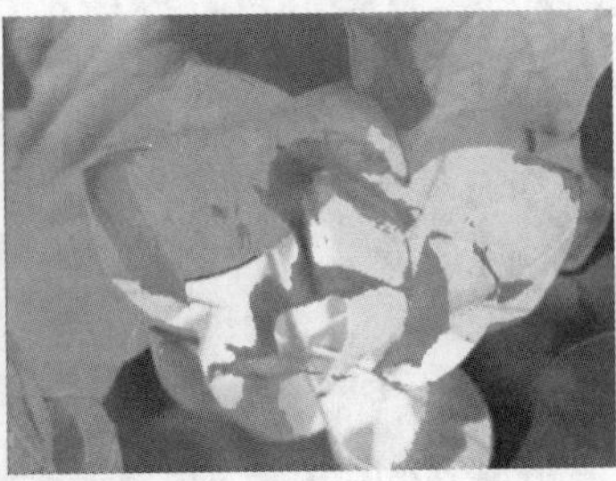

图 5-139

◎ **亮度键**

运用该特效，可以将被叠加图像的灰色值设置为透明，而且保持色度不变，该特效对明暗对比十分强烈的图像十分有用。应用“亮度键”特效的效果如图 5-140、图 5-141 和图 5-142 所示。

图 5-140

图 5-141

图 5-142

◎ **图像遮罩键**

运用该特效，可以将相邻轨道上的素材作为被叠加的底纹背景素材。相对于底纹而言，前面画面中的白色区域是不透明的，背景画面的相关部分不能显示出来，黑色区域是透明的区域，灰色区域为部分透明。如果想保持前面的色彩，那么作为底纹图像，最好选用灰度图像。应用“图像遮罩键”特效的效果如图 5-143 和图 5-144 所示。

◎ **差异遮罩**

该特效可以叠加两个图像相互不同部分的纹理，保留对方的纹理颜色。应用“差异遮罩”特效的效果如图 5-145、图 5-146 和图 5-147 所示。

图 5-143

图 5-144

图 5-145

图 5-146

图 5-147

◎ **移除遮罩**

该特效可以将原有的遮罩移除，如将画面中的白色区域或黑色区域进行移除。图 5-148 所示为“移除遮罩”特效的设置。

◎ **色度键**

运用该特效，可以将图像上的某种颜色及相似范围的颜色设置为透明，从而显示后面的图像。该特效适用于纯色背景的图像。在“特效控制台”面板中选择吸管工具，在项目监视器窗口中需要抠去的颜色上单击选取颜色，吸取颜色后，调节各项参数，观察抠像效果，如图 5-149 所示。

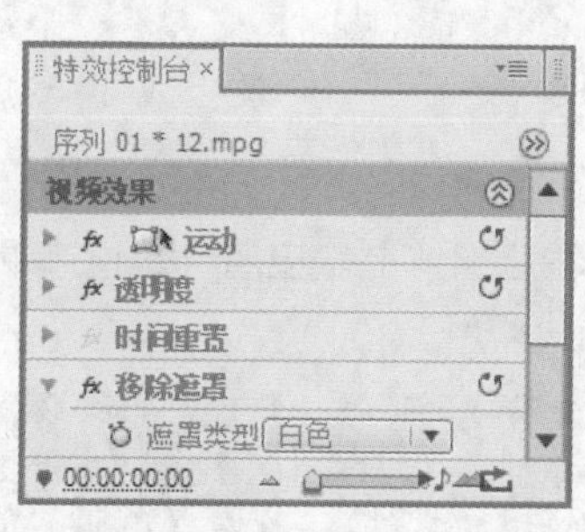

图 5-148

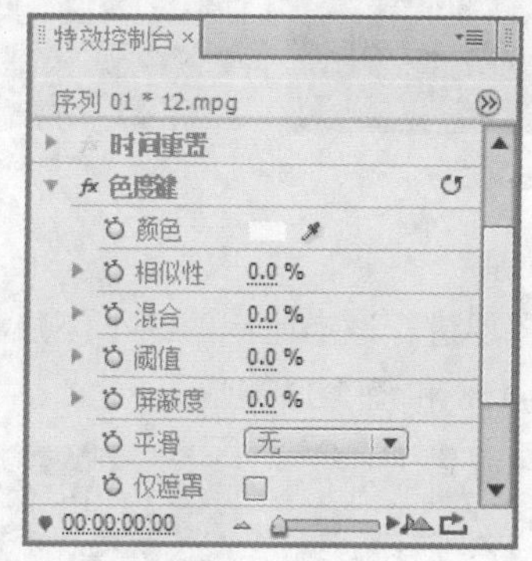

图 5-149

相似性：用于设置所选取颜色的容差度。

混合：用于设置透明与非透明边界色彩的混合程度。

阈值：用于设置素材中蓝色背景的透明度。向左拖动滑块将增加素材透明度，该选项数值为 0 时，蓝色将完全透明。

屏蔽度：用于设置前景色与背景色的对比度。

平滑：用于调整抠像后素材边缘的平滑程度。

仅遮罩：勾选此复选框，将只显示抠像后素材的 Alpha 通道。

应用“色度键”特效的效果如图 5-150、图 5-151 和图 5-152 所示。

图 5-150

图 5-151

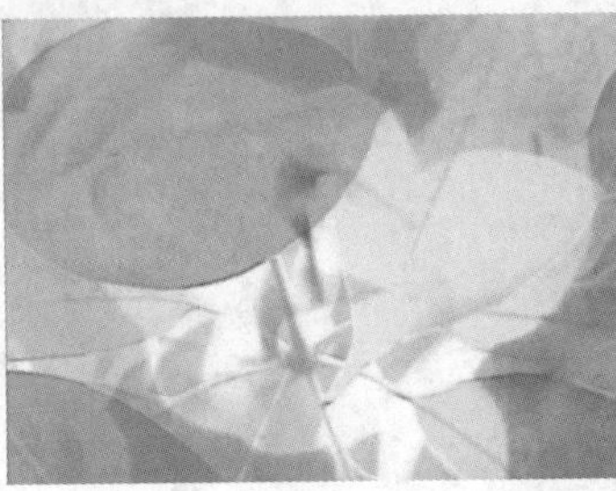

图 5-152

◎ **蓝屏键**

该特效又称“抠蓝”，用于在画面上进行蓝色叠加。应用该特效后，其参数面板如图 5-153 所示。

阈值：用于调整被添加的蓝色背景的透明度。

屏蔽度：用于调节前景图像的对比度。

平滑：用于调节图像的平滑度。

仅蒙版：勾选此复选框，前景仅作为蒙版使用。

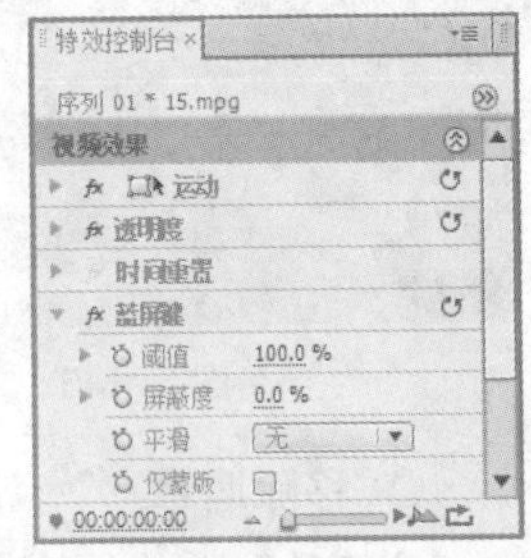

图 5-153

应用“蓝屏键”特效的效果如图 5-154、图 5-155 和图 5-156 所示。

图 5-154

图 5-155

图 5-156

◎ **轨道遮罩键**

该特效将遮罩层进行适当比例的缩小，并显示在原图层上。应用“轨道遮罩键”特效的效果如图 5-157、图 5-158 和图 5-159 所示。

图 5-157

图 5-158

图 5-159

◎ **非红色键**

该特效可以叠加具有蓝色背景的素材，并使这类背景产生透明效果。应用“非红色键”特效的效果如图 5-160、图 5-161 和图 5-162 所示。

图 5-160

图 5-161

图 5-162

◎ **颜色键**

使用“颜色键”特效，可以根据指定的颜色将素材中像素值相同的颜色设置为透明。该特效与“色度键”特效类似，同样是在素材中选择一种颜色或一个颜色范围并将它们设置为透明，但“颜色键”特效可以单独调节素材像素颜色和灰度值，而“色度键”特效则可以同时调节这些内容。应用“颜色键”特效的效果如图 5-163、图 5-164 和图 5-165 所示。

图 5-163

图 5-164

图 5-165

5.3.4 【实战演练】去除背景效果

使用“缩放比例”选项缩放图像；使用“分色”命令制作图片去色效果。（最终效果参看光盘中的“Ch05\去除背景效果\去除背景效果.prproj”，见图 5-166。）

图 5-166

5.4 综合演练——单色保留

使用“分色”命令制作图片去色效果。（最终效果参看光盘中的“Ch05\单色保留\单色保留.prproj”，见图 5-167。）

图 5-167

5.5 综合演练——颜色替换

使用“基本信号控制”命令调整图像的饱和度；使用“颜色替换”命令改变图像的颜色。（最终效果参看光盘中的“Ch05\颜色替换\颜色替换.prproj”，见图 5-168。）

图 5-168

第6章 字幕、字幕特技与运动设置

本章主要介绍字幕的制作方法，并对字幕的创建、保存、字幕窗口中的各项功能及使用方法进行详细介绍。通过本章的学习，读者应掌握编辑字幕的操作技巧。

课堂学习目标

- “字幕”编辑面板概述
- 创建字幕文字对象
- 编辑与设置字幕文字
- 绘制图形
- 插入标志 Logo
- 创建运动字幕

6.1 时尚追踪

6.1.1 【操作目的】

使用“字幕”命令编辑文字；使用“彩色浮雕”命令制作文字的浮雕效果；使用“球面化”命令制作文字的球面化效果。（最终效果参看光盘中的“Ch06\时尚追踪\时尚追踪.prproj”，见图6-1。）

图 6-1

6.1.2 【操作步骤】

步骤 1 启动 Premiere Pro CS4 软件，弹出“欢迎使用 Adobe Premiere Pro”界面，单击“新建

项目”按钮，弹出“新建项目”对话框，设置“位置”选项，选择保存文件路径，在“名称”文本框中输入文件名“时尚追踪”，如图 6-2 所示。单击“确定”按钮，弹出“新建序列”对话框，在左侧的列表中展开“DV-PAL”选项，选中“标准 48kHz”模式，如图 6-3 所示，单击“确定”按钮。

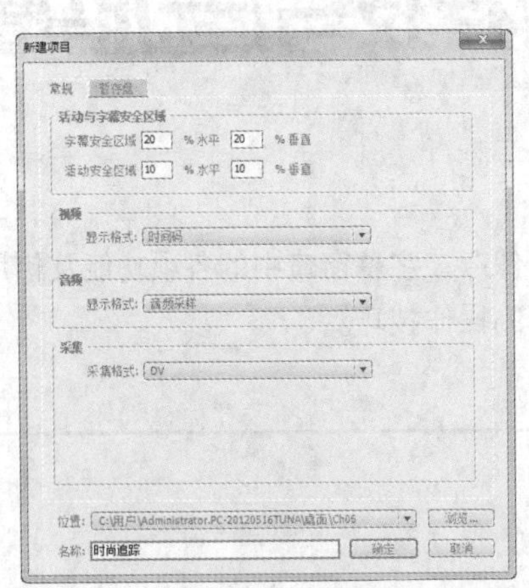

图 6-2

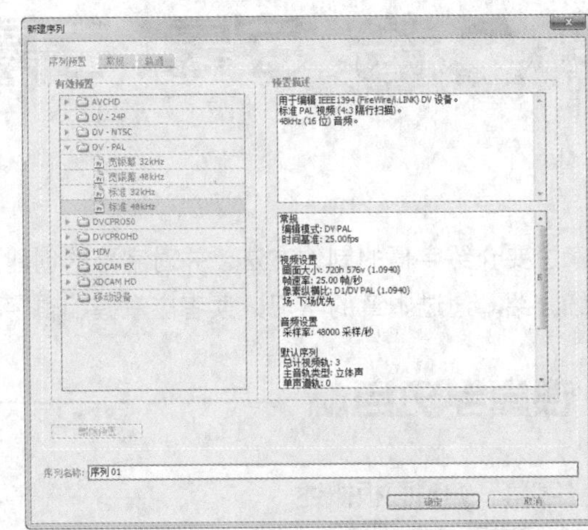

图 6-3

步骤 2 选择“文件 > 导入”命令，弹出“导入”对话框，选择光盘中的“Ch06/时尚追踪/素材/ 01”文件，单击“打开”按钮导入视频文件，如图 6-4 所示。导入后的文件排列在“项目”面板中，如图 6-5 所示。

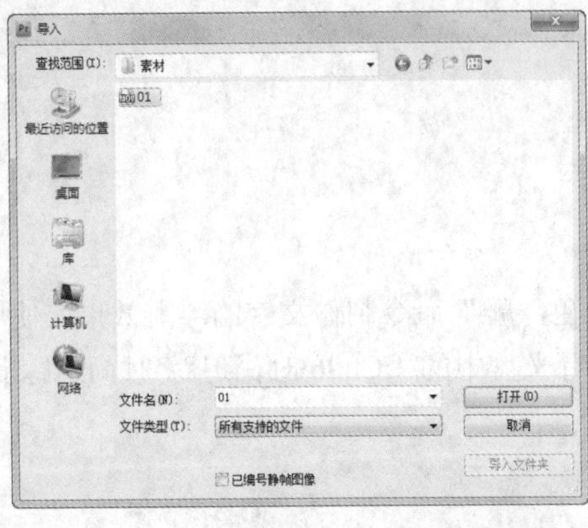

图 6-4

图 6-5

步骤 3 在“项目”面板中选中“01”文件并将其拖曳到“时间线”窗口中的“视频 1”轨道中，如图 6-6 所示。将时间指示器放置在 5s 的位置，在“视频 1”轨道上选中“01”文件，将鼠标指针放在“01”文件的尾部，当鼠标指针呈形状时，向前拖曳鼠标到 5s 的位置上，如图 6-7 所示。

步骤 4 将时间指示器放置在 0s 的位置，选择“文件 > 新建 > 字幕”命令，弹出“新建字幕”对话框，如图 6-8 所示。单击“确定”按钮，弹出字幕编辑面板，选择“文字”工具，在字幕工作区中输入“时尚追踪”，在“字幕属性”子面板中选择需要的字体并填充需要的颜色，其他设置如图 6-9 所示。关闭字幕编辑面板，新建的字幕文件自动保存到“项目”窗口中。

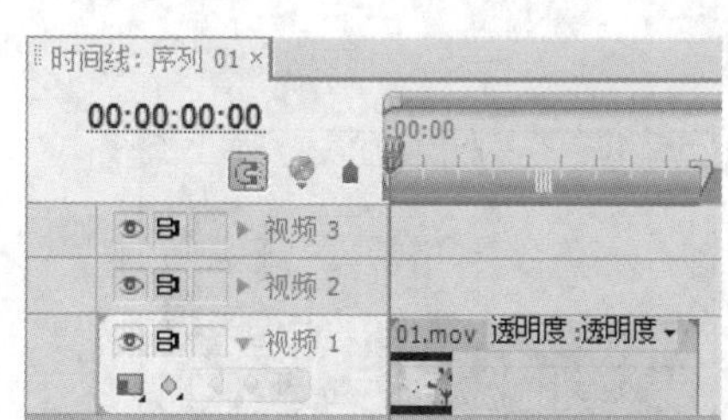

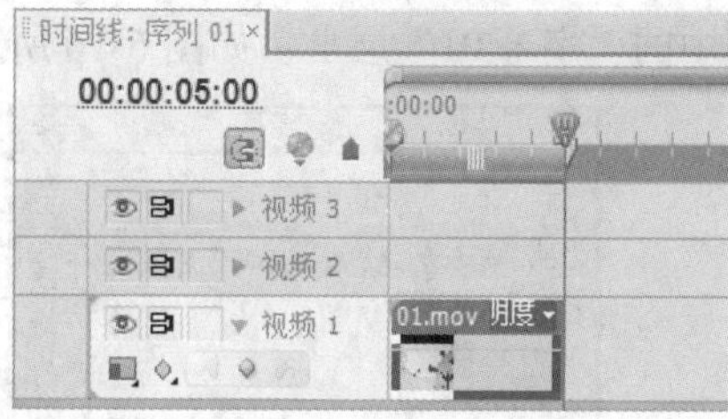

图 6-6　　图 6-7

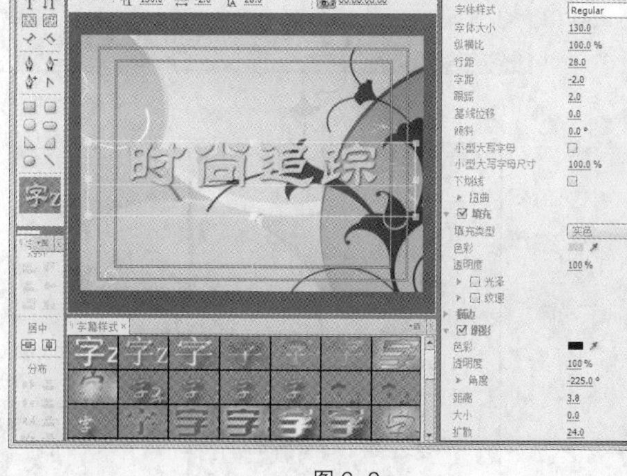

图 6-8　　图 6-9

步骤 5 在“项目”面板中选中“字幕 01”文件并将其拖曳到“视频 2”轨道中，如图 6-10 所示。

步骤 6 选择“窗口 > 效果”命令，弹出“效果”面板，展开“视频特效”分类选项，单击“风格化”文件夹前面的三角形按钮▸将其展开，选中“彩色浮雕”特效，如图 6-11 所示。将“彩色浮雕”特效拖曳到“时间线”窗口中的“字幕 01”文件上，如图 6-12 所示。

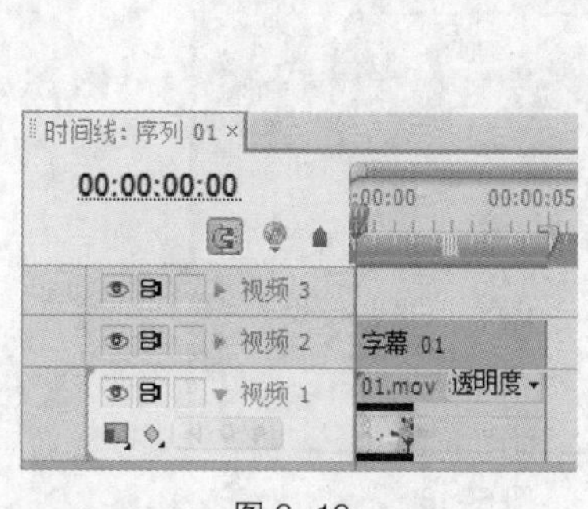

图 6-10　　图 6-11

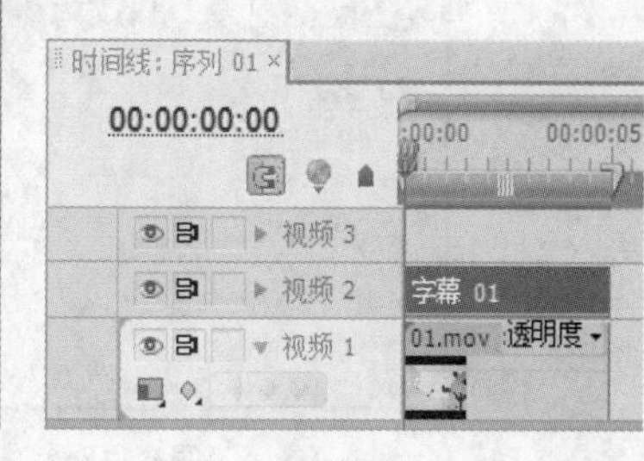

图 6-12

步骤 7 选择“特效控制台”面板，展开“彩色浮雕”特效并进行参数设置，如图 6-13 所示。在“节目”窗口中预览效果，如图 6-14 所示。

步骤 8 选择“效果”面板，展开“视频特效”分类选项，单击“扭曲”文件夹前面的三角形按钮▸将其展开，选中“球面化”特效，如图 6-15 所示。将“球面化”特效拖曳到“时间线”

窗口中的“字幕 01”层上，如图 6-16 所示。

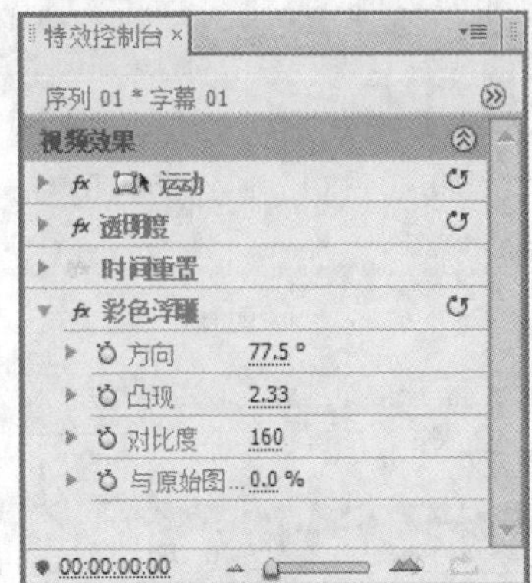

图 6-13

图 6-14

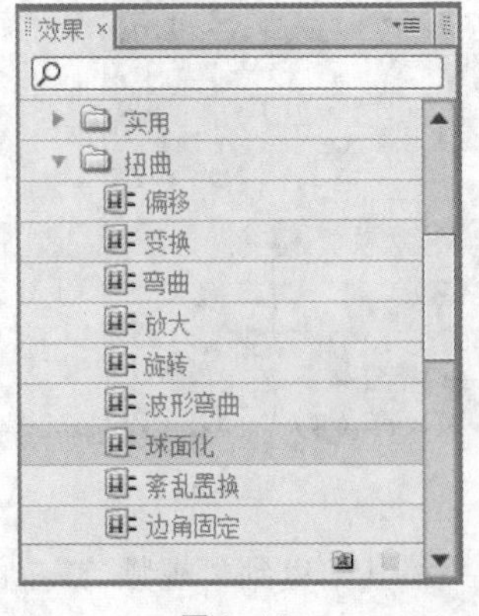

图 6-15

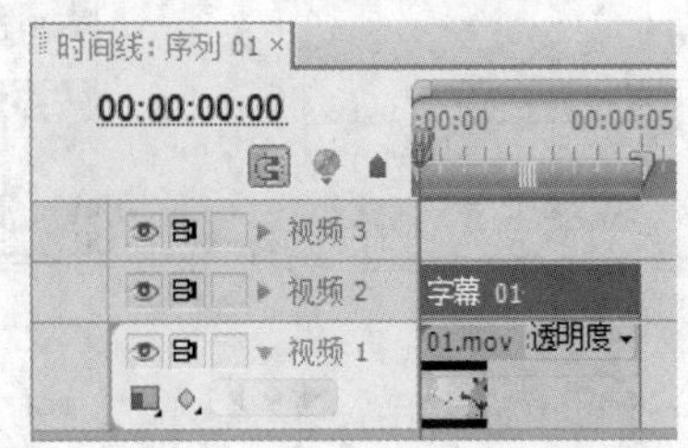

图 6-16

步骤 9 将时间指示器放置在 0s 的位置，选择“特效控制台”面板，展开“球面化”选项，将“球面中心”选项设置为 100.0 和 288.0，单击“半径”和“球面中心”选项前面的切换动画按钮，如图 6-17 所示。将时间指示器放置在 1s 的位置，将“半径”选项设置为 250.0，“球面中心”选项设置为 150.0 和 288.0，如图 6-18 所示。

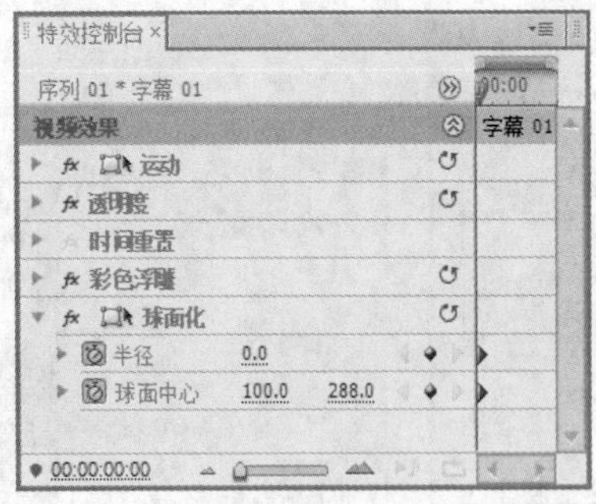

图 6-17

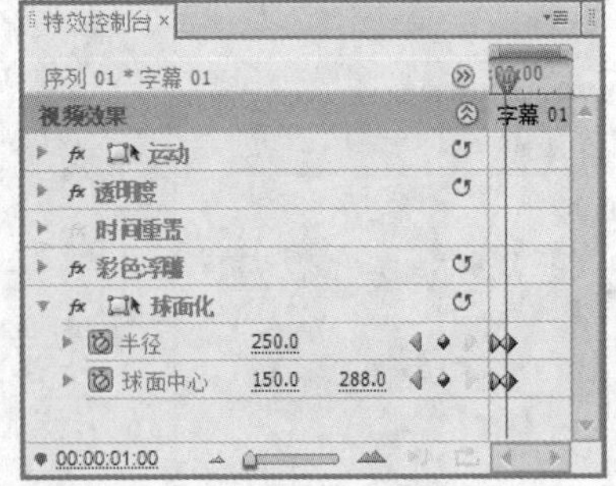

图 6-18

步骤 10 将时间指示器放置在 4s 的位置，将“半径”选项设置为 250.0，“球面中心”选项设置为 500.0 和 288.0，如图 6-19 所示。将时间指示器放置在 5s 的位置，将“半径”选项设置为 0.0，“球面中心”选项设置为 600.0 和 288.0，如图 6-20 所示。在“节目”窗口中预览效果，如图 6-21 所示。“时尚追踪”字幕制作完成，效果如图 6-22 所示。

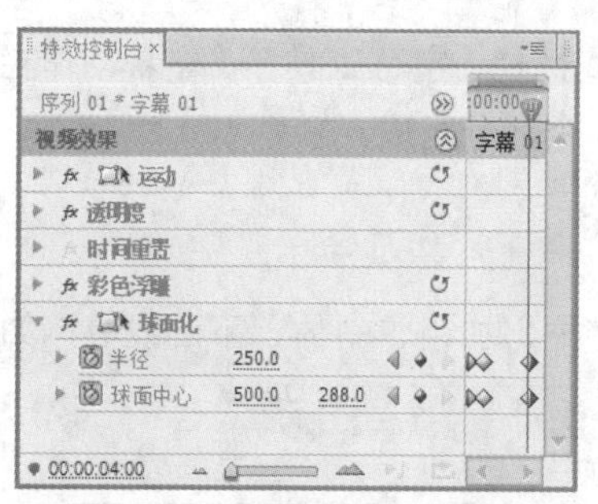

图 6-19

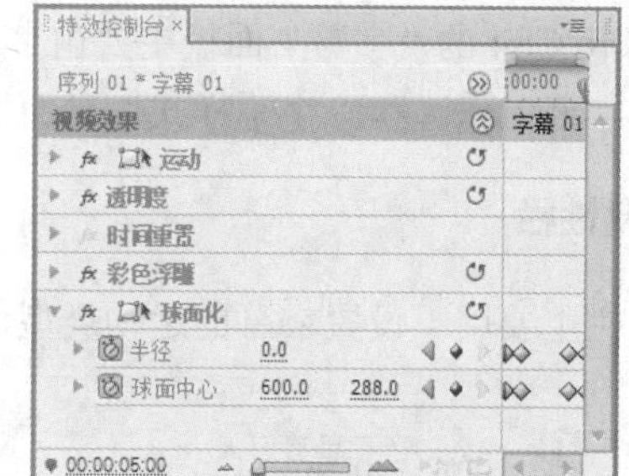

图 6-20

图 6-21

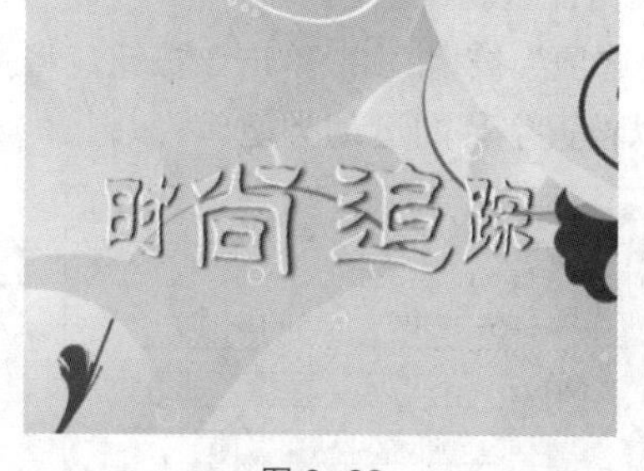

图 6-22

6.1.3 【相关工具】

1. “字幕”编辑面板概述

Premiere Pro CS4 提供了一个专门用来创建及编辑字幕的“字幕”编辑面板，如图 6-23 所示，所有文字编辑及处理都是在该面板中完成的。“字幕”编辑面板的功能非常强大，不仅可以创建各种各样的文字效果，而且能够绘制各种图形，这为用户的文字编辑工作提供了很大的方便。

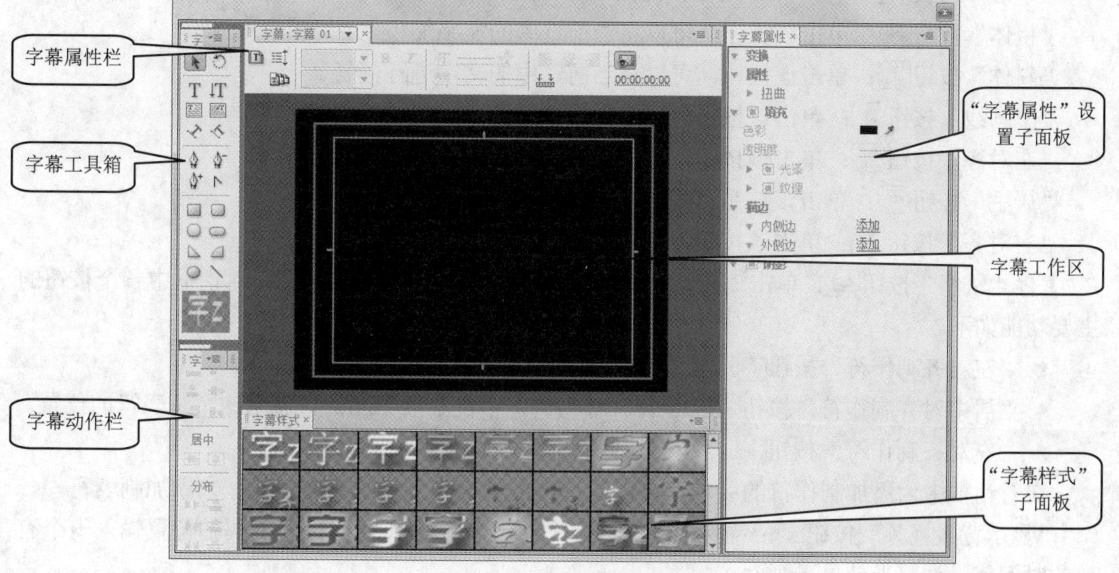

图 6-23

Premiere Pro CS4 的“字幕”面板主要由字幕属性栏、字幕工具箱、字幕动作栏、“字幕属性”设置子面板、字幕工作区和“字幕样式”子面板 6 个部分组成。

2. 字幕属性栏

字幕属性栏主要用于设置字幕的运动类型、字体、加粗、斜体、下画线等，如图 6-24 所示。

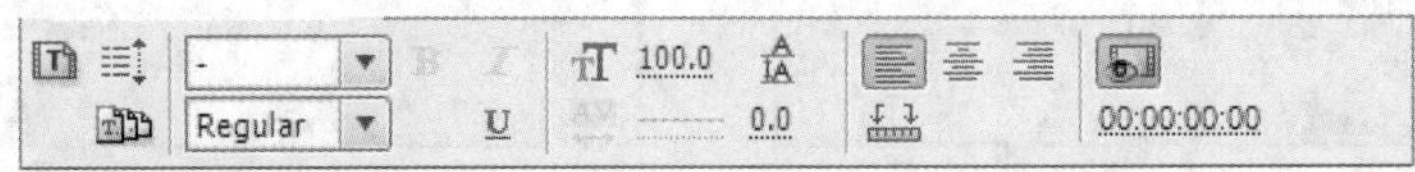

图 6-24

“基于当前字幕新建字幕”按钮：单击该按钮，将弹出如图 6-25 所示的对话框，在该对话框中可以为字幕文件重新命名。

“滚动/游动选项”按钮：单击该按钮，将弹出“滚动/游动选项”对话框，如图 6-26 所示，在对话框中可以设置字幕的运动类型。

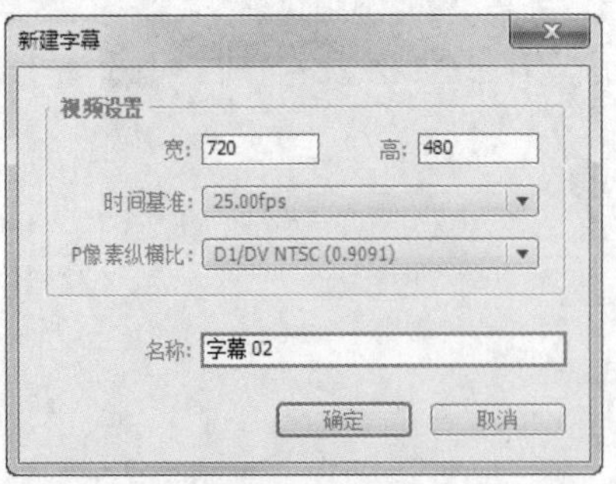

图 6-25

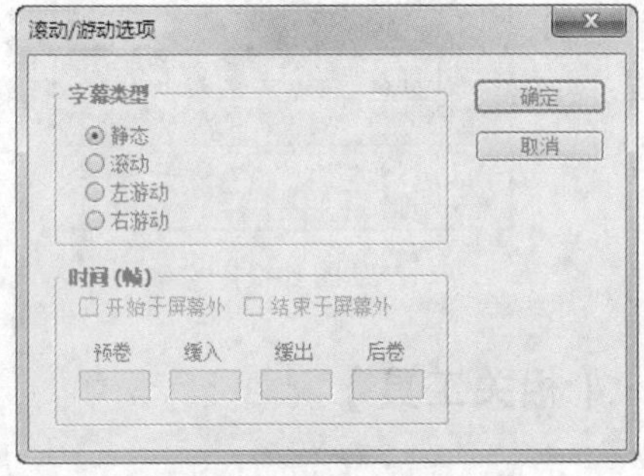

图 6-26

“模板”按钮：单击该按钮，将弹出如图 6-27 所示的对话框，其中包含了 Premiere Pro CS4 自带的多种字幕模板。这些模板不仅具备字幕特效，而且还有一定的主题，有的还带有背景图。

“字体”列表：在此下拉列表中可以选择字体。

“字形”列表 Regular：在此下拉列表中可以设置字形。

“粗体”按钮：单击该按钮，可以将当前选中的文字加粗。

“斜体”按钮：单击该按钮，可以将当前选中的文字进行倾斜。

“下画线”按钮：单击该按钮，可以为文字设置下画线。

“左对齐”按钮：单击该按钮，将所选对象进行左边对齐。

“居中”按钮：单击该按钮，将所选对象进行居中对齐。

“右对齐”按钮：单击该按钮，将所选对象进行右边对齐。

“停止跳格”按钮：单击该按钮，将弹出如图 6-28 所示的对话框，该对话框中各个按钮的主要功能如下。

- “左对齐制作符”按钮：字符的左侧都在此处对齐。
- “居中对齐制作符”按钮：字符一分为二，字符串的中间位置就是这个制表符的位置。
- “右对齐制作符”按钮：字符的最右侧都在此处对齐。

在对话框中为添加制作符的区域，可以通过单击刻度尺上方的浅灰色区域来添加制表符。

“显示背景视频”按钮：显示当前时间指针所处的位置，可以在时间码的位置输入一个有效的时间值，调整当前显示画面。

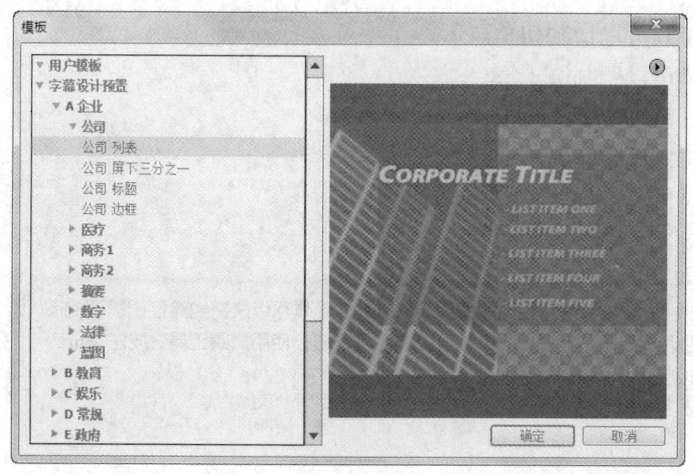

图 6-27

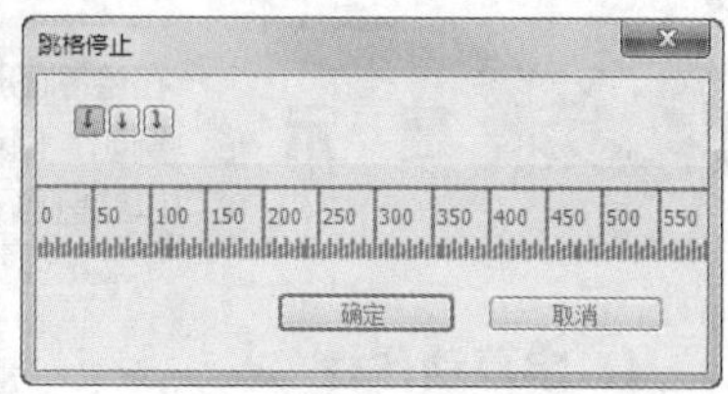

图 6-28

3. 字幕工具箱

字幕工具箱提供了一些制作文字与图形的常用工具，如图 6-29 所示。利用这些工具，可以为影片添加标题及文本、绘制几何图形、定义文本样式等。

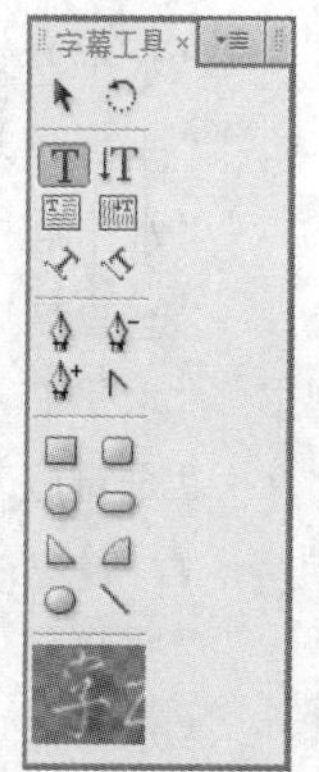

图 6-29

“选择”工具：用于选择某个对象或文字。选中某个对象后，在对象的周围会出现带有 8 个控制手柄的矩形，拖曳控制手柄可以调整对象的大小和位置。

“旋转”工具：用于对所选对象进行旋转操作。使用旋转工具时，必须先使用选择工具选中对象，然后再使用旋转工具，单击并按住鼠标拖曳即可旋转对象。

“文字”工具：使用该工具，在字幕工作区中单击鼠标时，出现文字输入光标，在光标闪烁的位置可以输入文字。另外，使用该工具也可以对输入的文字进行修改。

“垂直文字”工具：使用该工具，可以在字幕工作区中输入垂直文字。

“文本框”工具：单击该按钮，在字幕工作区中可以拖曳出文本框。

“垂直文本框”工具：单击该按钮，在字幕工作区中可以拖曳出垂直文本框。

“路径输入”工具：使用该工具可先绘制一条路径，然后输入文字，且输入的文字平行于路径。

“垂直路径输入”工具：使用该工具可先绘制一条路径，然后输入文字，且输入的文字垂直于路径。

“钢笔”工具：用于创建路径或调整使用平行或垂直路径工具所输入文字的路径。将钢笔工具置于路径的定位点或手柄上，可以调整定位点的位置和路径的形状。

“删除定位点”工具：用于在已创建的路径上删除定位点。

“添加定位点”工具：用于在已创建的路径上添加定位点。

“转换定位点”工具：用于调整路径的形状，将平滑定位点转换为角定位点，或将定位点转换为平滑定位点。

“矩形”工具：使用该工具可以绘制矩形。

“圆角矩形”工具：使用该工具可以绘制圆角矩形。

"切角矩形"工具：使用该工具可以绘制切角矩形。

"圆矩形"工具：使用该工具可以绘制圆矩形。

"三角形"工具：使用该工具可以绘制三角形。

"圆弧"工具：使用该工具可以绘制圆弧，即扇形。

"椭圆"工具：使用该工具可以绘制椭圆形。

"直线"工具：使用该工具可以绘制直线。

提 示 在绘制图形时，可以根据需要结合使用<Shift>键，这样可以快捷地绘制出需要的图形。例如，使用矩形工具，按住<Shift>键可以绘制正方形；使用椭圆工具，按住<Shift>键可以绘制圆形。

4. 字幕动作栏

字幕动作栏中的各个按钮主要用于快速地排列或者分布文字，如图 6-30 所示。

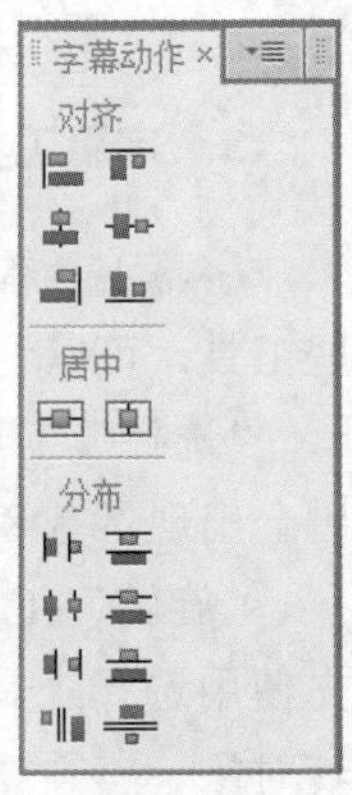

图 6-30

◎ 对齐

"水平左对齐"按钮：以选中的文字或图形左垂直线为基准对齐。

"垂直顶对齐"按钮：以选中的文字或图形顶部水平线为基准对齐。

"水平居中"按钮：以选中的文字或图形垂直中心线为基准对齐。

"垂直居中"按钮：以选中的文字或图形水平中心线为基准对齐。

"水平右对齐"按钮：以选中的文字或图形右垂直线为基准对齐。

"垂直底对齐"按钮：以选中的文字或图形底部水平线为基准对齐。

◎ 居中

"垂直居中"按钮：使选中的文字或图形在屏幕水平居中。

"水平居中"按钮：使选中的文字或图形在屏幕垂直居中。

◎ 分布

"水平左对齐"按钮：以选中的文字或图形的左垂直线来分布文字或图形。

"垂直顶对齐"按钮：以选中的文字或图形的顶部水平线来分布文字或图形。

"水平居中"按钮：以选中的文字或图形的垂直中心来分布文字或图形。

"垂直居中"按钮：以选中的文字或图形的水平中心来分布文字或图形。

"水平右对齐"按钮：以选中的文字或图形的右垂直线来分布文字或图形。

"垂直底对齐"按钮：以选中的文字或图形的底部水平线来分布文字或图形。

"水平平均"按钮：以屏幕的垂直中心线来分布文字或图形。

"垂直平均"按钮：以屏幕的水平中心线来分布文字或图形。

5. 字幕工作区

字幕工作区是制作字幕和绘制图形的工作区，它位于"字幕"编辑面板的中心。在工作区中有两个白色的矩形线框，其中内线框是字幕安全框，外线框是字幕动作安全框。如果文字或者图像放置在安全框之外，那么一些 NTSC 制式的电视中这部分内容将不会被显示出来，即使能够显示，很可能会出现模糊或者变形现象，因此，在创建字幕时最好将文字和图像放置在安全框之内。

如果字幕工作区中没有显示安全区域线框，可以通过以下两种方法显示安全区域线框。

（1）在字幕工作区中单击鼠标右键，在弹出的快捷菜单中选择“查看 > 字幕安全框”命令。

（2）选择“字幕 > 查看 > 字幕安全框”命令。

6. “字幕样式”子面板

在 Premiere Pro CS4 中，使用“字幕样式”子面板可以制作出令人满意的字幕效果。“字幕样式”子面板位于“字幕”编辑面板的中下部，其中包含了各种已经设置好的文字效果和多种字体效果，如图 6-31 所示。如果要为一个对象应用预设的样式效果，只需选中该对象，然后在“字幕样式”子面板中单击要应用的风格效果即可。

图 6–31

7. “字幕属性”设置子面板

在字幕工作区中输入文字后，可在位于“字幕”编辑面板右侧的“字幕属性”设置子面板中设置文字的具体属性参数，如图 6-32 所示。“字幕属性”设置子面板分为 5 个部分，分别为“变换”、“属性”、“填充”、“描边”和“阴影”。各个部分主要作用如下。

变换：可以设置对象的位置、宽度、高度、旋转角度、透明度等相关的属性。

属性：可以设置对象的一些基本属性，如文本的大小、字体、字间距、行间距、字形等相关的属性。

填充：可以设置文本或者图形对象的颜色和纹理。

描边：可以设置文本或者图形对象边缘，使其边缘与文本或者图形主体呈现不同的颜色。

阴影：可以为文本或者图形对象设置各种阴影属性。

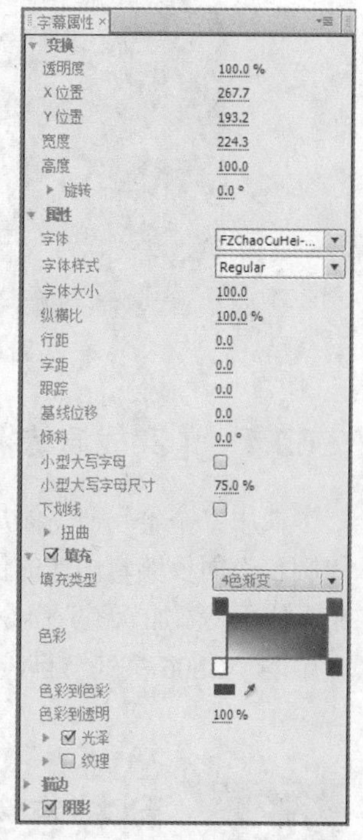

图 6–32

8. 创建路径文字

利用字幕工具箱中的平行或者垂直路径工具可以创建路径文字，具体操作步骤如下。

步骤 1 在字幕工具箱中选择“路径输入”工具或“垂直路径输入”工具。

步骤 2 移动鼠标指针到“字幕”编辑面板的字幕工作区中，此时，光标变为钢笔状，然后在需要输入的位置单击鼠标左键。

步骤 3 将鼠标移动另一个位置，再次单击鼠标，此时会出现一条曲线，即文本路径。

步骤 4 选择文字输入工具（任何一种都可以），在路径上单击并输入文字即可，效果如图 6-33

和图 6-34 所示。

图 6-33

图 6-34

9. 创建段落字幕文字

利用字幕工具箱中的文本框工具或垂直文本框工具，可以创建段落文本，具体操作步骤如下。

步骤 1 在字幕工具箱中选择“文本框”工具或“垂直文本框”工具。

步骤 2 移动鼠标指针到“字幕”编辑面板的字幕工作区中，单击鼠标左键并按住不放，从左上角向右下角拖曳出一个矩形框，然后输入文字，效果如图 6-35 和图 6-36 所示。

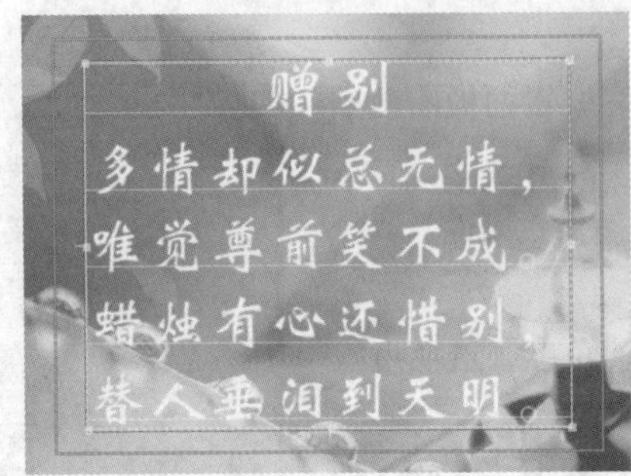

图 6-35

图 6-36

6.1.4 【实战演练】烹饪节目

使用“字幕”命令添加标题及介绍文字；使用“特效控制台”面板编辑图像的位置、比例和透明度制作动画效果。使用“添加轨道”命令添加新轨道。（最终效果参看光盘中的“Ch06\烹饪节目\烹饪节目.prproj”，见图 6-37。）

图 6-37

6.2 科技在线

6.2.1 【操作目的】

使用“字幕”命令编辑文字；使用“运动”选项改变文字的位置、缩放、角度和透明度；使用“渐变”命令制作文字的倾斜效果；使用“斜面 Alpha”和“RGB 曲线”命令添加文字金属效果。（最终效果参看光盘中的“Ch06\科技在线\科技在线.prproj”，见图 6-38。）

图 6-38

6.2.2 【操作步骤】

步骤 1 启动 Premiere Pro CS4 软件，弹出“欢迎使用 Adobe Premiere Pro”界面，单击“新建项目”按钮，弹出“新建项目”对话框，设置“位置”选项，选择保存文件路径，在“名称”文本框中输入文件名“科技在线”，如图 6-39 所示。单击“确定”按钮，弹出“新建序列”对话框，在左侧的列表中展开“DV-PAL”选项，选中“标准 48kHz”模式，如图 6-40 所示，单击“确定”按钮。

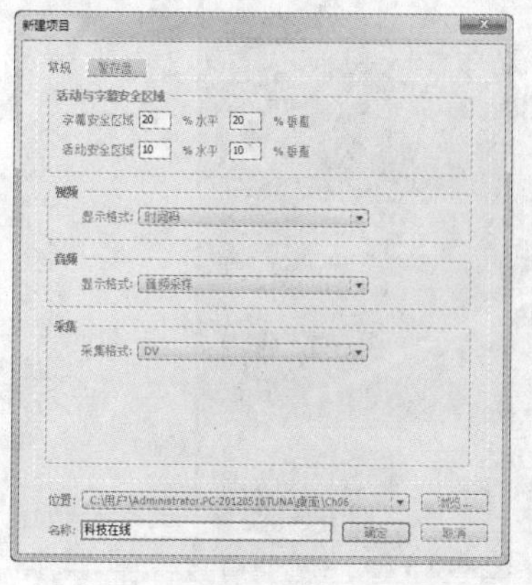

图 6-39

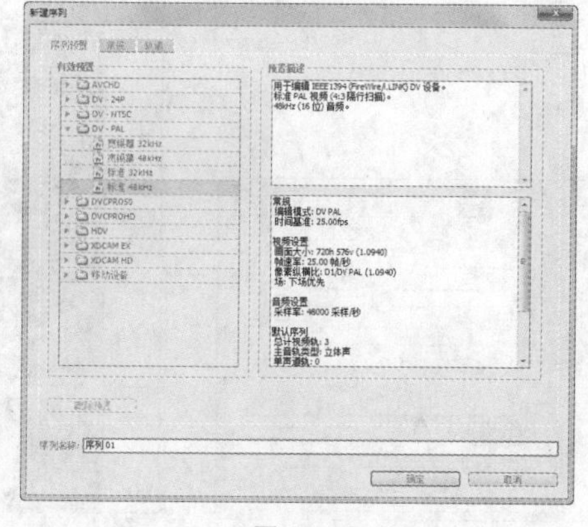

图 6-40

步骤 2 选择“文件 > 导入”命令，弹出“导入”对话框，选择光盘中的“Ch06/科技在线/素材/ 01”文件，单击“打开”按钮导入视频文件，如图 6-41 所示。导入后的文件排列在“项目”面板中，如图 6-42 所示。

图 6-41

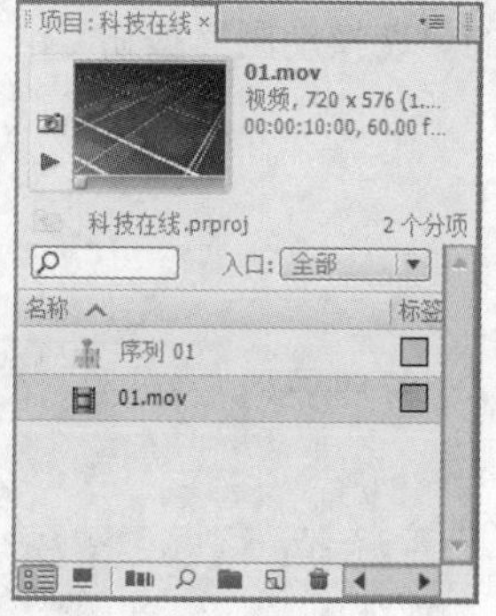

图 6-42

步骤 3 在“项目”面板中选中“01”文件并将其拖曳到“时间线”窗口中的“视频 1”轨道中，

如图 6-43 所示。将时间指示器放置在 5s 的位置，在“视频 1”轨道上选中“01”文件，将鼠标指针放在“01”文件的尾部，当鼠标指针呈形状时，向前拖曳鼠标到 5s 的位置上，如图 6-44 所示。

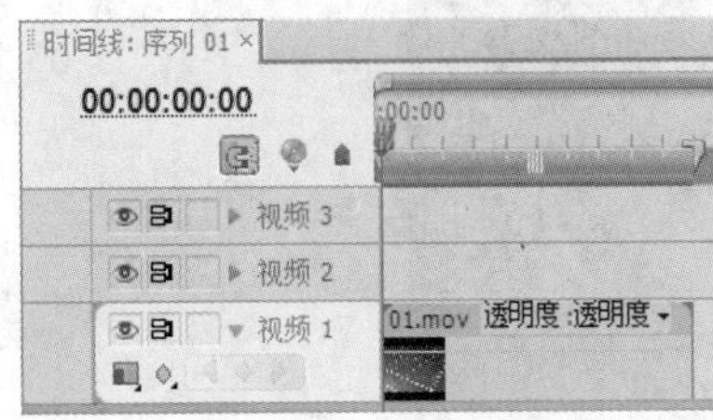

图 6-43

图 6-44

步骤 4 将时间指示器放置在 0s 的位置，选择“文件 > 新建 > 字幕”命令，弹出“新建字幕”对话框，选项设置如图 6-45 所示。单击“确定”按钮，弹出字幕编辑面板，选择“文字”工具T，在字幕工作区中输入“科技在线”，其他设置如图 6-46 所示。关闭字幕编辑面板，新建的字幕文件自动保存到“项目”窗口中。

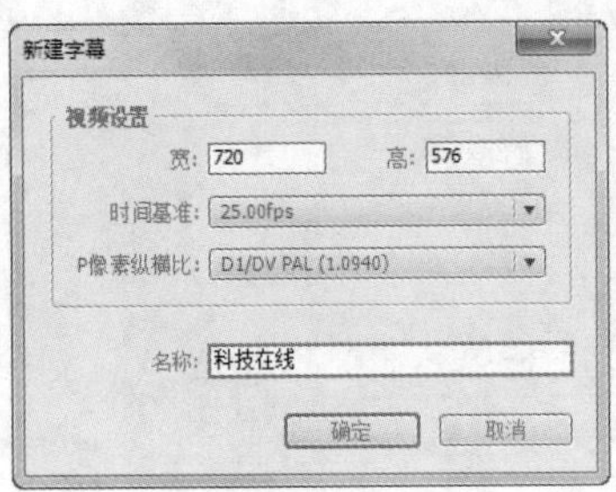

图 6-45

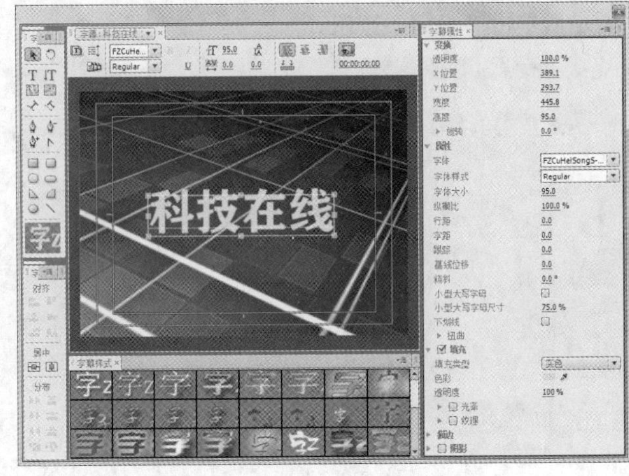

图 6-46

步骤 5 在“项目”面板中选中“科技在线”文件并将其拖曳到“视频 2”轨道中，如图 6-47 所示。选择“特效控制台”面板，在“运动”选项中将“位置”选项设置为 545.0 和-70.0，“缩放比例”选项设置为 20.0，“旋转”选项设为 30.0，单击“位置”、“缩放比例”和“旋转”选项前面的“切换动画”按钮，如图 6-48 所示。

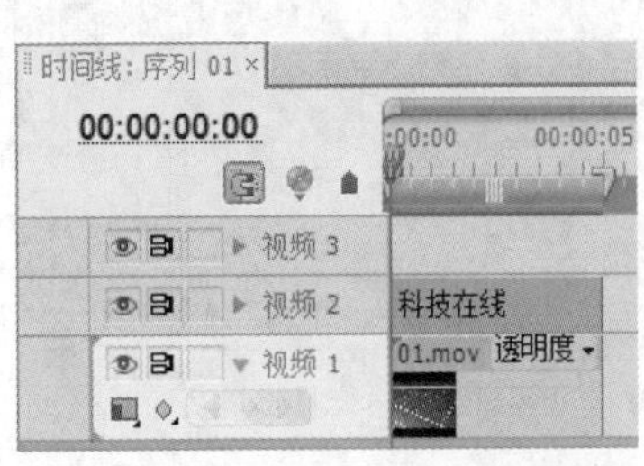

图 6-47

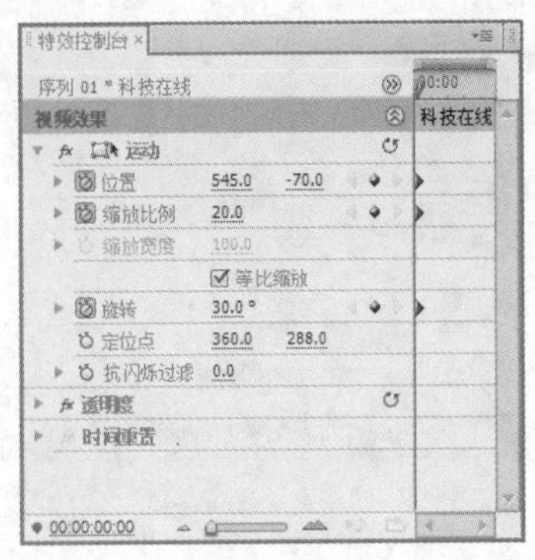

图 6-48

步骤 6 将时间指示器放置在 1s 的位置，将“位置”选项设置为 360.0 和 287.0，“缩放比例”选项设置为 100.0，“旋转”选项设为 0.0，如图 6-49 所示。将时间指示器放置在 4s 的位置，单击“位置”、“缩放比例”、“旋转”和“透明度”选项右侧的“添加/删除关键帧”按钮添加关键帧，如图 6-50 所示。将时间指示器放置在 5s 的位置，将“透明度”选项设置为 0.0，如图 6-51 所示。

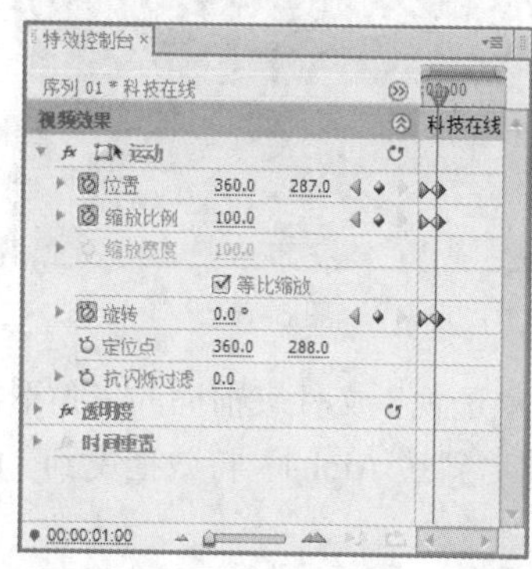

图 6-49

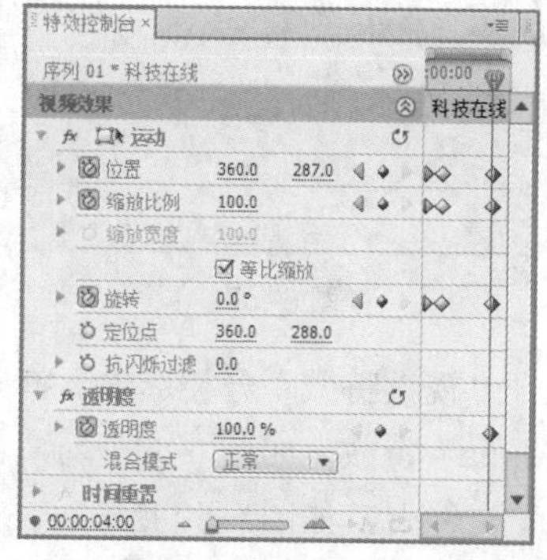

图 6-50

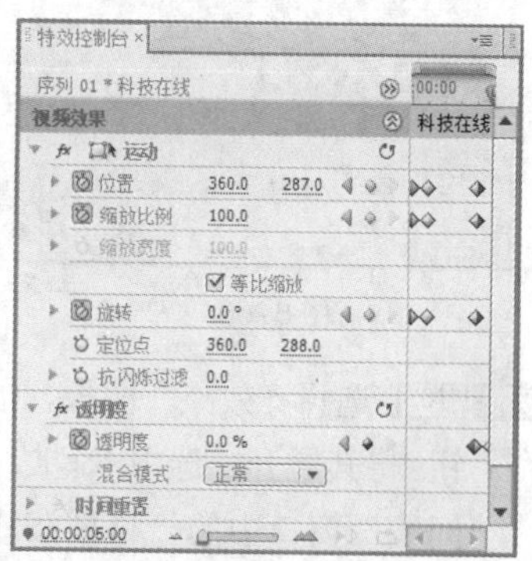

图 6-51

步骤 7 选择“窗口 > 效果”命令，弹出“效果”面板，展开“视频特效”分类选项，单击“生成”文件夹前面的三角形按钮将其展开，选中“渐变”特效，如图 6-52 所示。将“渐变”特效拖曳到“时间线”窗口中的“科技在线”文件上，如图 6-53 所示。

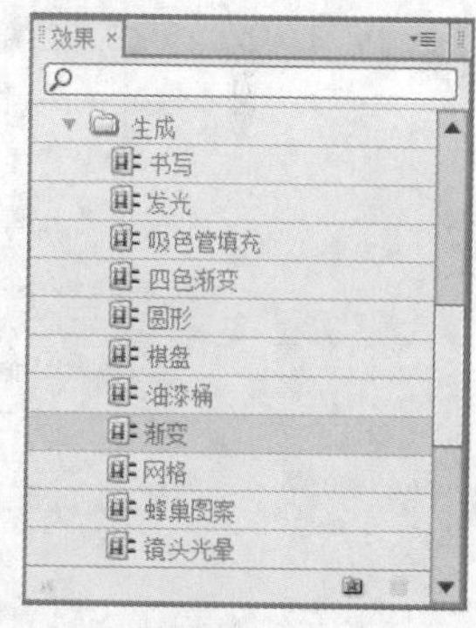

图 6-52

步骤 8 将时间指示器放置在 1s 的位置，选择“特效控制台”面板，展开“渐变”特效，将“起始颜色”设置为橘黄色（其 R、G、B 的值分别为 255、156、0），“结束颜色”设置为红色（其 R、G、B 的值分别为 255、0、0），其他参数设置如图 6-54 所示。在“节目”窗口中预览效果，如图 6-55 所示。

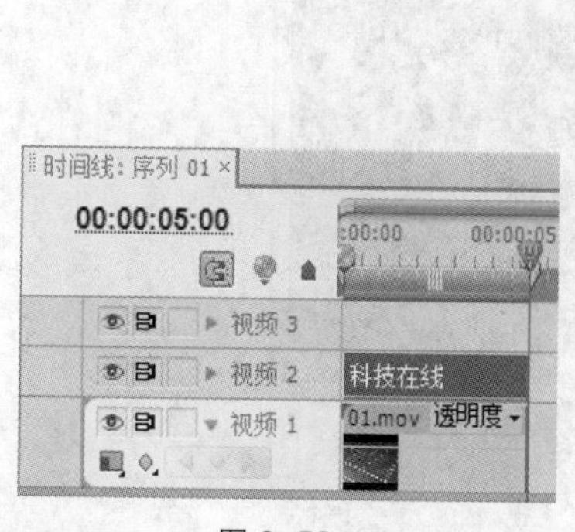

图 6-53

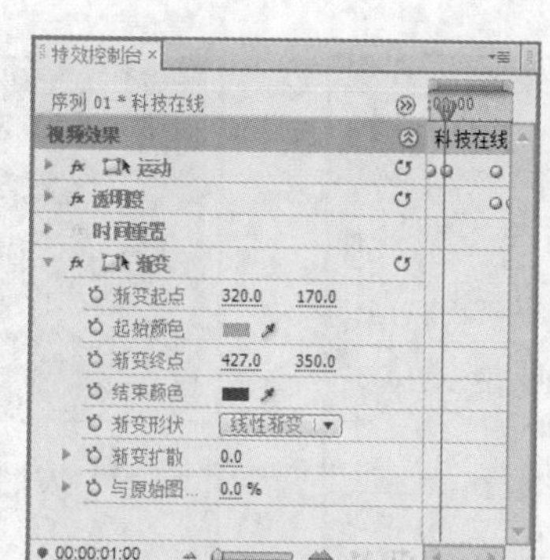

图 6-54

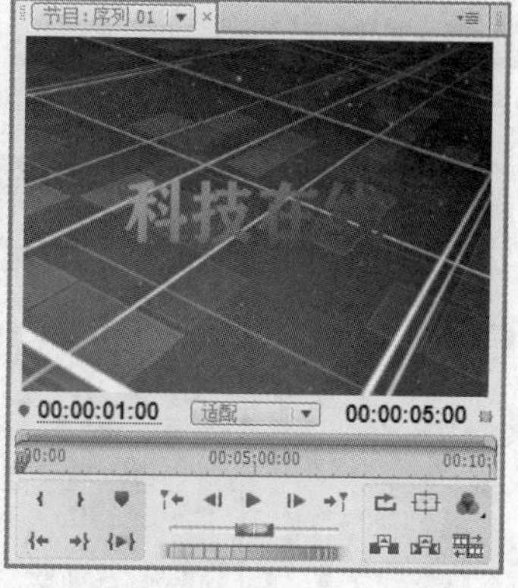

图 6-55

步骤 9 在“渐变”特效选项中单击“渐变起点”和“渐变终点”选项前面的切换动画按钮，如图 6-56 所示。将时间指示器放置在 4s 的位置，将“渐变起点”选项设置为 450.0 和 134.0，“渐变终点”选项设置为 260.0 和 346.0，如图 6-57 所示。在“节目”窗口中预览效果，如图 6-58 所示。

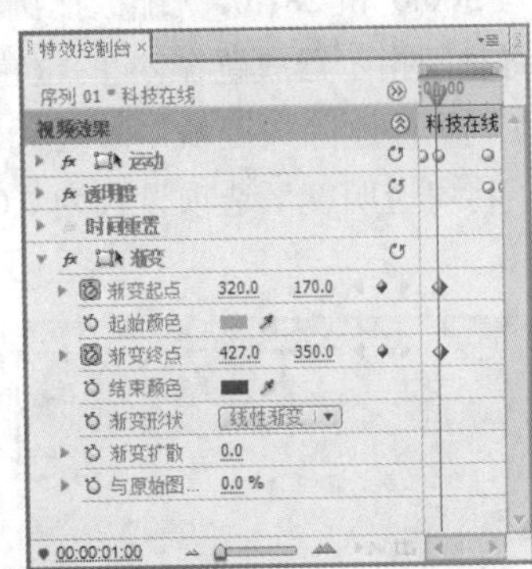

图 6-56

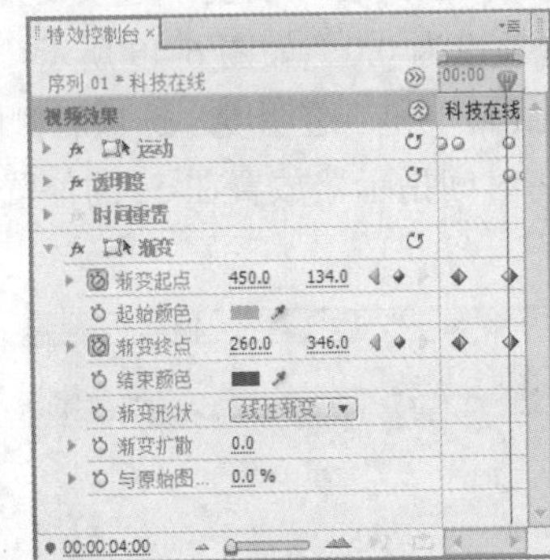

图 6-57

图 6-58

步骤 10 选择“效果”面板，展开“视频特效”分类选项，单击“透视”文件夹前面的三角形按钮将其展开，选中“斜边 Alpha”特效，如图 6-59 所示。将“斜边 Alpha”特效拖曳到“时间线”窗口中的“科技在线”文件上，如图 6-60 所示。

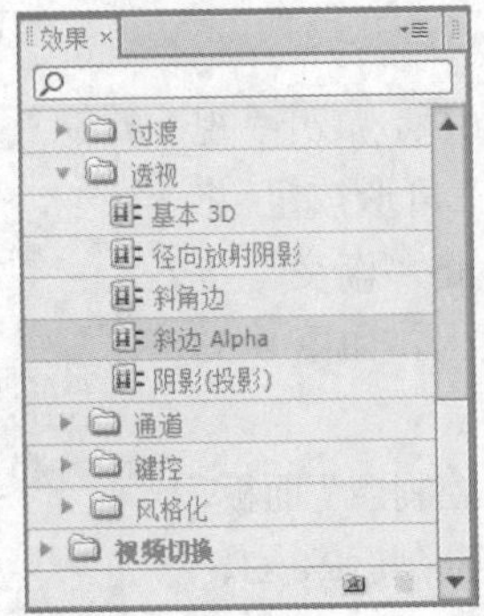

图 6-59

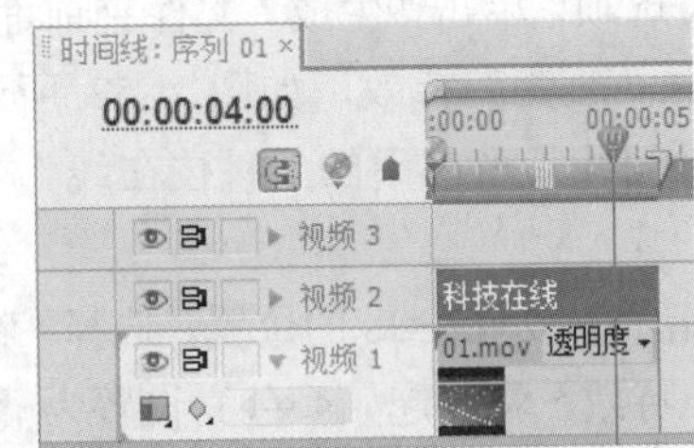

图 6-60

步骤 11 选择“特效控制台”面板，展开“斜边 Alpha”特效并进行参数设置，如图 6-61 所示。在“节目”窗口中预览效果，如图 6-62 所示。

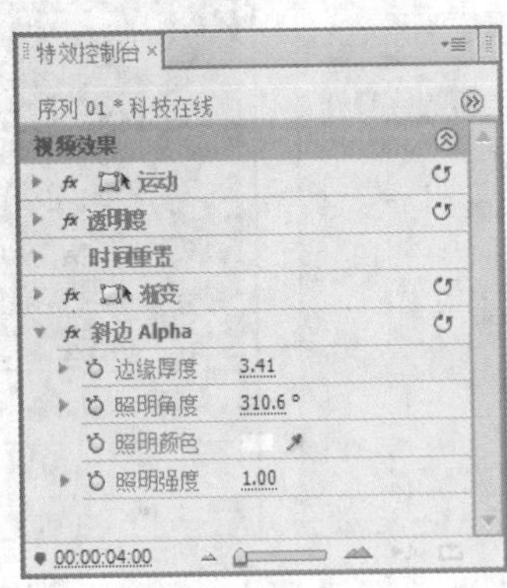

图 6-61

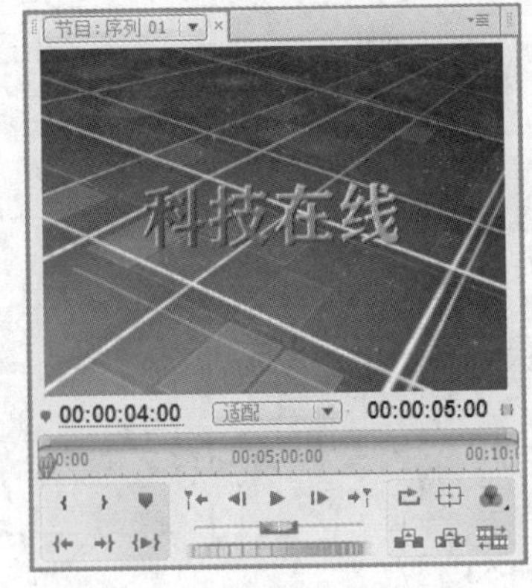

图 6-62

步骤 12 选择“效果”面板，展开“视频特效”分类选项，单击“色彩校正”文件夹前面的三角形按钮将其展开，选中“RGB 曲线”特效，如图 6-63 所示。将“RGB 曲线”特效拖曳到“时间线”窗口中的“科技在线”文件上，如图 6-64 所示。

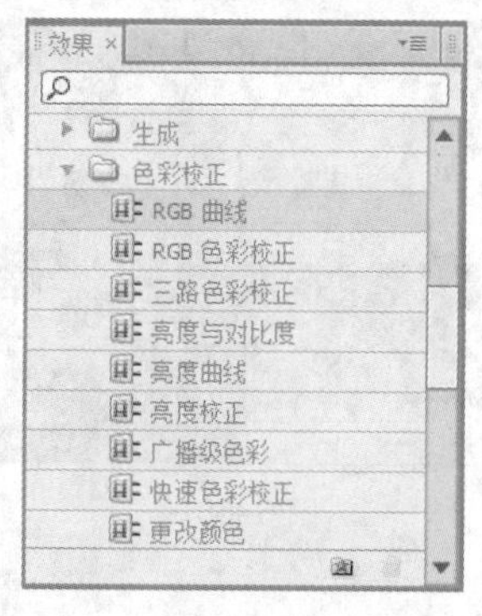

图 6-63

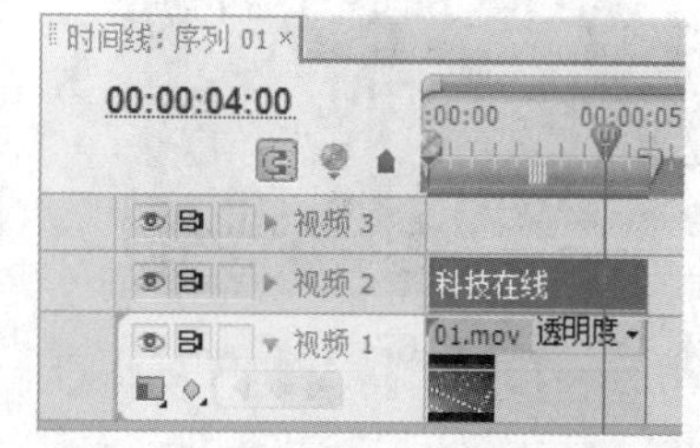

图 6-64

步骤 13 选择“特效控制台”面板，展开“RGB 曲线”特效并进行参数设置，如图 6-65 所示。在“节目”窗口中预览效果，如图 6-66 所示。“科技在线”字幕制作完成。

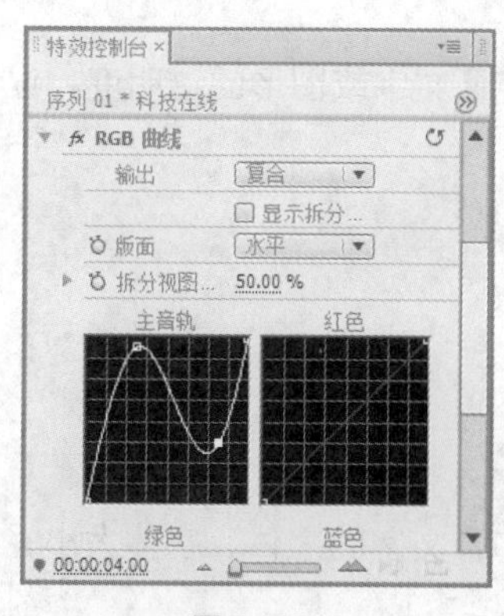

图 6-65

图 6-66

6.2.3 【相关工具】

1. 编辑字幕文字

◎ 文字对象的选择与移动

选择“选择”工具，将鼠标指针移动至字幕工作区，单击要选择的字幕文本即可将其选中，单击鼠标左键并按住不放拖曳鼠标即可实现文字对象的移动。

◎ 文字对象的缩放与旋转

选择“选择”工具，单击文字对象将其选中。

将鼠标指针移至矩形框的任意一个点，当鼠标指针呈↗、↔或↖形状时，单击鼠标左键并按住拖曳即可实现缩放。如果按住<Shift>键的同时拖曳鼠标，可以等比例缩放。

在文字处于选中的情况下，选择“旋转”工具，将鼠标指针移至工作区，单击鼠标左键并按住拖曳即可实现旋转操作。

◎ 改变文字对象的方向

步骤 1 选择“选择”工具，单击文字对象将其选中。

步骤 2 选择“字幕 > 大小 > 垂直”命令，即可改变文字对象的排列方向，如图 6-67 和图 6-68 所示。

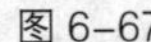

图 6-67

图 6-68

2. 设置字幕属性

通过“字幕属性”子面板，用户可以非常方便地对字幕文字进行修饰，包括调整其位置、透明度，文字的字体、字号、颜色，为文字添加阴影等。

◎ **转换设置**

在“字幕属性”子面板的“变换”栏中可以对字幕文字或图形的透明度、位置、高度、宽度以及旋转等属性进行操作，如图 6-69 所示。

透明度：设置字幕文字或图形对象的不透明度。

X 位置/Y 位置：设置文字在画面中所处的位置。

宽度/高度：设置文字的宽度和高度。

旋转：设置文字旋转的角度。

◎ **属性设置**

在“字幕属性”子面板的“属性”栏中可以对字幕文字的字体、字体大小、字体样式以及字距、扭曲等一些基本属性进行设置，如图 6-70 所示。

▼ 变换	
透明度	100.0 %
X 位置	100.0
Y 位置	100.0
宽度	100.0
高度	100.0
▸ 旋转	0.0 °

图 6-69

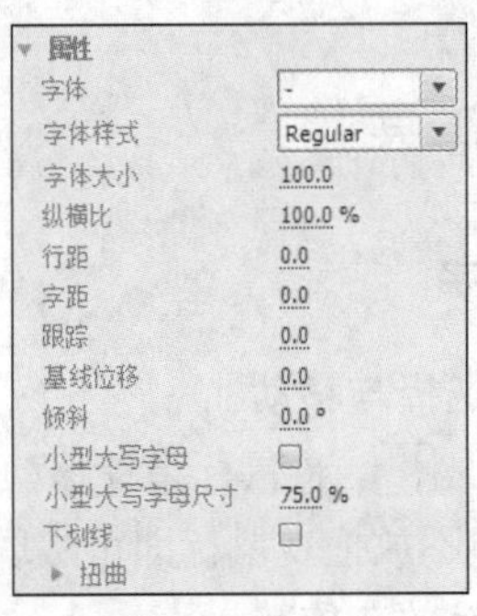

图 6-70

字体：在此选项右侧的下拉列表中可以选择字体。

字体样式：在此选项右侧的下拉列表中可以设置字体类型。

字体大小：设置文字的大小。

纵横比：设置文字在水平方向上进行比例缩放。

行距：设置文字的行间距。

字距：设置相邻文字之间的水平距离。

跟踪：其功能与“字距”类似，两者的区别是对选择的多个字符进行字间距的调整，“字距”选项会保持选择的多个字符的位置不变，向右平均分配字符间距，而“跟踪”选项会平均分配所选择的每一个相邻字符的位置。

基线位移：设置文字偏离水平中心线的距离，主要用于创建文字的上标和下标。

倾斜：设置文字的倾斜程度。

小型大写字母：勾选此复选框，可以将所选的小写字母变成大写字母。

小型大写字母尺寸：该选项配合“小型大写字母”选项使用，可以将显示的大写字母放大或缩小。

下画线：勾选此复选框，可以为文字添加下画线。

扭曲：用于设置文字在水平或垂直方向的变形。

◎ **填充设置**

在“字幕属性”子面板的“填充”栏中主要用于设置字幕文字或者图形的填充类型、色彩、透明度等属性，如图 6-71 所示。

填充类型：单击该选项右侧的下拉按钮，在弹出的下拉列表中可以选择需要填充的类型，共有 7 种方式供选择，如图 6-72 所示。

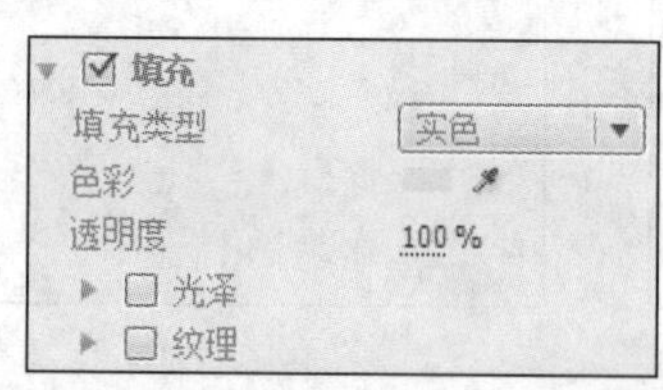

图 6–71

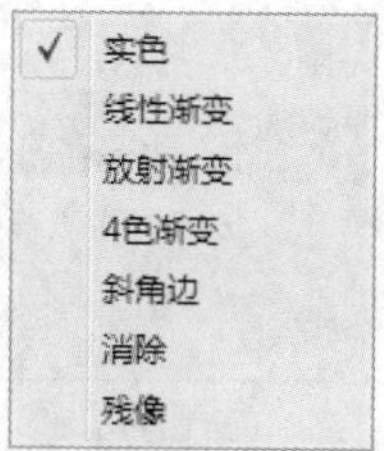

图 6–72

- 实色：使用一种颜色进行填充，这是系统默认的填充方式。
- 线性渐变：使用两种颜色进行线性渐变填充。当选择该选项进行填充时，“色彩”选项变为渐变颜色栏，分别单击选择一个颜色块，再单击“色彩到色彩”选项颜色块，在弹出的对话框中对渐变开始和渐变结束的颜色进行设置。
- 放射渐变：该填充方式与“线性渐变”类似，不同之处是“线性渐变”使用两种颜色的线性过渡进行填充，而“放射渐变”则使用两种颜色填充后产生由中心向四周辐射的过渡来填充。
- 4 色渐变：该填充方式是使用 4 种颜色的渐变过渡来填充字幕文字或者图形，每种颜色占据文本的一个角。
- 斜角边：该填充方式是使用一种颜色填充高光部分，另一种填充阴影部分，再通过添加灯光应用可以使文字产生斜面，效果类似于立体浮雕。
- 消除：该填充方式是将文字实体填充的颜色消除，文字为完全透明。如果为文字添加了描边，采用该方式填充，则可以制作空心的线框文字效果；如果为文字设置了阴影，选择该方式，则只能留下阴影的边框。
- 残像：该填充方式使填充区域变为透明，只显示阴影部分。

光泽：该选项用于为文字添加辉光效果。

材质：使用该选项可以为字幕文字或者图形添加纹理效果，以增强文字或者图形的表现力。纹理填充的图像可以是位图，也可以是矢量图。

◎ **描边设置**

“描边”栏主要用于设置文字或者图形的描边效果，可以设置内部笔画的外部笔画，如图 6-73 所示。

用户可以选择使用“内侧边”或“外侧边”，或两者一起使用。应用描边效果，首先单击“添加”选项，添加需要的描边效果。两种描边效果的参数选项基本相同。

应用描边效果后，可以在“类型”下拉列表中选择描边模式。

凸出：选择该选项，可以使字幕文字或图形产生一个厚度，呈现立体字的效果。

边缘：选择该选项后，可以在“大小”参数中设置边缘的宽度，在“色彩”参数中设定边缘的颜色，在“透明度”参数中设置描边的不透明度，在“填充类型”下拉列表中选择描边的填充方式。

凹进：选择该选项，可以使字幕文字或图形产生一个分离的面，类似于产生透视的投影。

◎ **阴影设置**

“阴影”栏用于添加阴影效果，如图 6-74 所示。

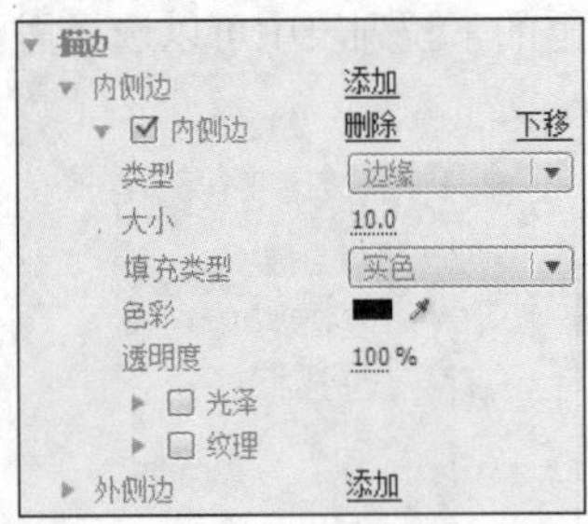

图 6-73

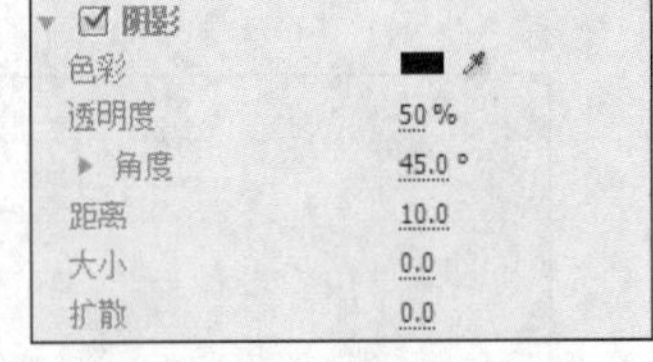

图 6-74

色彩：设置阴影的颜色。单击该选项右侧的颜色块，在弹出的对话框中可以选择需要的颜色。

透明度：设置阴影的不透明度。

角度：设置阴影的角度。

距离：设置文字与阴影之间的距离。

大小：设置阴影的大小。

扩散：设置阴影的扩展程度。

3. 绘制图形

在字幕上添加一些图形，可以起到修饰的作用。使用“字幕”编辑面板中字幕工具箱中的绘图工具，能够快捷地创建一些简单的图形。使用绘图工具绘制图形的具体操作步骤如下。

步骤 1 创建一个字幕文件，选择“矩形”工具▢，在字幕工作区中单击并按住鼠标拖曳，即可绘制一个矩形，如图 6-75 所示。

步骤 2 将鼠标指针移至矩形的右下角处，当指针呈双向键箭头时，单击并按住鼠标左键拖曳，可以随意改变矩形的长度和宽度，如图 6-76 所示。

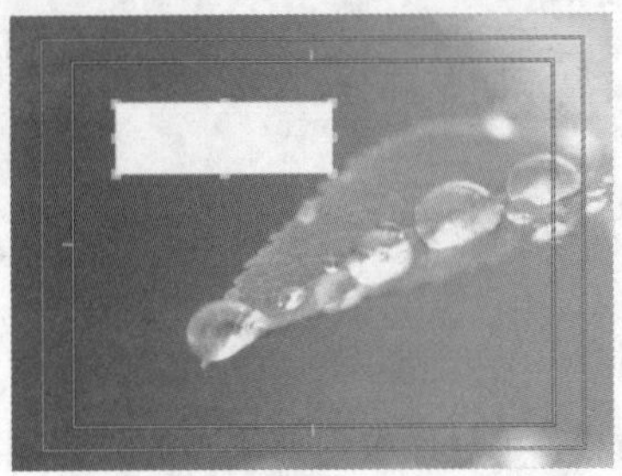

图 6-75

图 6-76

步骤 3 在“字幕属性”子面板中展开“描边”选项，单击“内侧边”选项右侧的“添加”选项，展开参数选项，并设置相关的参数，如图 6-77 所示。为矩形添加描边效果，如图 6-78 所示。

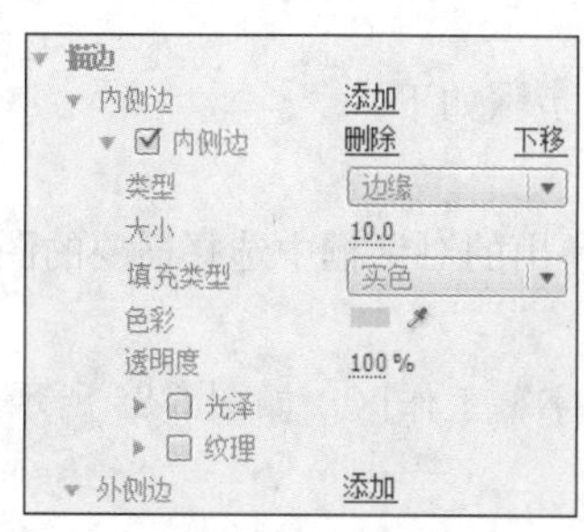

图 6–77

图 6–78

步骤 4 选择“椭圆”工具，按住<Shift>键的同时拖曳鼠标，在字幕工作区中绘制一个圆形，取消描边效果，如图 6-79 所示。

步骤 5 在“字幕属性”子面板中展开“填充”选项，将填充色设为绿色（其 RGB 值分别为 168、255、55），图形效果如图 6-80 所示。

图 6–79

图 6–80

步骤 6 在圆形上单击鼠标右键，在弹出的快捷菜单中选择“位置 > 水平居中”命令，使圆形在字幕工作区中水平居中，效果如图 6-81 所示。

步骤 7 再次在圆形图形上单击鼠标右键，在弹出的快捷菜单中选择“排列 > 退到最后”命令，使圆形移动到矩形的下面，效果如图 6-82 所示。

步骤 8 选择“选择”工具选取矩形，在“字幕属性”子面板的“变换”栏中设置“透明度”选项值为 50，图形效果如图 6-83 所示。

图 6–81

图 6–82

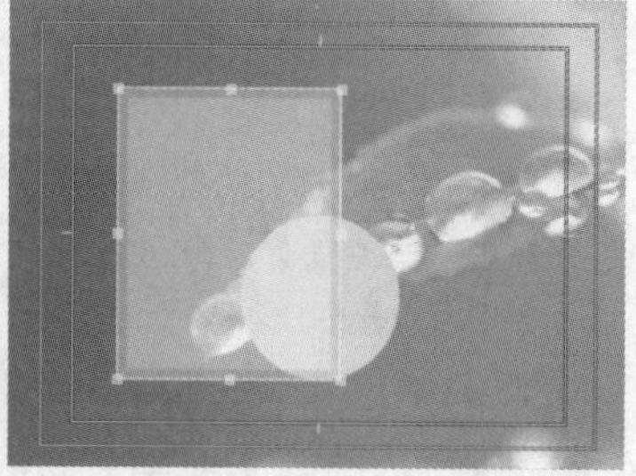

图 6–83

4. 插入标志 Logo

在影视制作过程中，有时需要在影视作品中插入一些特定的标志 Logo，Premiere Pro CS4 也

提供了这种功能。在 Premiere Pro CS4 中插入标志有两种方法，下面简要地介绍插入标志的操作方法。

◎ **将 Logo 标志导入到“字幕”编辑面板**

将 Logo 标志导入到“字幕”编辑面板的具体操作步骤如下。

步骤 1 按<F9>键，新建一个字幕文件。

步骤 2 选择“字幕 > 标记 > 插入标志”命令，在弹出的对话框中选择需要的图标，如图 6-84 所示。

步骤 3 单击“打开”按钮，即可将所选的图像导入字幕工作区，如图 6-85 所示。

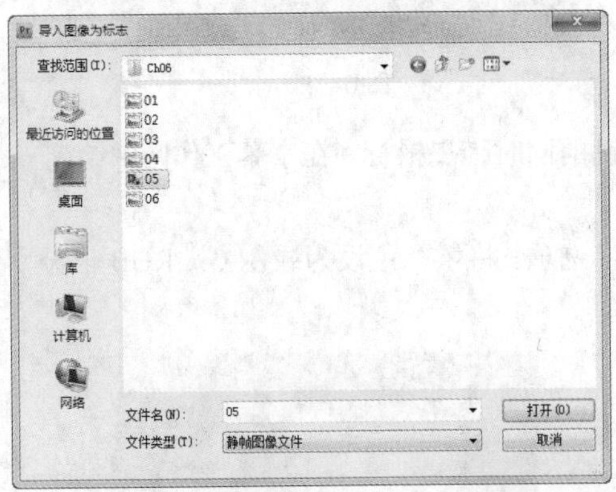

图 6-84

图 6-85

◎ **将 Logo 标志插入到字幕文本中**

将 Logo 标志插入到字幕文本中的具体操作步骤如下。

步骤 1 按<F9>键，新建一个字幕文件。

步骤 2 选择“文字”工具T，在字幕工作区中单击并输入需要的文本，同时设置文字的字体、颜色等属性，效果如图 6-86 所示。

步骤 3 将鼠标指针置于要插入的标志处并单击鼠标右键，在弹出的快捷菜单中选择“标志 > 插入标志到正文”命令，在弹出的对话框中选择要插入的标志文件，单击“打开”按钮，即可将所选的图像插入到文本中，效果如图 6-87 所示。

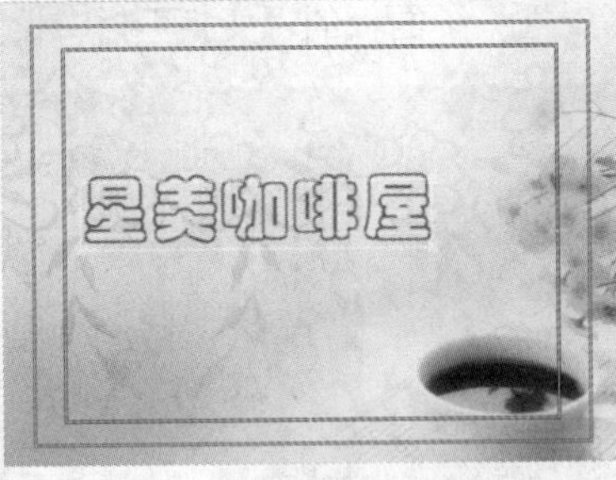

图 6-86

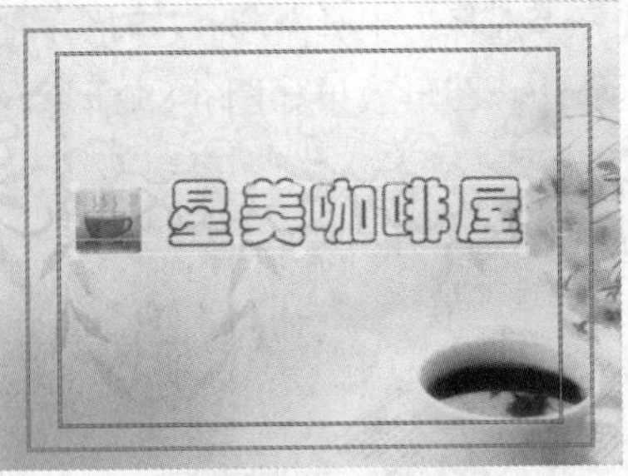

图 6-87

提 示 在对字幕文本进行调整修改的同时，也会影响插入的 Logo 标志，如果不希望影响 Logo 标志，或者需要单独对 Logo 标志进行修改，可以使用文本工具对对象进行修改。

6.2.4 【实战演练】节目片头

使用“字幕”命令编辑文字和图形；使用“运动”选项改变文字的位置、缩放、角度和透明度；使用“照明效果”命令制作背景的照明效果。（最终效果参看光盘中的“Ch06\节目片头\节目片头.prproj”，见图 6-88。）

图 6-88

6.3 滚动字幕

6.3.1 【操作目的】

使用“字幕”命令输入文字并编辑属性；使用“滚动/游动选项”命令制作滚动文字效果。（最终效果参看光盘中的“Ch06\滚动字幕\滚动字幕.prproj”，见图 6-89。）

图 6-89

6.3.2 【操作步骤】

步骤 1 启动 Premiere Pro CS4 软件，弹出“欢迎使用 Adobe Premiere Pro”界面，单击“新建项目”按钮，弹出“新建项目”对话框，设置“位置”选项，选择保存文件路径，在“名称”文本框中输入文件名“滚动字幕”，如图 6-90 所示。单击“确定”按钮，弹出“新建序列”对话框，在左侧的列表中展开“DV-PAL”选项，选中“标准 48kHz”模式，如图 6-91 所示，单击“确定”按钮。

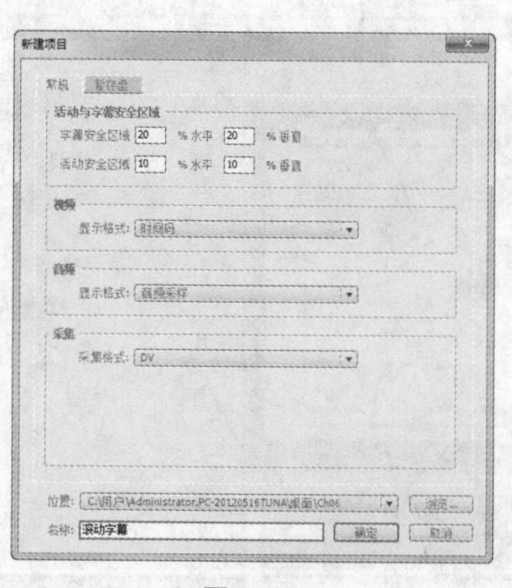

图 6-90

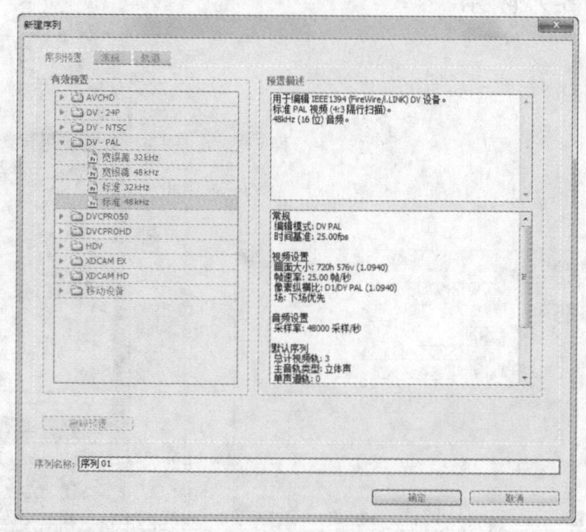

图 6-91

步骤 2 选择“文件 > 导入”命令，弹出“导入”对话框，选择光盘中的“Ch06/滚动字幕/素材/ 01”文件，单击“打开”按钮导入视频文件，如图 6-92 所示。导入后的文件排列在“项目”面板中，如图 6-93 所示。

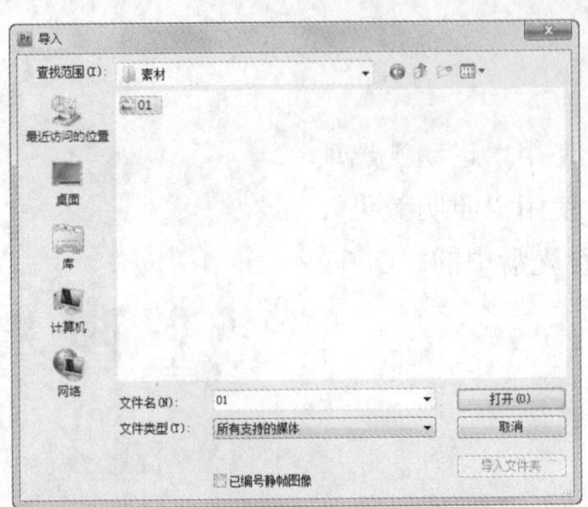

图 6-92

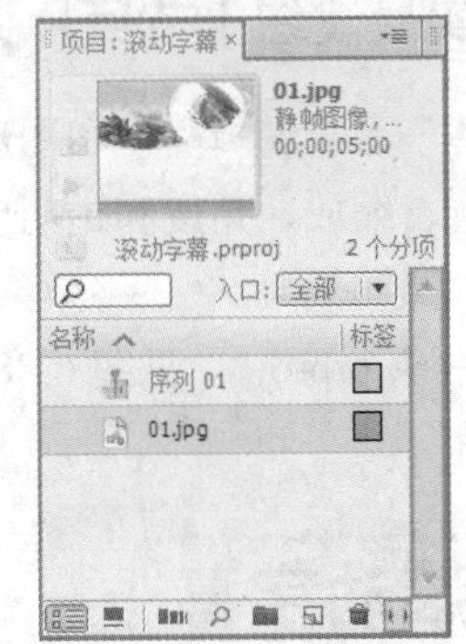

图 6-93

步骤 3 在“项目”面板中选中“01”文件并将其拖曳到“时间线”窗口中的“视频 1”轨道中，如图 6-94 所示。将时间指示器放置在 7s 的位置，将鼠标指针放在“01”文件的尾部，当鼠标指针呈✢形状时，向后拖曳鼠标至 7s 的位置上，如图 6-95 所示。

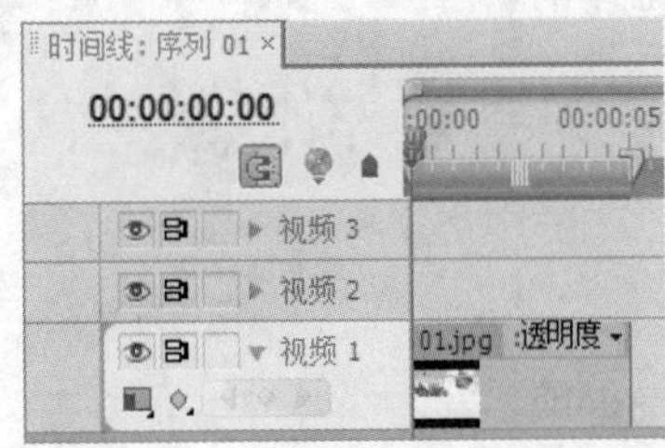

图 6-94

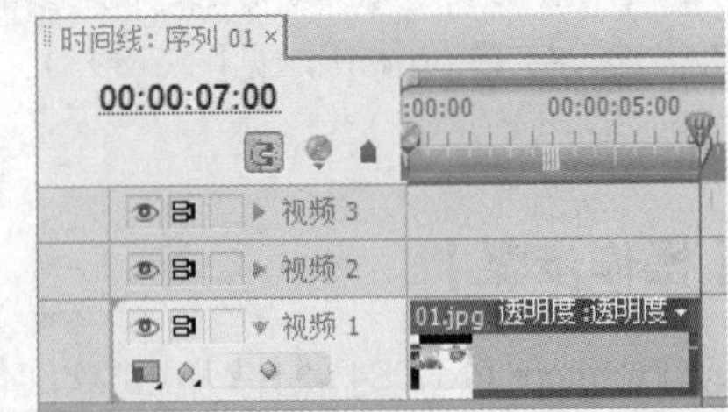

图 6-95

步骤 4 将时间指示器放置在 0s 的位置，选择“文件 > 新建 > 字幕”命令，弹出“新建字幕”对话框，如图 6-96 所示。单击“确定”按钮，弹出字幕编辑器面板。选择“文字”工具T，在字幕工作区中输入需要的文字，设置文字的 R、G、B 值分别为 182、3、95，其他设置如图 6-97 所示。

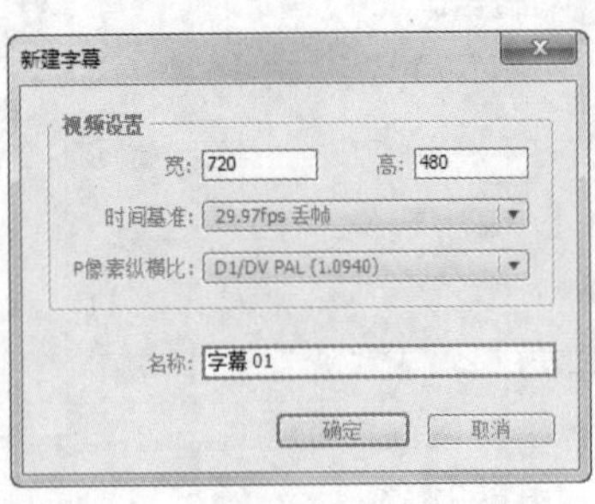

图 6-96

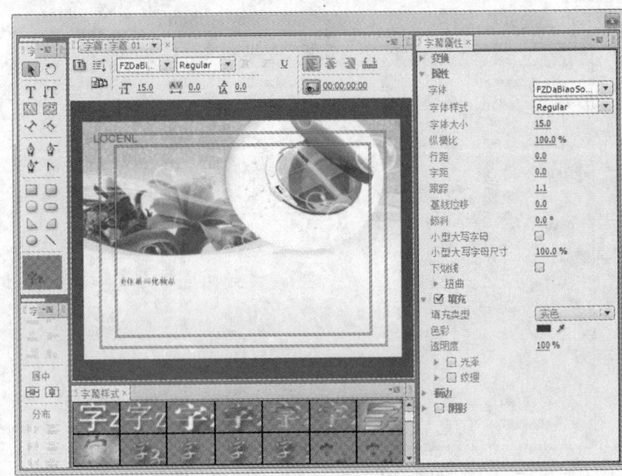

图 6-97

步骤 5 在“字幕属性”面板中设置需要的选项，如图 6-98 所示，“字幕”面板中的文字效果如图 6-99 所示。关闭字幕编辑面板，新建的字幕文件自动保存到“项目”窗口中。

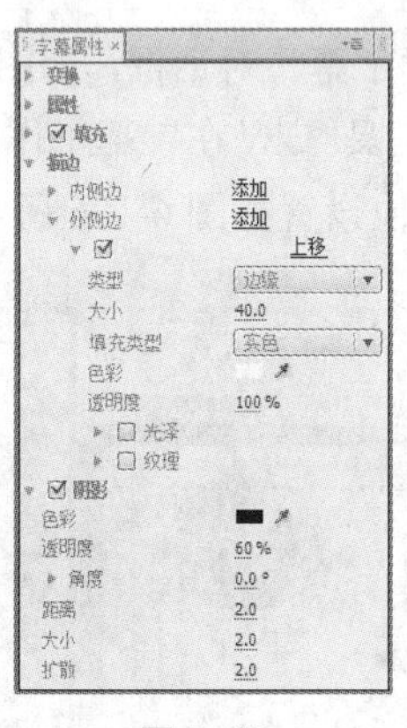

图 6-98

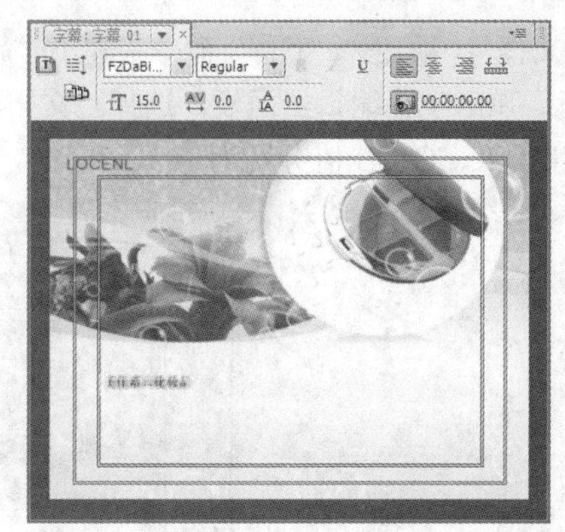

图 6-99

步骤 6 选择“文件 > 新建 > 字幕”命令，弹出“新建字幕”对话框，如图 6-100 所示。单击“确定”按钮，弹出字幕编辑器面板。选择“文字”工具T，在字幕工作区中输入需要的文字，设置文字的 R、G、B 值分别为 182、3、95，其他设置如图 6-101 所示。

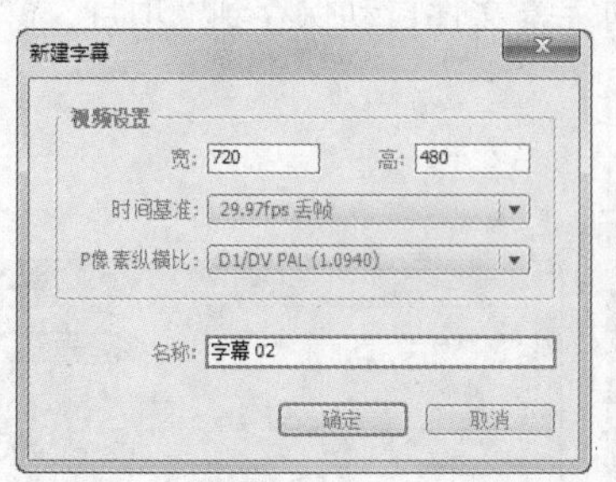

图 6-100

图 6-101

步骤 7 在“字幕属性”面板中设置需要的选项，如图 6-102 所示，“字幕”面板中的文字效果如图 6-103 所示。单击“滚动/游动选项”按钮，在弹出的面板中进行设置，如图 6-104 所示，单击“确定”按钮。关闭字幕编辑面板，新建的字幕文件自动保存到“项目”窗口中。

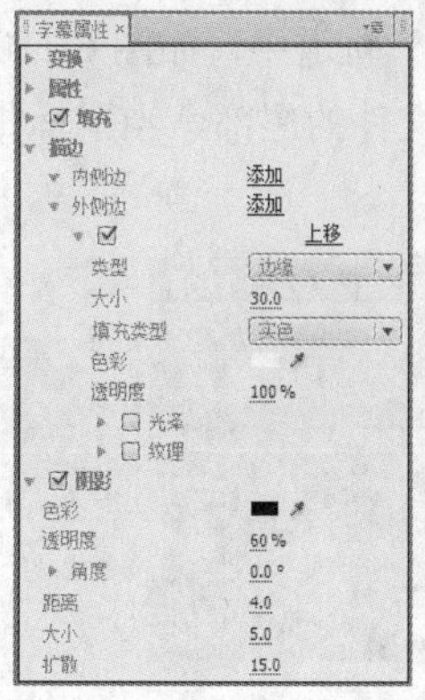

图 6-102

图 6-103

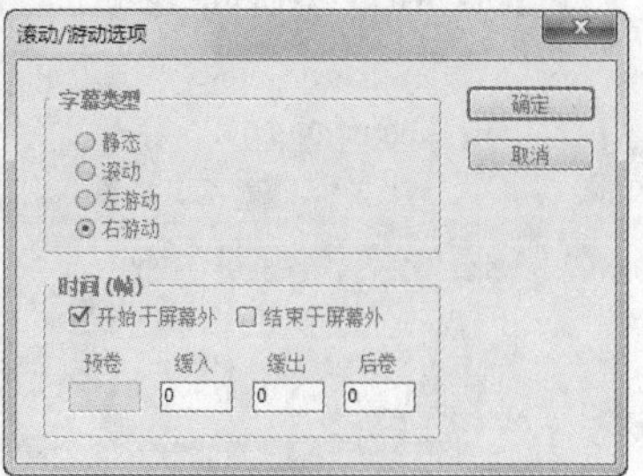

图 6-104

步骤 8 选择"文件 > 新建 > 字幕"命令，弹出"新建字幕"对话框，如图 6-105 所示。单击"确定"按钮，弹出字幕编辑器面板。选择"文字"工具T，在字幕工作区中输入需要的文字，设置文字的 R、G、B 值分别为 182、3、95，其他设置如图 6-106 所示。

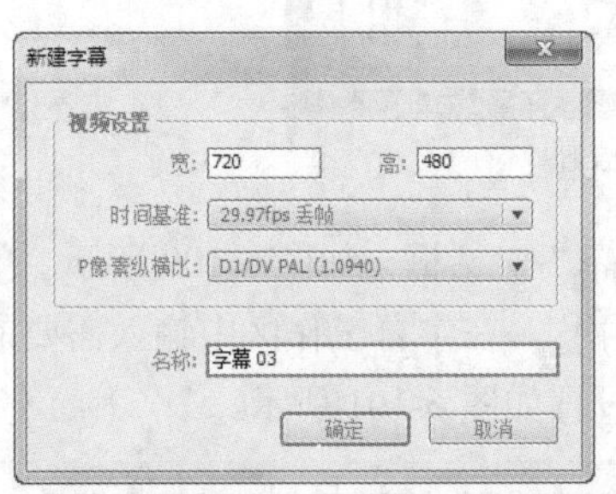

图 6-105

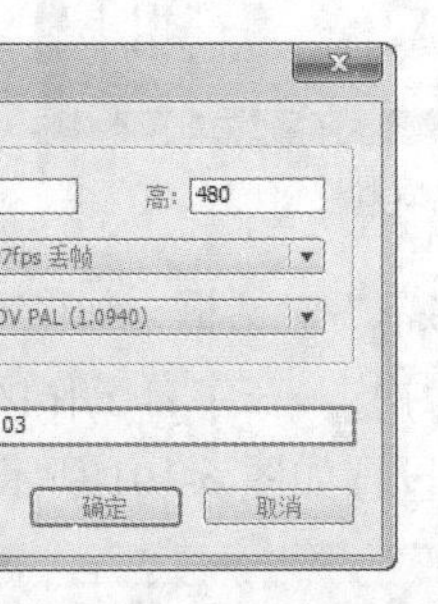

图 6-106

步骤 9 在"字幕属性"面板中设置需要的选项，如图 6-107 所示，"字幕"面板中的文字效果如图 6-108 所示。单击"滚动/游动选项"按钮，在弹出的面板中进行设置，如图 6-109 所示，单击"确定"按钮。关闭字幕编辑面板，新建的字幕文件自动保存到"项目"窗口中。

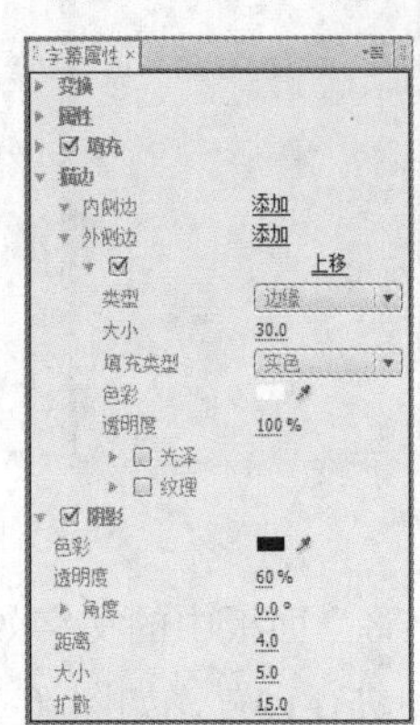

图 6-107

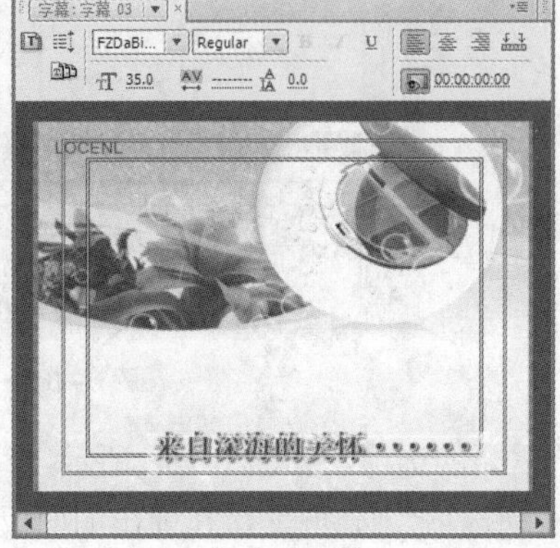

图 6-108

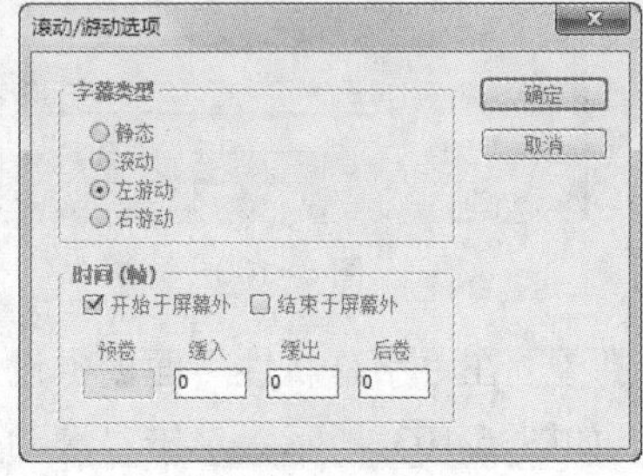

图 6-109

步骤 10 在"项目"面板中选中"字幕 01"文件并将其拖曳到"视频 2"轨道中，如图 6-110 所示。将时间指示器放置在 7s 的位置，将鼠标指针放在"字幕 01"文件的尾部，当鼠标指针呈✣形状时，向后拖曳鼠标至 7s 的位置上，如图 6-111 所示。

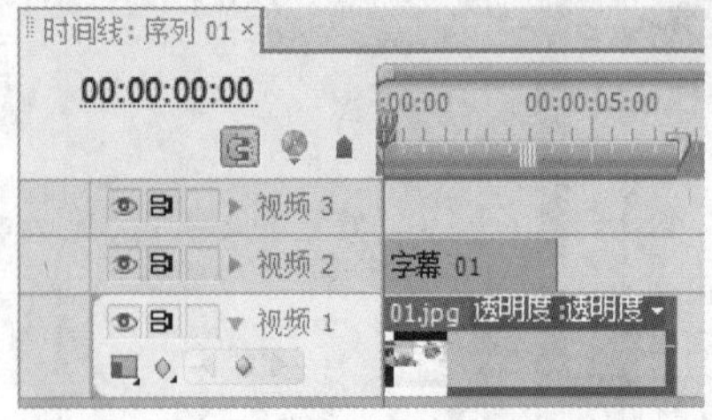

图 6-110

图 6-111

步骤 11 将时间指示器放置在 0s 的位置，选择“特效控制台”面板，将“透明度”选项设置为 0.0，添加关键帧，如图 6-112 所示。将时间指示器放置在 2s 的位置，将“透明度”选项设置为 100.0，添加关键帧，如图 6-113 所示。

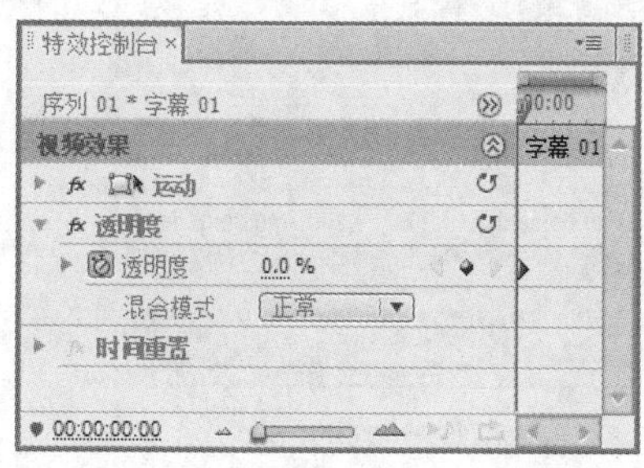

图 6-112

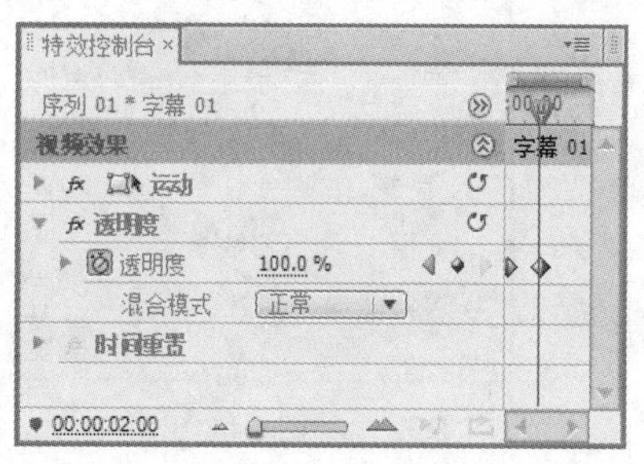

图 6-113

步骤 12 在“项目”面板中选中“字幕 02”文件并将其拖曳到“视频 3”轨道中，如图 6-114 所示。选择“特效控制台”面板，展开“运动”选项，参数设置如图 6-115 所示。

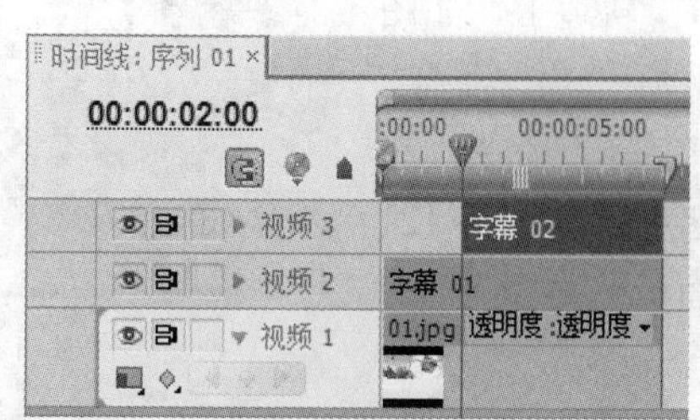

图 6-114

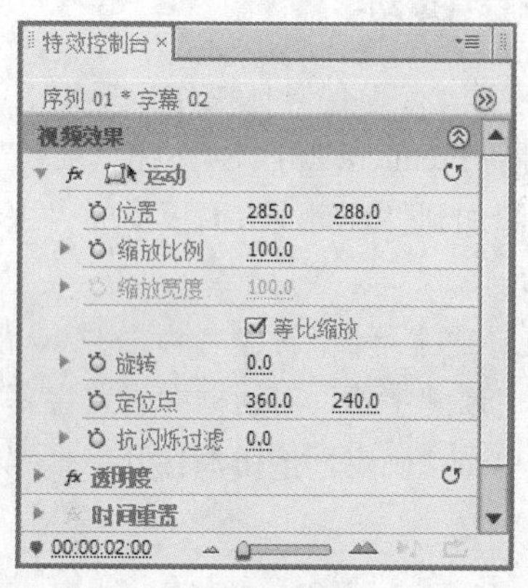

图 6-115

步骤 13 选择“序列 > 添加轨道”命令，在弹出的对话框中进行设置，如图 6-116 所示，单击“确定”按钮，在“时间线”面板中添加轨道。在“项目”面板中选中“字幕 03”文件并将其拖曳到“视频 4”轨道中，如图 6-117 所示。

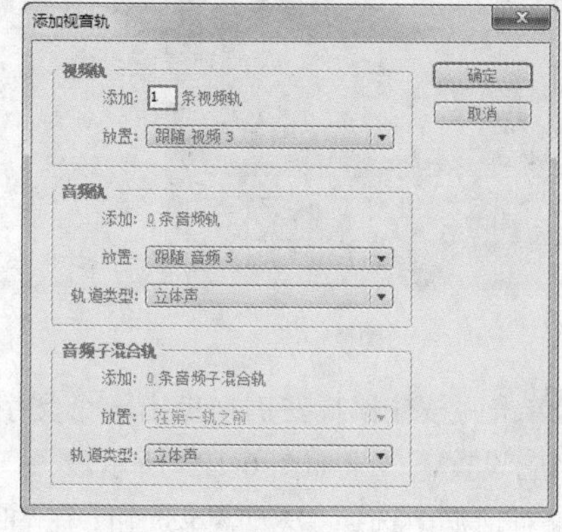

图 6-116

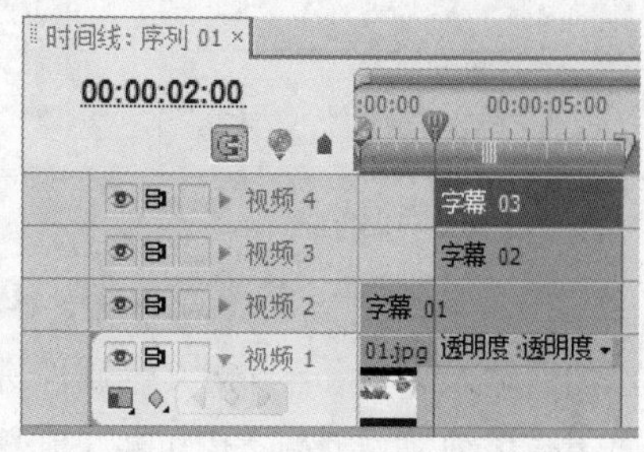

图 6-117

步骤 14 选择“特效控制台”面板，展开“运动”选项参数，设置如图 6-118 所示。滚动字幕效果制作完成，如图 6-119 所示。

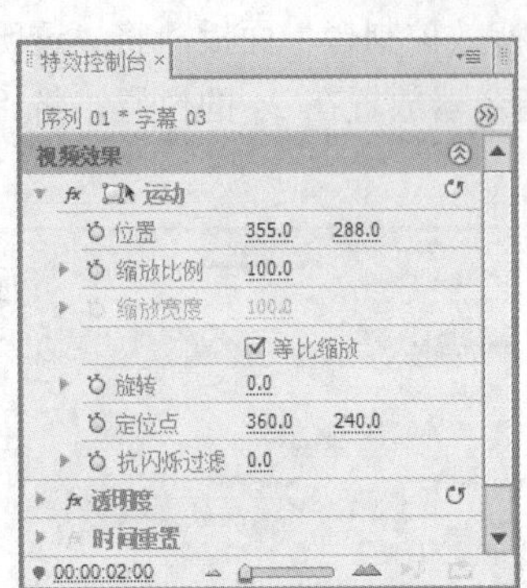

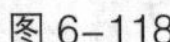
图 6-118

图 6-119

6.3.3 【相关工具】

1. 制作垂直滚动字幕

制作垂直滚动字幕的具体操作步骤如下。

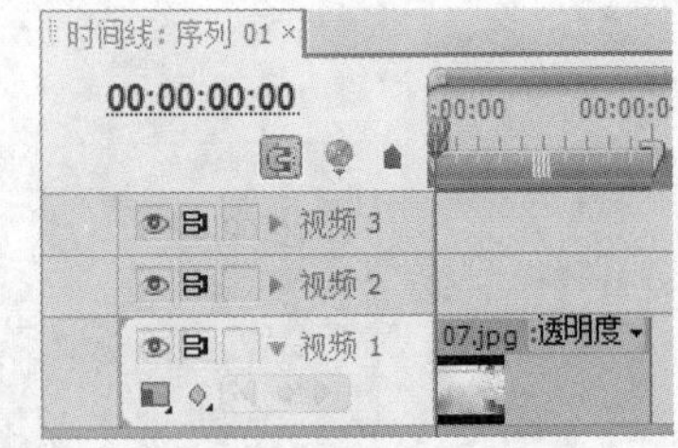

图 6-120

步骤 1 启动 Premiere Pro CS4，在“项目”面板中导入素材并将素材添加到“时间线”面板中的“视频 1”轨道上，如图 6-120 所示。

步骤 2 选择“字幕 > 新建字幕 > 默认静态字幕”命令，在弹出的“新建字幕”对话框中设置字幕的名称，如图 6-121 所示，单击“确定”按钮，打开字幕编辑面板，如图 6-122 所示。

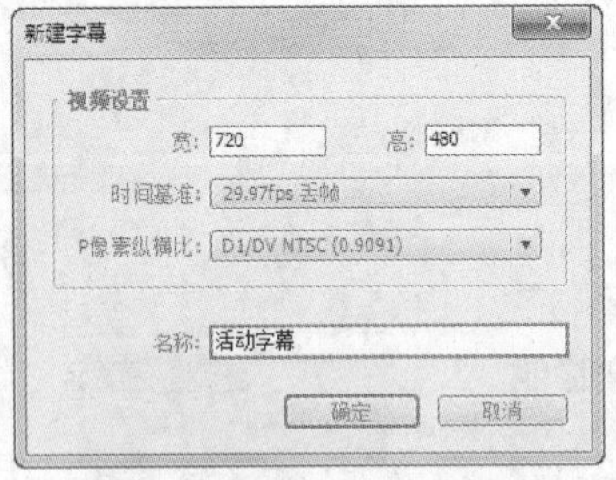

图 6-121

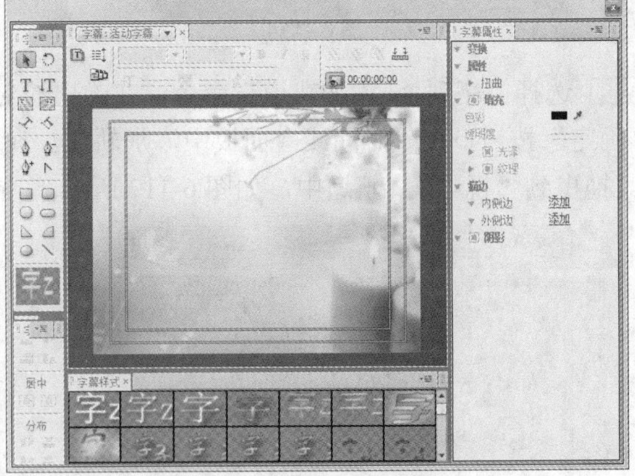

图 6-122

步骤 3 选择“文字”工具T，在字幕工作区中单击并按住鼠标左键拖曳出一个文字输入的范围框，然后输入文字内容并对文字属性进行相应设置，效果如图 6-123 所示。

步骤 4 单击“滚动/游动选项”按钮，在弹出的对话框中选择“滚动”单选钮，在“时间（帧）”选项中勾选“开始于屏幕外”和“结束于屏幕外”复选框，其他参数的设置如图 6-124 所示。单击“确定”按钮，再次单击面板右上角的“关闭”按钮，关闭字幕编辑面板，返回到 Premiere Pro CS4 的工作界面，此时制作的字符将会自动保存在“项目”面板中。

图 6-123

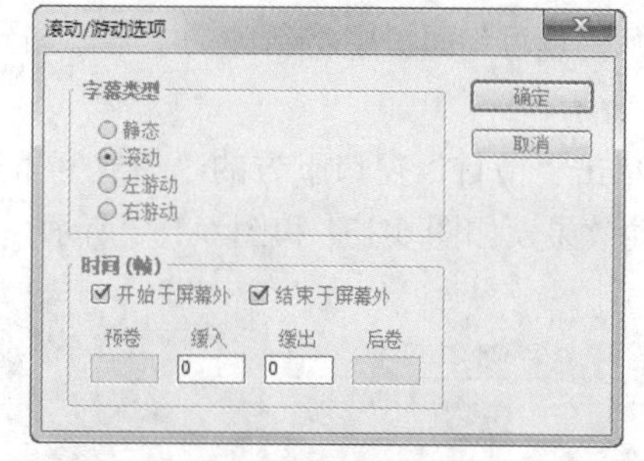

图 6-124

步骤 5 从“项目”面板中将新建的字幕添加到“时间线”窗口中的“视频 2”轨道上，并将其调整与轨道 1 中的素材等长，如图 6-125 所示。

步骤 6 单击“节目”窗口下方的“播放/停止切换（Space）”按钮▶/■，即可预览字幕的垂直滚动效果，如图 6-126 和图 6-127 所示。

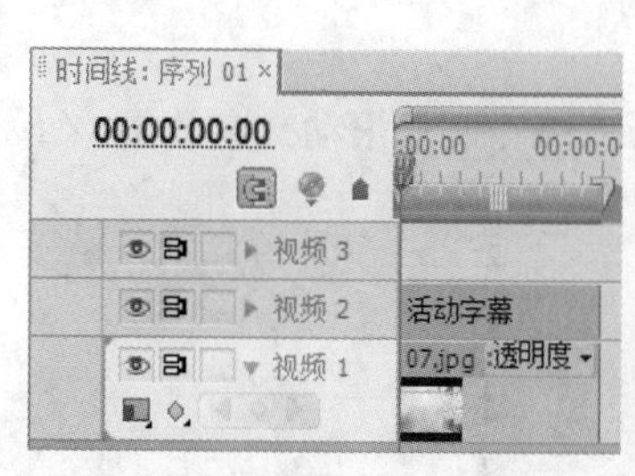

图 6-125

图 6-126

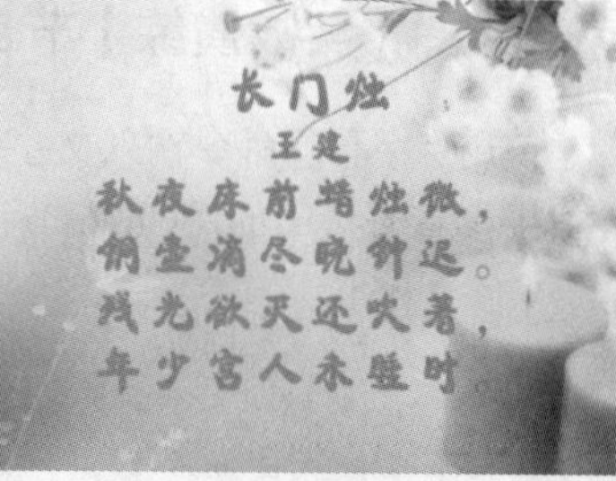

图 6-127

2. 制作横向滚动字幕

制作横向滚动字幕与制作垂直滚动字幕的操作基本相同，其具体操作步骤如下。

步骤 1 启动 Premiere Pro CS4，在“项目”面板中导入素材并将素材添加到“时间线”面板中的视频轨道上，然后创建一个字幕文件。

步骤 2 选择“文字”工具T，在字幕工作区中输入需要的文字，并对文字属性进行相应设置，效果如图 6-128 所示。

步骤 3 单击“滚动/游动选项”按钮，在弹出的对话框中选择“右游动”单选钮，在“时间（帧）”选项中勾选“开始于屏幕外”和“结束于屏幕外”复选框，其他参数的设置如图 6-129 所示。单击“确定”按钮，再次单击面板右上角的“关闭”按钮，关闭字幕编辑面板，返回到 Premiere Pro CS4 的工作界面，此时制作的字符将会自动保存在“项目”面板中。

图 6-128

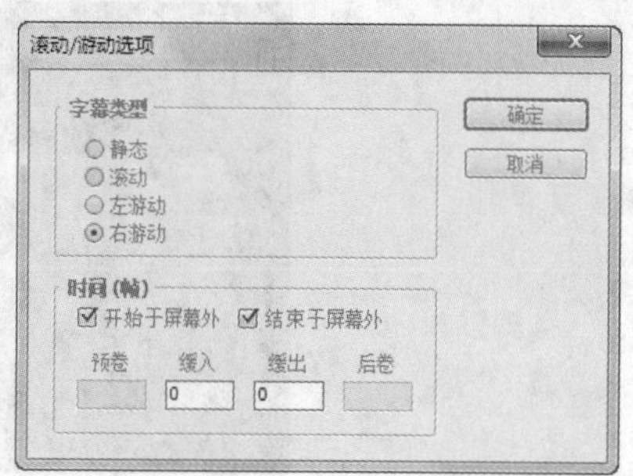

图 6-129

步骤 4 从“项目”面板中将新建的字幕添加到“时间线”面板的“视频 2”轨道上，效果如图 6-130 所示。

步骤 5 单击“节目”窗口下方的“播放/停止切换（Space）”按钮▶/■，即可预览字幕的横向滚动效果，如图 6-131 和图 6-132 所示。

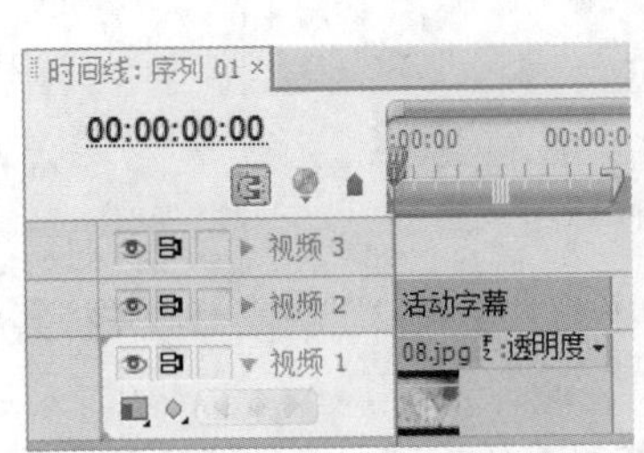

图 6-130

图 6-131

图 6-132

6.3.4 【实战演练】节目预告

使用“字幕”命令输入文字并编辑属性；使用“滚动/游动选项”命令制作滚动文字效果。（最终效果参看光盘中的“Ch06\节目预告\节目预告.prproj”，见图 6-133。）

图 6-133

6.4 综合演练——影视播报

使用“轨道遮罩键”命令制作文字蒙版；使用“缩放比例”选项制作文字大小动画；使用“透明度”选项制作文字不透明动画效果。（最终效果参看光盘中的“Ch06\影视播报\影视播报.prproj”，见图 6-134。）

图 6-134

第7章 加入音频效果

本章将对音频及音频特效的应用与编辑进行介绍，重点讲解调音台、制作录音效果、添加音频特效等操作。通过本章的学习，读者应该掌握 Premiere Pro CS4 的声音特效制作。

课堂学习目标

- 关于音频效果
- 使用调音台调节音频
- 调节音频
- 录音和子轨道
- 使用时间线窗口合成音频
- 分离和链接视音频
- 添加音频特效

7.1 使用调音台调整音频

7.1.1 【操作目的】

使用“缩放比例”选项改变图像或视频文件的大小；使用“自动颜色”命令自动调整图像中的颜色；使用“色阶”命令调整图像的亮度对比度；使用“通道混合”命令调整多个通道之间的颜色；使用“剃刀”工具分割文件；使用“调音台”窗口调整音频。（最终效果参看光盘中的“Ch07\使用调音台调整音频\使用调音台调整音频.prproj”，见图 7-1。）

图 7–1

7.1.2 【操作步骤】

1. 编辑视频文件

步骤 1 启动 Premiere Pro CS4 软件，弹出“欢迎使用 Adobe Premiere Pro”欢迎界面，单击“新建项目”按钮，弹出“新建项目”对话框，设置“位置”选项，选择保存文件路径，在“名称”文本框中输入文件名“使用调音台调整音频”，如图 7-2 所示。单击“确定”按钮，弹出“新建序列”对话框，在左侧的列表中展开“DV-PAL”选项，选中“标准 48kHz”模式，如图 7-3 所示，单击“确定”按钮。

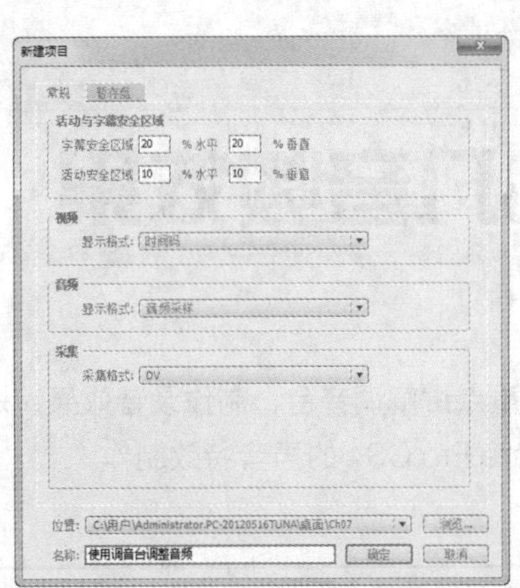
图 7–2

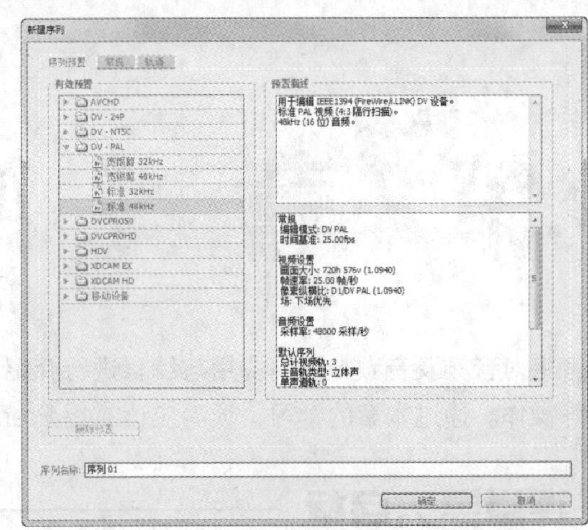
图 7–3

步骤 2 选择“文件 > 导入”命令，弹出“导入”对话框，选择光盘中的“Ch07\使用调音台调整音频\素材\ 01、02”文件，单击“打开”按钮导入视频文件，如图 7-4 所示。导入后的文件将排列在“项目”面板中，如图 7-5 所示。

图 7–4

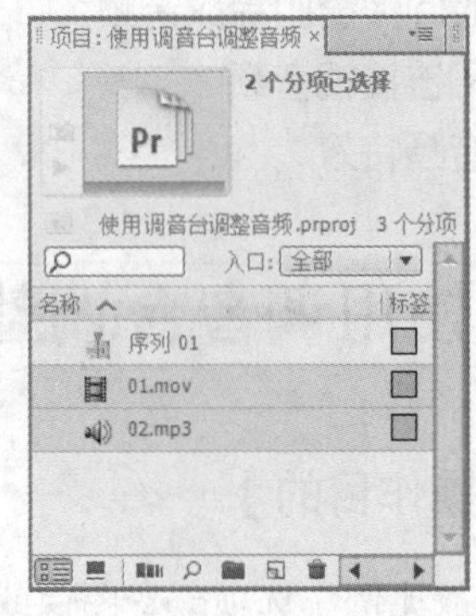
图 7–5

步骤 3 在“项目”面板中选中“01”文件，并将其拖曳到“时间线”窗口中的“视频 1”轨道中，如图 7-6 所示。选择“特效控制台”面板，展开“运动”选项，将“缩放比例”选项设置为 110，如图 7-7 所示。

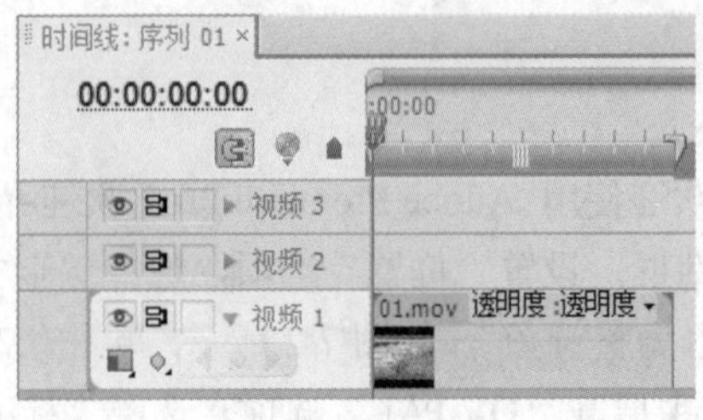
图 7–6

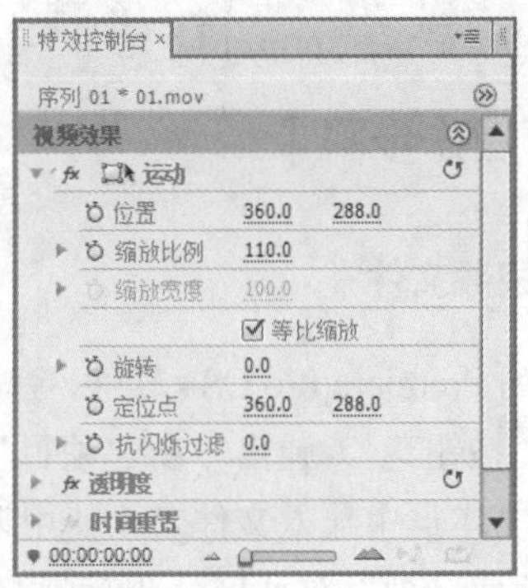
图 7–7

步骤 4 选择“窗口 > 效果”命令，弹出“效果”面板，展开“视频特效”分类选项，单击“调整”文件夹前面的三角形按钮▷将其展开，选中“自动颜色”特效，如图 7-8 所示。将“自动颜色”特效拖曳到“时间线”窗口中的“01”文件上，如图 7-9 所示。

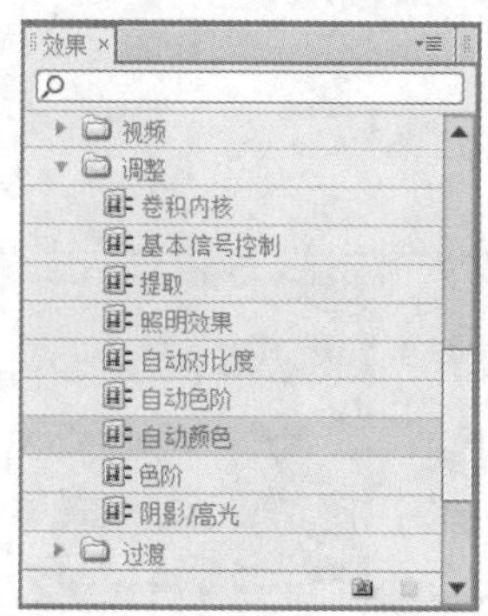

图 7-8

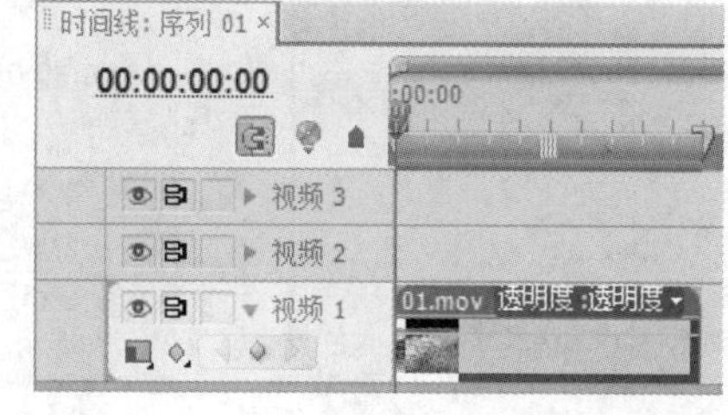

图 7-9

步骤 5 选择“效果”面板，展开“视频特效”分类选项，单击“调整”文件夹前面的三角形按钮▷将其展开，选中“色阶”特效，如图 7-10 所示。将“色阶”特效拖曳到“时间线”窗口中的“01”文件上，如图 7-11 所示。

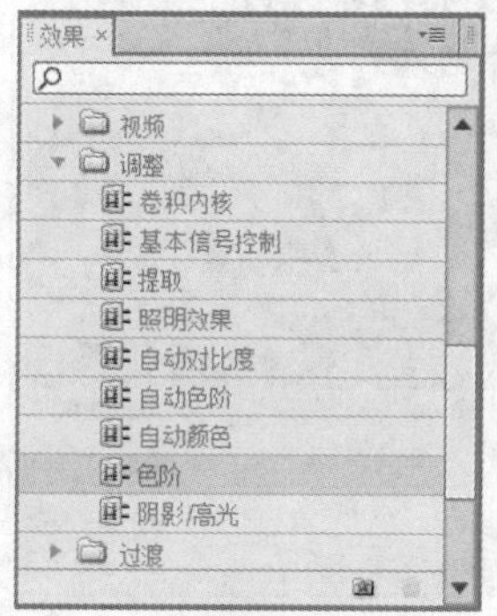

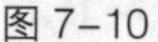

图 7-10

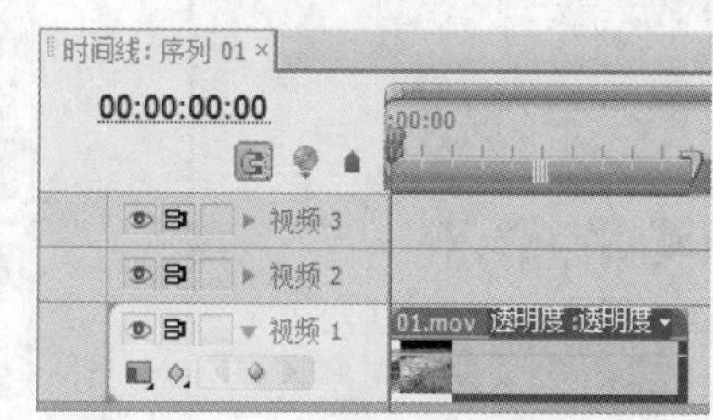

图 7-11

步骤 6 选择“特效控制台”面板，展开“色阶”特效，将“(RGB) 输入”选项设置为 30 和 224，如图 7-12 所示。在“节目”窗口中预览效果，如图 7-13 所示。

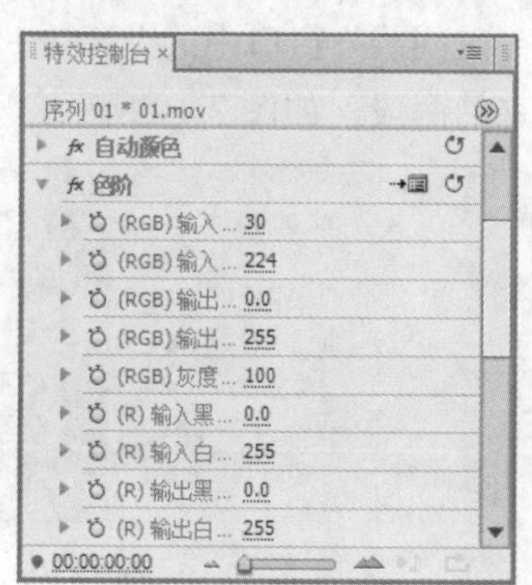

图 7-12

图 7-13

步骤 7 选择“效果”面板，展开“视频特效”分类选项，单击“色彩校正”文件夹前面的三角形按钮▷将其展开，选中“通道混合器”特效，如图 7-14 所示。将“通道混合器”特效拖曳到“时间线”窗口中的“01”文件上，如图 7-15 所示。

图 7-14

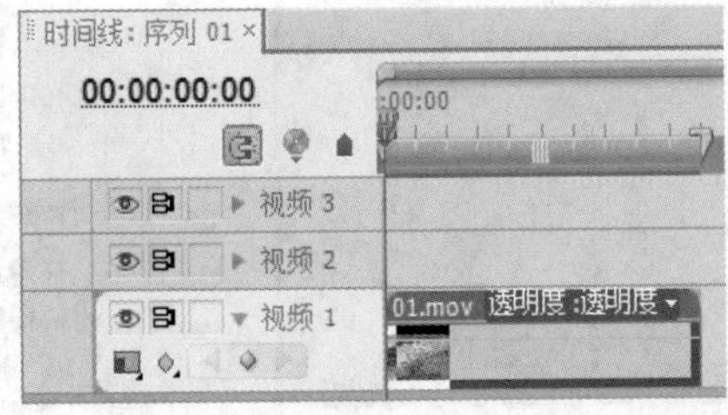

图 7-15

步骤 8 选择“特效控制台”面板，展开“通道混合器”特效，将“红色-绿色”选项设置为 14，“红色-蓝色”选项设置为 5，如图 7-16 所示。在“节目”窗口中预览效果，如图 7-17 所示。

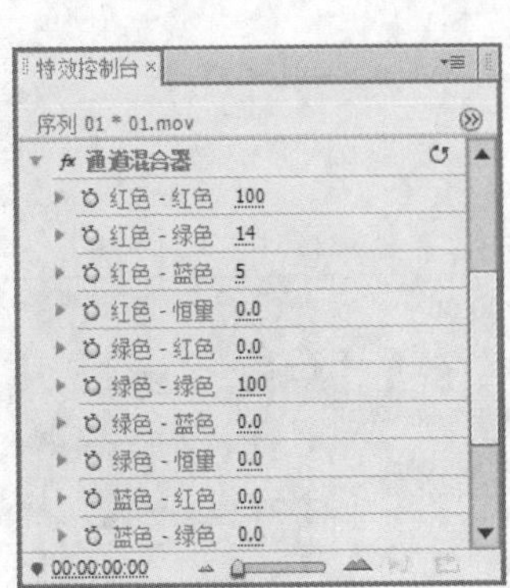

图 7-16

图 7-17

2. 调整音频文件

步骤 1 在“项目”面板中选中“02”文件，并将其拖曳到“时间线”窗口中的“音频 1”轨道中，如图 7-18 所示。选择“剃刀”工具，在“时间线”窗口中的“音频 1”轨道中的“02”文件上，在适当的位置单击，将素材分割为独立的两段，如图 7-19 所示。

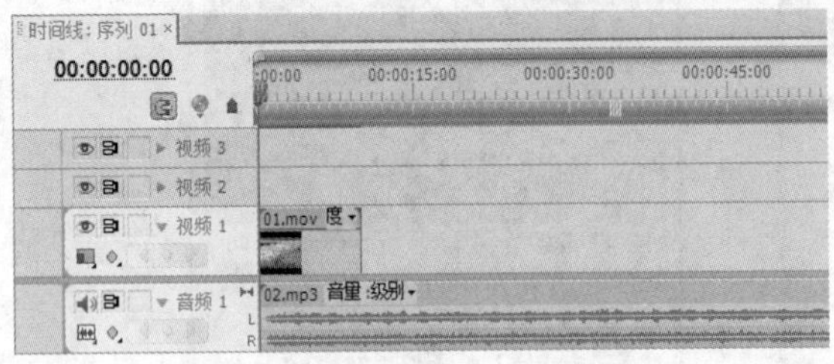

图 7-18

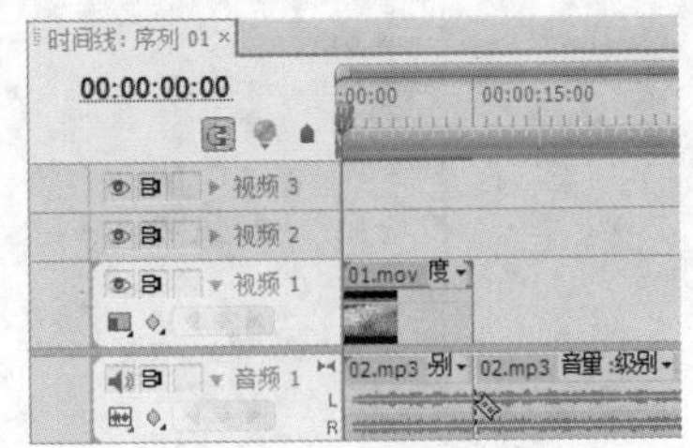

图 7-19

步骤 2 选择“选择”工具，在“时间线”窗口中选取分割出来的第二段文件，按<Delete>键删除这段文件，如图 7-20 所示。选择“窗口 > 调音台”命令，弹出“调音台”面板，将“音

频1”、“音频2”轨道拖曳到最顶层，并将“主音轨”的音量下拉至中间，如图7-21所示。

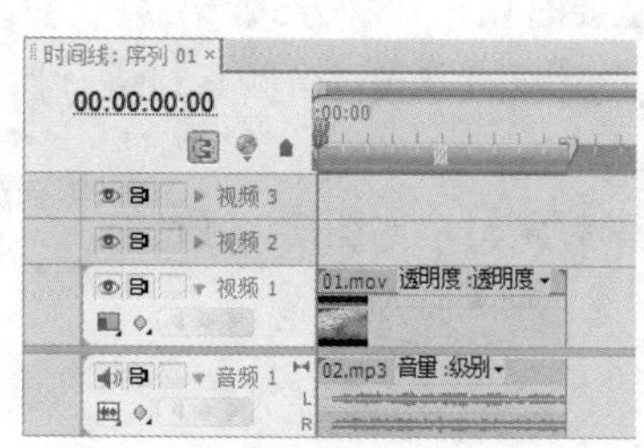

图7-20

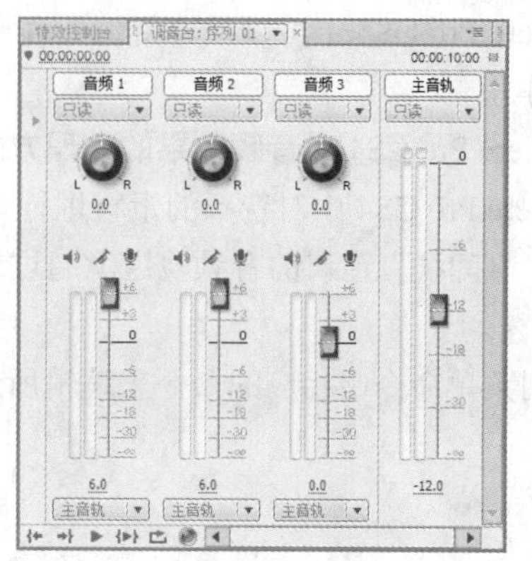

图7-21

步骤 3 将时间指示器放置在0s的位置，选择“特效控制台”面板，展开“音量”选项，将“级别”选项设置为-13dB，记录第1个动画关键帧，如图7-22所示。将时间指示器放置在01:15s的位置，将“级别”选项设置为0dB，如图7-23所示，记录第2个动画关键帧。

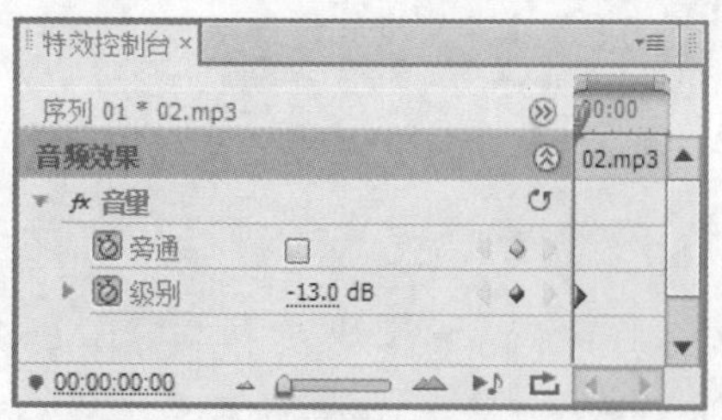

图7-22

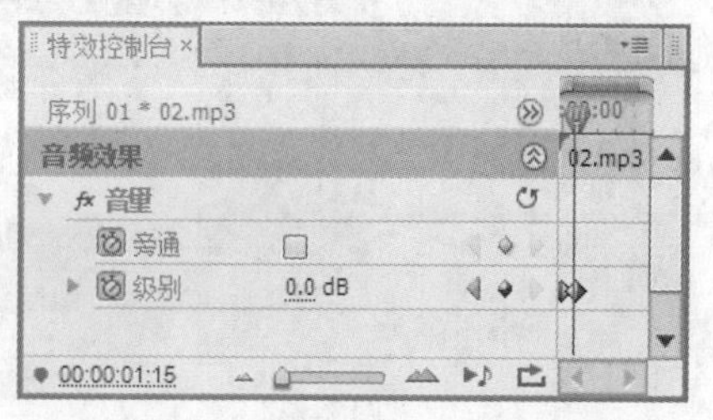

图7-23

步骤 4 将时间指示器放置在08:15s的位置，将“级别”选项设置为-0.6dB，如图7-24所示，记录第3个动画关键帧。将时间指示器放置在09:24s的位置，将“级别”选项设置为-38dB，如图7-25所示，记录第4个动画关键帧。

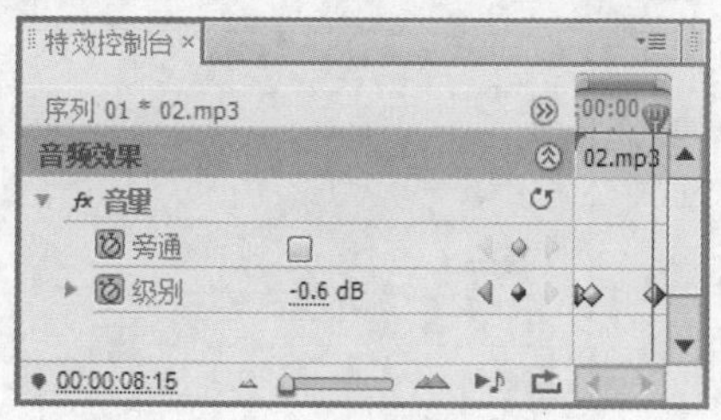

图7-24

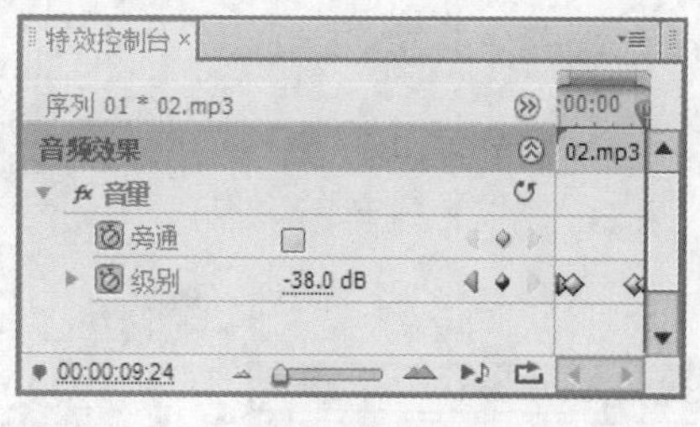

图7-25

步骤 5 使用调音台调整音频制作完成，如图7-26所示。

图7-26

7.1.3 【相关工具】

1. 关于音频效果

Premiere Pro CS4的音频功能十分强大，不仅可以编辑音频素材、添加音效、单声道混音、制作立体声和5.1环绕声，还可以使用“时间线”面板进行音频的合成工作。

在 Premiere Pro CS4 中可以很方便地处理音频，同时还提供了一些处理方法，如声音的摇摆、声音的渐变等。

◎ Premiere Pro CS4 对音频效果的处理方式

在 Premiere Pro CS4 中对音频的素材进行处理主要有以下 3 种方式。

（1）在“时间线”窗口的音频轨道上通过修改关键帧的方式对音频素材进行操作，如图 7-27 所示。

（2）使用菜单命令中相应的命令来编辑所选的音频素材，如图 7-28 所示。

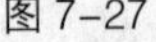

图 7-27

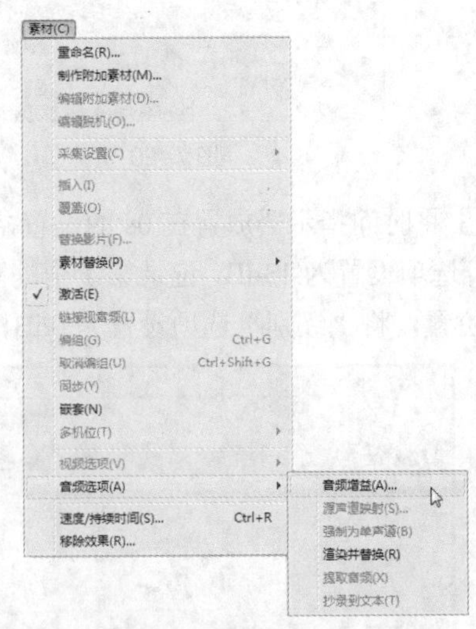

图 7-28

（3）在“效果”面板中为音频素材添加“音频特效”来改变音频素材的效果，如图 7-29 所示。

选择“编辑 > 参数 > 音频”命令，弹出“参数”对话框，可以对音频素材属性的使用进行初始设置，如图 7-30 所示。

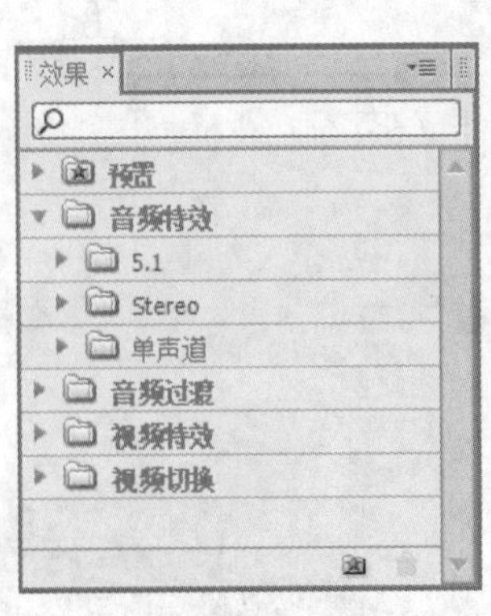

图 7-29

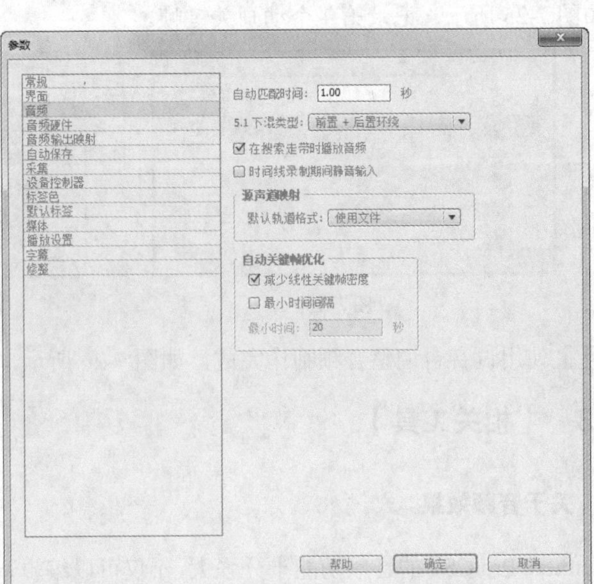

图 7-30

2. 认识调音台窗口

“调音台”由若干个轨道音频控制器、主音频控制器和播放控制器组成，每个控制器使用控制按钮和调节滑杆调节音频。

◎ **轨道音频控制器**

“调音台”中的轨道音频控制器用于调节其相对轨道上的音频对象。控制器 1 对应“音频 1”、控制器 2 对应“音频 2”，依此类推。轨道音频控制器的数目由“时间线”面板中的音频轨道数目决定。当在“时间线”面板中添加音频时，“调音台”窗口中将自动添加一个轨道音频控制器与其对应。

轨道音频控制器由控制按钮、调节滑轮及调节滑杆组成。

（1）控制按钮。轨道音频控制器中的控制按钮可以设置音频调节时的调节状态，如图 7-31 所示。

静音轨道：单击“静音”按钮，该轨道音频设置为静音状态。

独奏轨：单击“独奏”按钮，其他未选中独奏按钮的轨道音频会自动设置为静音状态。

激活录制轨：激活“录音”按钮，可以利用输入设备将声音录制到目标轨道上。

（2）声道调节滑轮。如果对象为双声道音频，可以使用声道调节滑轮调节播放声道。向左拖曳滑轮，输出到左声道（L），可以增加音量；向右拖曳滑轮，输出到右声道（R）并增大音量，声道调节滑轮如图 7-32 所示。

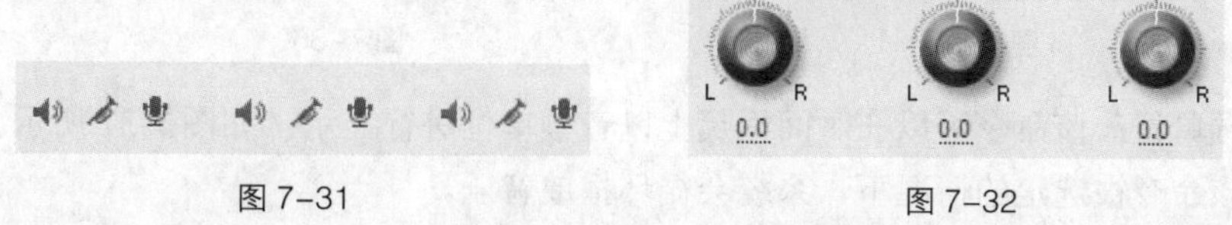

图 7–31　　图 7–32

（3）音量调节滑杆。通过音量调节滑杆可以控制当前轨道音频对象音量，Premiere Pro CS4 以分贝数显示音量。向上拖曳滑杆，可以增加音量；向下拖曳滑杆，可以减小音量。下方数值栏中显示当前音量，用户也可直接在数值栏中输入声音分贝数。播放音频时，面板左侧为音量表，显示音频播放时的音量大小；音量表顶部的小方块显示系统所能处理的音量极限，当方块显示为红色时，表示该音频量超过极限，音量过大。音量调节滑杆如图 7-33 所示。

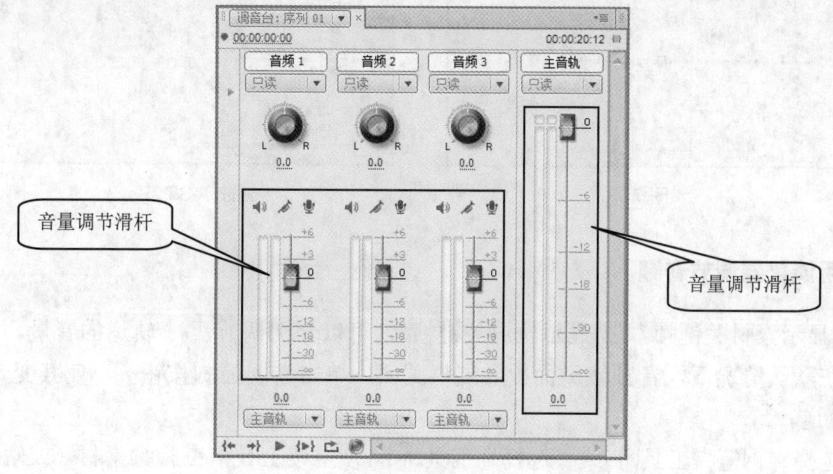

图 7–33

使用主音频控制器可以调节“时间线”窗口中所有轨道上的音频对象。主音频控制器的使用方法与轨道音频控制器相同。

◎ 播放控制器

播放控制器用于音频播放，使用方法与监视器窗口中的播放控制栏相同，如图 7-34 所示。

图 7–34

3. 设置调音台窗口

单击“调音台”面板右上方的按钮，在弹出的快捷菜单中对窗口进行相关设置，如图 7-35 所示。

显示/隐藏轨道：该命令可以对“调音台”窗口中的轨道进行隐藏或显示设置。选择该命令，在弹出的如图 7-36 所示对话框中会显示左侧的图标的轨道。

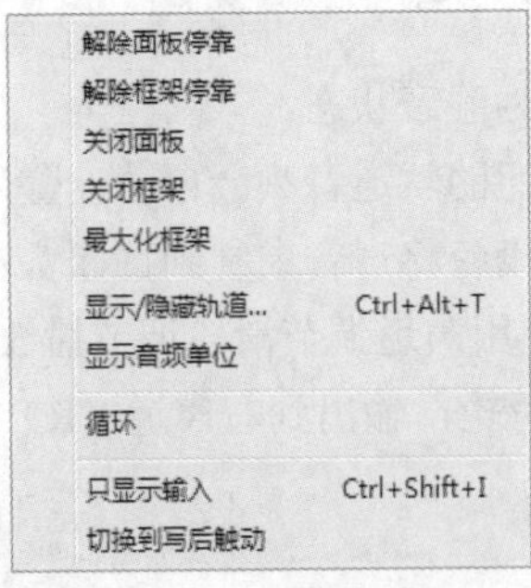

图 7–35

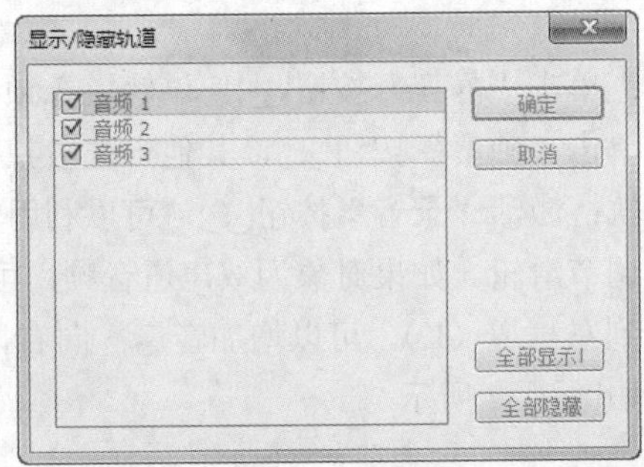

图 7–36

显示音频单位：该命令可以在时间标尺上以音频单位进行显示，如图 7-37 所示。

循环：该命令被选定的情况下，系统会循环播放音乐。

在编辑音频的时候，一般情况下是以波形来显示图标，这样可以更直观地观察声音变化状态。在音频轨道左侧的控制面板中单击按钮，在弹出的列表中选择“显示波形”命令，即可在图标上显示音频波形，如图 7-38 所示。

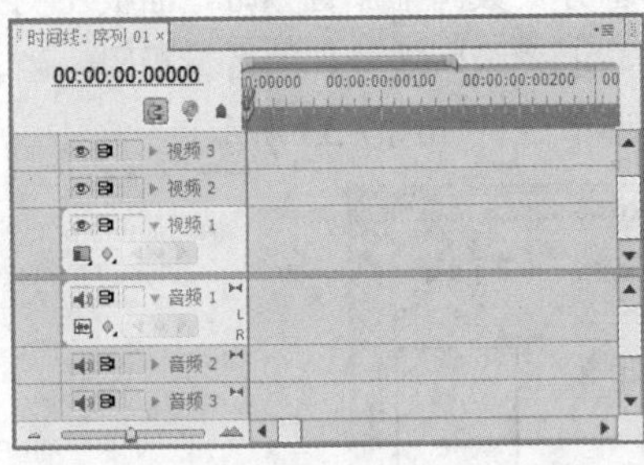

图 7–37

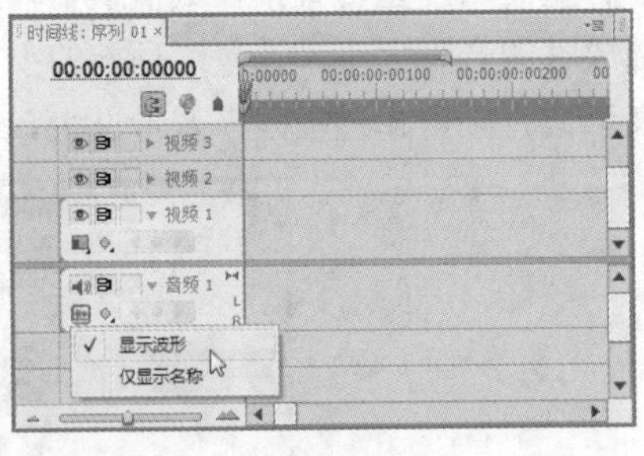

图 7–38

4. 使用淡化器调节音频

选择“显示素材关键帧”/“显示轨道关键帧”，可以分别调节素材/轨道的音量。

步骤 1 在默认情况下，音频轨道面板卷展栏关闭。单击卷展控制按钮，使其变为状态，展开轨道。

步骤 2 选择“钢笔”工具或“选择”工具，使用该工具拖曳音频素材（或轨道）上的黄线即可调整音量，如图 7-39 所示。

步骤 3 按住<Ctrl>键的同时，将鼠标指针移动到音频淡化器上，指针将变为带有加号的箭头，如图 7-40 所示。

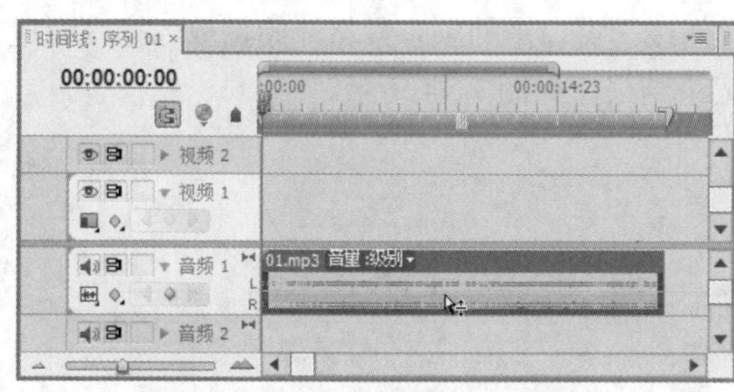

图 7-39

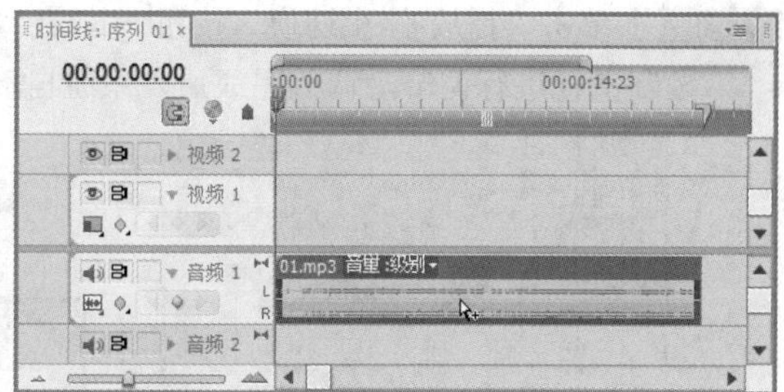

图 7-40

步骤 4 单击添加一个关键帧，用户可以跟据需要添加多个关键帧。单击并按住鼠标左键上下拖曳关键帧，关键帧之间的直线指示音频素材是淡入或者淡出，一条递增的直线表示音频淡入，另一条递减的直线表示音频淡出，如图 7-41 所示。

步骤 5 用鼠标右键单击素材，选择“音频增益”命令，在弹出的对话框中单击“标准化所有峰值为”选项，可以使音频素材自动匹配到最佳音量，如图 7-42 所示。

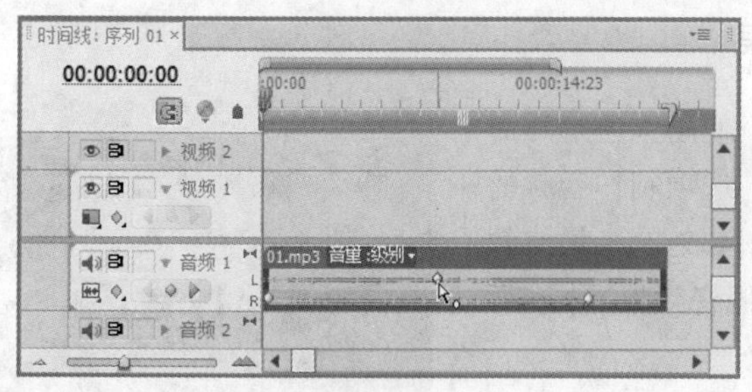

图 7-41

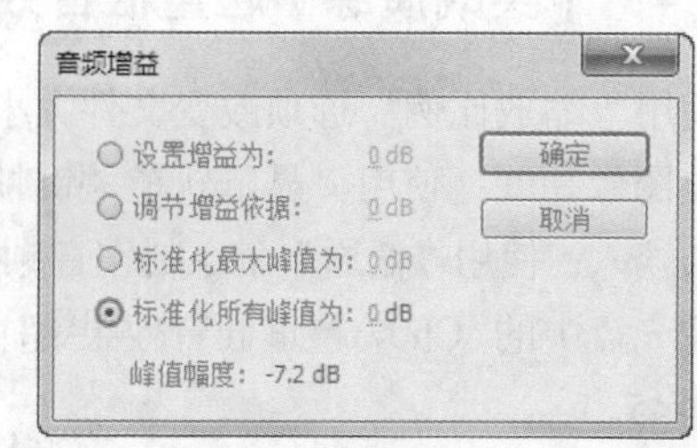

图 7-42

5. 实时调节音频

使用 Premiere Pro CS4 的“调音台”面板调节音量非常方便，用户可以在播放音频时实时进行音量调节。使用调音台调节音频电平的方法如下。

步骤 1 在“时间线”窗口轨道控制面板左侧单击按钮，在弹出的列表中选择“显示轨道音量”选项。

步骤 2 在“调音台”面板上方需要进行调节的轨道上单击“只读”下拉按钮，在下拉列表中进行设置，如图 7-43 所示。

关：选择该命令，系统会忽略当前音频轨道上的调节，仅按照默认设置播放。

只读：选择该命令，系统会读取当前音频轨上的调节效果，但是不能记录音频调节过程。

锁存：当使用自动书写功能实时播放记录调节数据时，每调节一次，下一次调节时调节滑块在上一次调节点之后的位置，当单击停止按钮播放音频后，当前调节滑块会自动转为音频对象在进行当前编辑前的参数值。

触动：当使用自动书写功能实时播放记录调节数据时，每调节一次，下一次调节时调节滑块初始位置会自动转为音频对象在进行当前编辑前的参数值。

写入：当使用自动书写功能实时播放记录调节数据时，每调节一次，下一次调节时调节滑

块在上一次调节后位置。在调音台中激活需要调节轨自动记录状态下，一般情况选择“写入”即可。

步骤 3 单击“播放-停止切换”按钮，在“时间线”窗口中的频音素材开始播放。拖曳音量控制滑杆进行调节，调节完成后，系统自动记录结果，如图 7-44 所示。

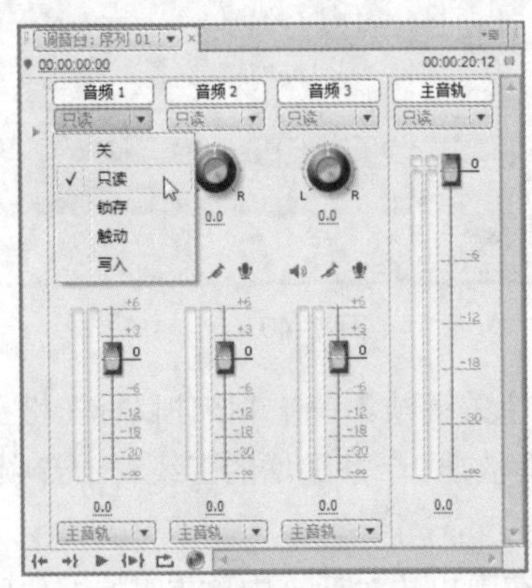

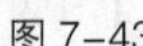

图 7-43

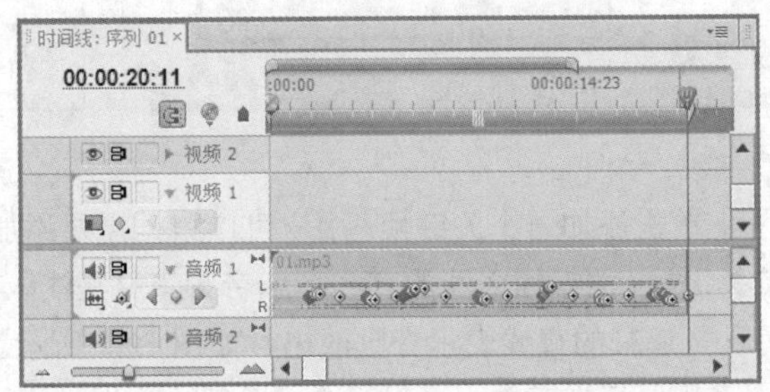

图 7-44

7.1.4 【实战演练】超重低音效果

使用“缩放比例”选项改变文件大小；使用“色阶”命令调整图像亮度；使用“显示轨道关键帧”选项制作音频的淡出与淡入；使用“低通”命令制作音频低音效果。（最终效果参看光盘中的“Ch07\超重低音效果\超重低音效果.prproj”，见图 7-45。）

图 7-45

7.2 录制声音

7.2.1 【操作目的】

使用“运动”选项编辑视频文件的位置与大小；添加关键帧动画；使用“控制面板”编辑音频；使用“调音台”面板录制声音。（最终效果参看光盘中的“Ch07\录制声音\录制声音.prproj”，见图 7-46。）

图 7-46

7.2.2 【操作步骤】

步骤 1 启动 Premiere Pro CS4 软件，弹出“欢迎使用 Adobe Premiere Pro”界面，单击“新建项目”按钮，弹出“新建项目”对话框，设置“位置”选项，选择保存文件路径，在“名称”文本框中输入文件名“录制声音”，如图 7-47 所示。单击“确定”按钮，弹出“新建序列”对话框，在左侧的列表中展开“DV-PAL”选项，选中“标准 48kHz”模式，如图 7-48 所示，单击“确定”按钮。

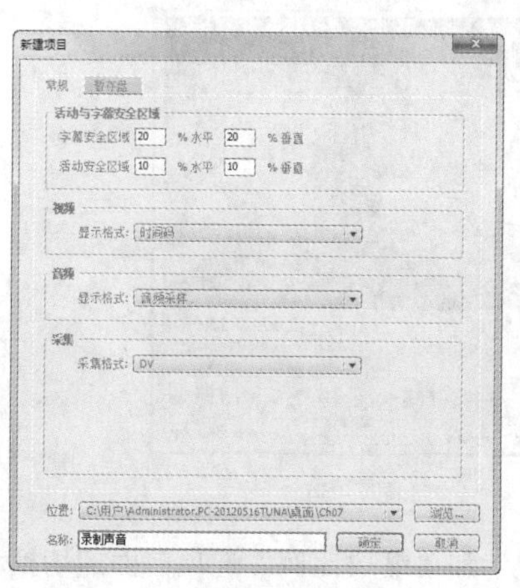

图 7-47

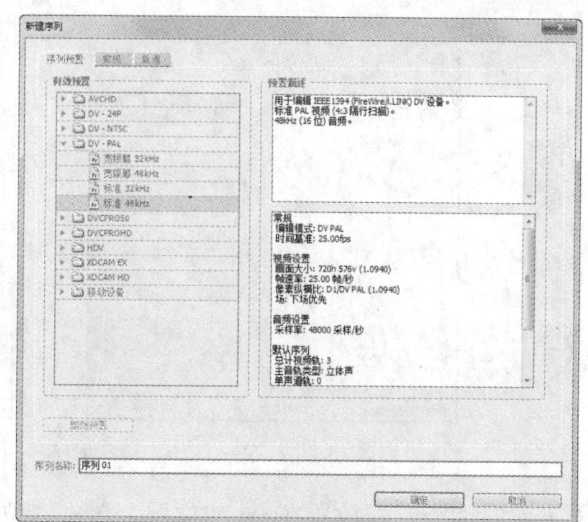

图 7-48

步骤 2 选择“文件 > 导入”命令，弹出“导入”对话框，选择光盘中的“Ch07/录制声音/素材/01”文件，单击“打开”按钮导入视频文件，如图 7-49 所示。导入后的文件排列在“项目”窗口中，如图 7-50 所示。

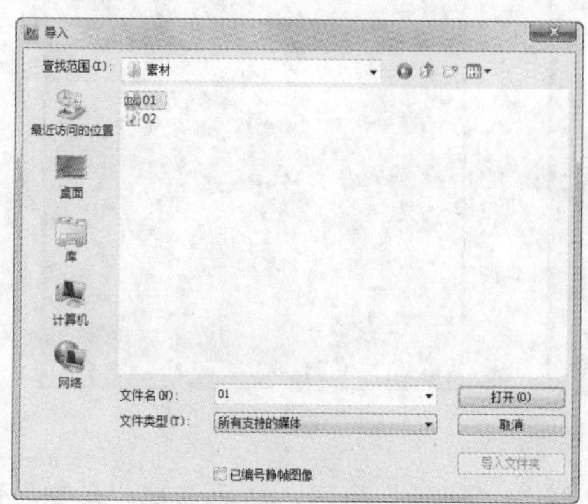

图 7-49

图 7-50

步骤 3 在“项目”窗口中选中“01”文件，并将“01”文件拖曳到“时间线”窗口中的“视频1”轨道中，如图 7-51 所示。将时间指示器放置在 12:00s 的位置，将鼠标指针放在“01”文件的尾部，当鼠标指针呈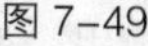形状时，向前拖曳鼠标到 12:00s 的位置上，如图 7-52 所示。

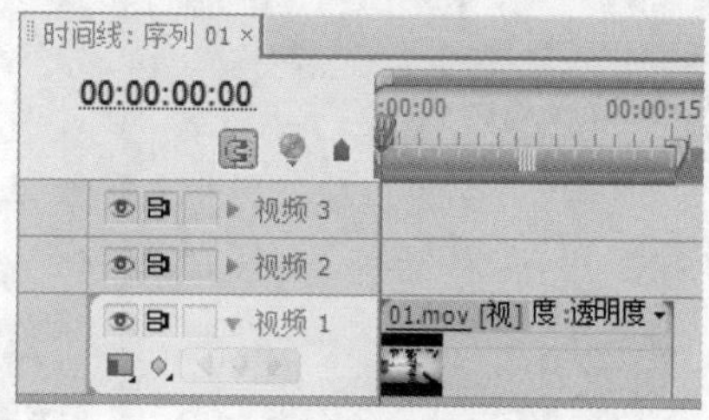

图 7-51

图 7-52

步骤 4 将时间指示器放置在 0s 的位置，选择“特效控制台”面板，展开“运动”选项，将“缩放比例”选项设置为 82.0，如图 7-53 所示。在“节目”窗口中预览效果，如图 7-54 所示。

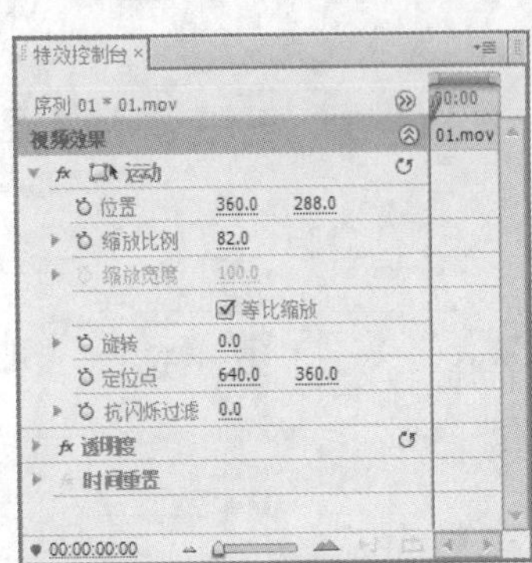
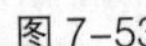

图 7–53　　图 7–54

步骤 5　将时间指示器放置在 0s 的位置，单击“位置”和“缩放比例”选项前面的切换动画按钮，如图 7-55 所示，记录第 1 个动画关键帧。将时间指示器放置在 11:24s 的位置，将“位置”选项设置为 260.0 和 200.0，“缩放比例”选项设置为 120.0，如图 7-56 所示，记录第 2 个动画关键帧。

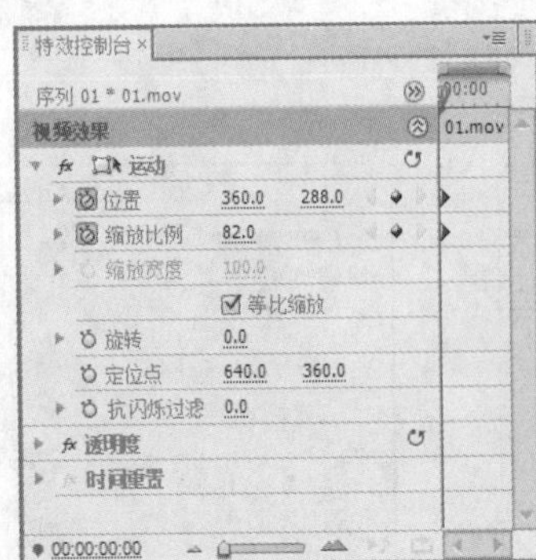

图 7–55　　图 7–56

步骤 6　在“控制面板”中选择“声音”，弹出“声音”窗口，然后选择“录制”选项卡，如图 7-57 所示。选择“麦克风”选项，单击“属性”按钮，弹出“麦克风属性”对话框，选择“级别”选项卡，调整“麦克风加强”音量大小，如图 7-58 所示。

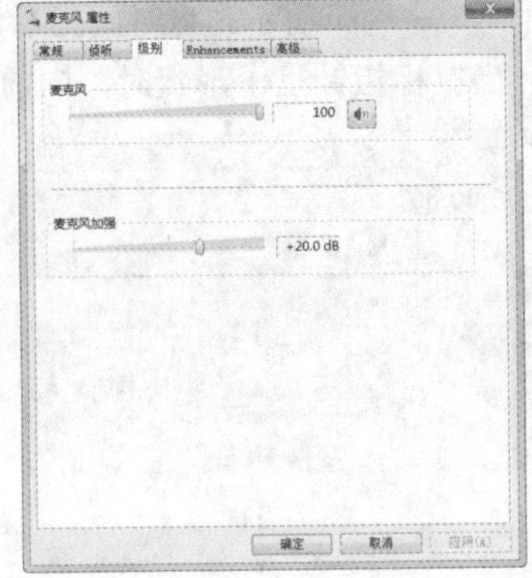
图 7–57　　图 7–58

步骤 7　在 Windows 中播放声音，如用 Windows Media Player，选择光盘中的“Ch07/录制声音/素材/02”文件，双击打开声音文件进行播放，如图 7-59 所示。

步骤 8 选择“窗口 > 调音台”命令，弹出“调音台”面板，单击“音频 1”下的“激活录制轨”按钮，然后单击“录制”按钮，并将“主音轨”轨道的音量拖曳至最低层，可以暂时不播放声音，以防止录音时有回音。单击 Windows Media Player 中的“播放”按钮，再单击“播放-停止切换”按钮进行播放，这样就可以录音了，如图 7-60 所示。录音结束后再次单击“播放-停止切换”按钮，停止录制，在“项目”面板中就自动添加了一个录制的声音文件，如图 7-61 所示。

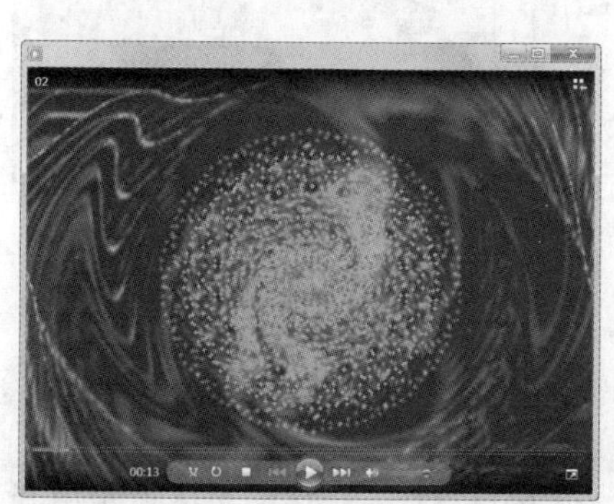

图 7–59

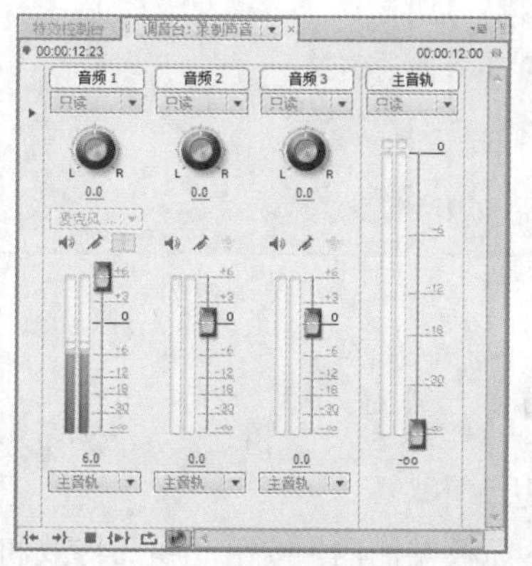

图 7–60

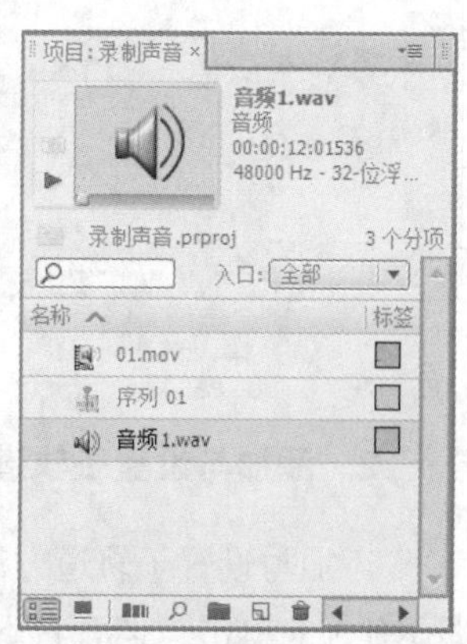

图 7–61

步骤 9 同时，在“时间线”窗口中的“音频 1”轨道中也会自动放置刚录制的文件，如图 7-62 所示。录制声音制作完成，如图 7-63 所示。

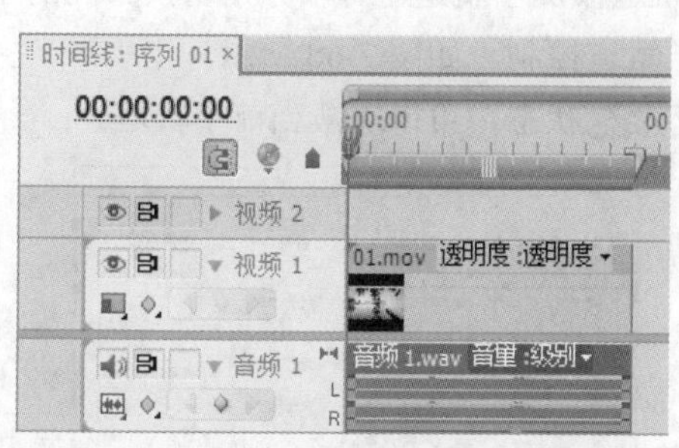

图 7–62

图 7–63

7.2.3 【相关工具】

1. 制作录音

使用录音功能，首先必须保证计算机的音频输入装置被正确连接。可以使用麦克风或者其他 MIDI 设备在 Premiere Pro CS4 中录音，录制的声音会成为音频轨道上的一个音频素材，还可以将这个音频素材输出保存为一个兼容的音频文件格式。

制作录音的方法如下。

步骤 1 激活要录制音频轨道的“激活录制轨”按钮，如图 7-64 所示。

步骤 2 激活录音装置后，上方会出现音频输入的设备选项，选择输入音频设备即可。

步骤 3 激活窗口下方的按钮，如图 7-65 所示。

步骤 4 单击窗口下方的按钮，进行解说或者演奏即可。单击按钮即可停止录音，当前

音频轨道上出现刚才录制的声音，如图 7-66 所示。

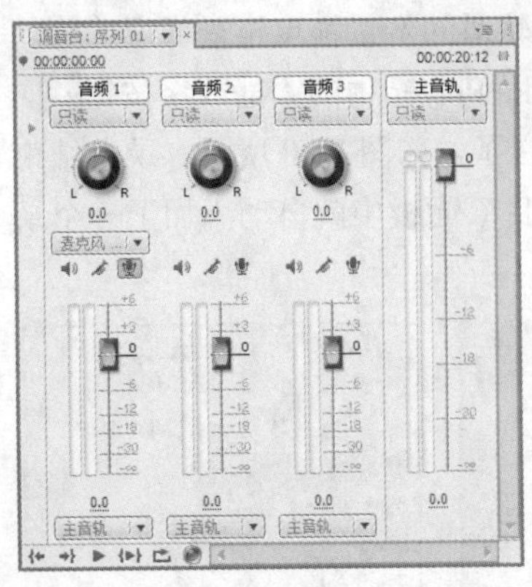

图 7-64

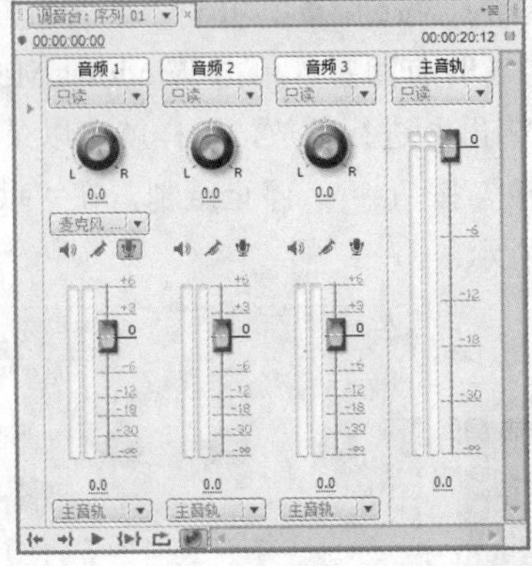

图 7-65

图 7-66

2. 添加与设置子轨道

添加与设置子轨道方法如下。

步骤 1 单击“调音台”面板左侧的▶按钮，展开特效和子轨道设置栏。下边的区域是用来添加音频子轨道。在子轨道的区域中单击小三角按钮，会弹出子轨道下拉列表，如图 7-67 所示。

步骤 2 在下拉列表中选择添加的子轨道方式。可以添加一个单声轨、立体声或者 5.1 声道的子轨道。选择子轨道类型后，即可为当前音频轨道添加子轨道。可以分别切换不同的子轨道进行调节控制，Premiere Pro CS4 提供了 5 个子轨道控制，如图 7-68 所示。

步骤 3 单击子轨道调节栏右上角图标，使其变为状态，可以屏蔽当前子轨道。

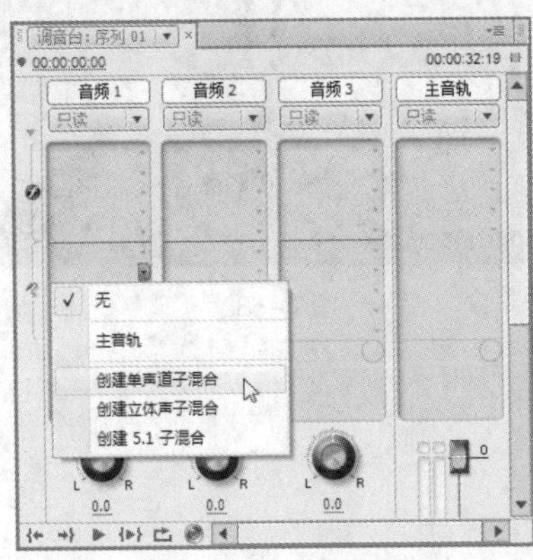

图 7-67

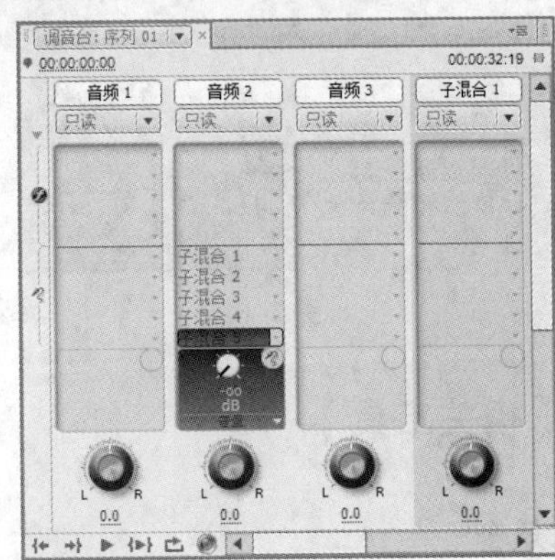

图 7-68

3. 调整音频持续时间和速度

与视频素材的编辑一样，在应用音频素材时，可以对其播放速度和时间长度进行修改，具体操作步骤如下。

步骤 1 选中要调整的音频素材，选择“素材 > 速度/持续时间”命令，弹出“素材速度/持续时间”对话框，在“持续时间”文本框中可以对音频素材的持续时间进行调整，如图 7-69 所示。

提　示 当改变“素材速度/持续时间”对话框中的“速度”值时，音频的播放速度会发生改变，从而也可以使音频的“持续时间”发生改变，但改变后的音频素材的节奏也同时被改变了。

步骤 2 在“时间线”面板中直接拖曳音频的边缘，可改变音频轨上音频素材的长度。也可利用“剃刀”工具，将音频素材多余的部分切除掉，如图7-70所示。

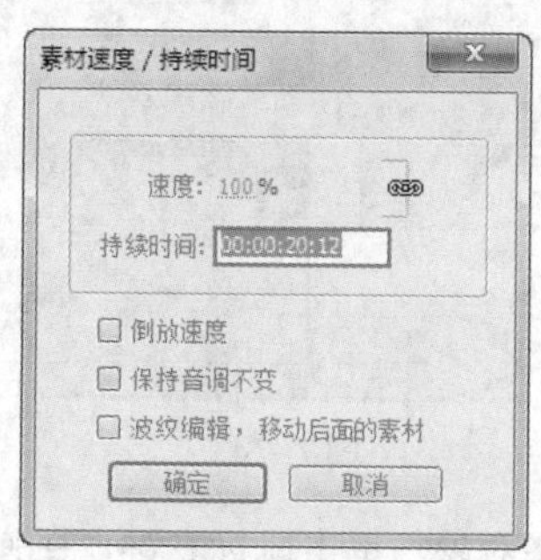

图7–69

图7–70

4. 增益音频

音频增益指的是音频信号的声调高低。当一个视频片段同时拥有几个音频素材时，就需要平衡这几个素材的增益。如果一个素材的音频信号太高或太低，就会严重影响播放时的音频效果。设置音频素材增益的操作步骤如下。

步骤 1 选择“时间线”窗口中需要调整的素材，被选择的素材周围会出现黑色实线，如图7-71所示。

步骤 2 选择“素材 > 音频选项 > 增益音频”命令，弹出“增益音频”对话框，将鼠标指针移到对话框的数值上变为手形标记时，单击并按住鼠标左键左右拖曳，增益值将被改变，如图7-72所示。

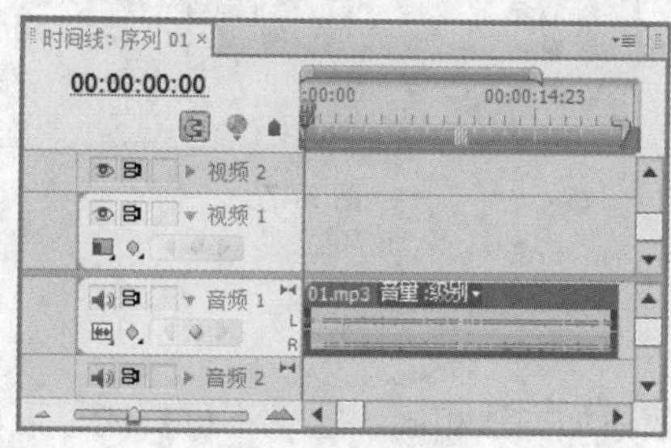

图7–71

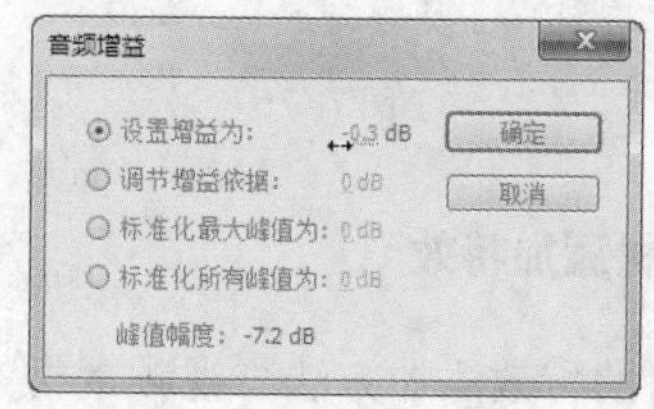

图7–72

步骤 3 完成设置后，可以通过“源”窗口查看处理后的音频波形变化，播放修改后的音频素材，试听音频效果。

5. 分离和链接视频音频

在编辑视频、音频的过程中，经常需要将“时间线”面板中频链接的视频和音频部分分离。用户可以完全打断或者暂时释放链接素材的链接关系并重新设置各部分。

Premiere Pro CS4中音频素材和视频素材有两种链接关系，即硬链接和软链接。当链接的视频和音频来自于一个影片文件，它们是硬链接，“项目”窗口中只显示一个素材。硬链接是在素材输入 Premiere Pro CS4 之前就建立的，在“时间线”窗口中显示为相同的颜色，如图 7-73 的所示。

软链接是在“时间线”窗口中建立的链接。用户可以在“时间线”面板为音频素材和视频素材建立软链接。软链接类似于硬链接，但链接的素材在“项目”窗口保持着各自的完整性，在序列中显示为不同的颜色，如图 7-74 所示。

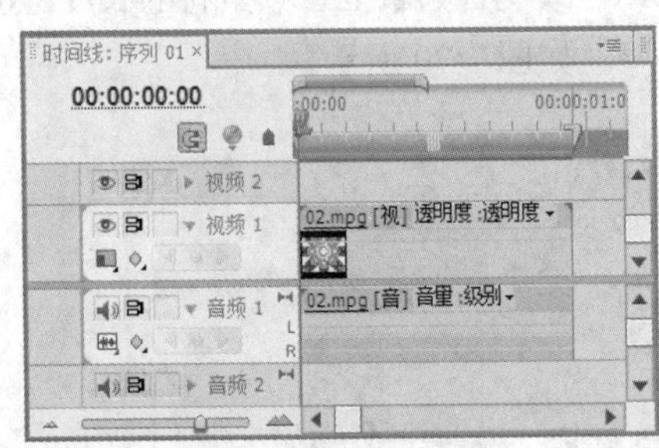

图 7–73

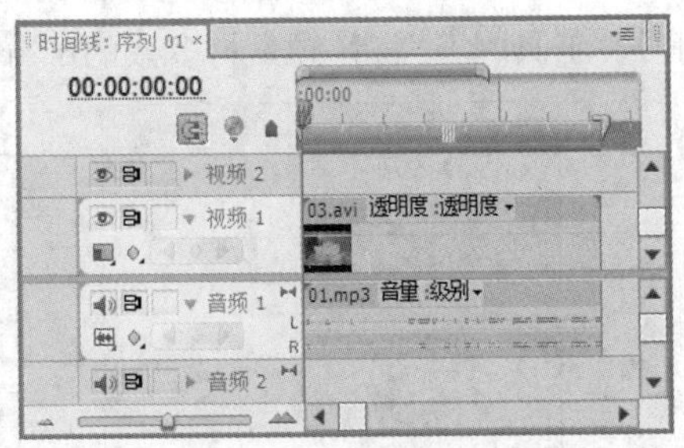

图 7–74

如果要打断链接在一起的视频音频，可在轨道上选择对象，单击鼠标右键，在弹出的快捷菜单中选择“解除视音频链接”命令即可，如图 7-75 所示。被打断的视频音频素材可以单独进行操作。

如果要把分离的视频音频素材链接在一起作为一个整体进行操作，则只需要框选需要链接的视频音频，单击鼠标右键，在弹出的快捷菜单中选择“链接视音频”命令即可。

提　示　如果要把一段链接在一起的视频音频文件打断、移动位置或者分别设置入点/出点，产生了偏移，再次将其链接，系统会提示警告，表示视频音频不同步，如图 7-76 所示，左侧出现红色警告，并标识错位的帧数。

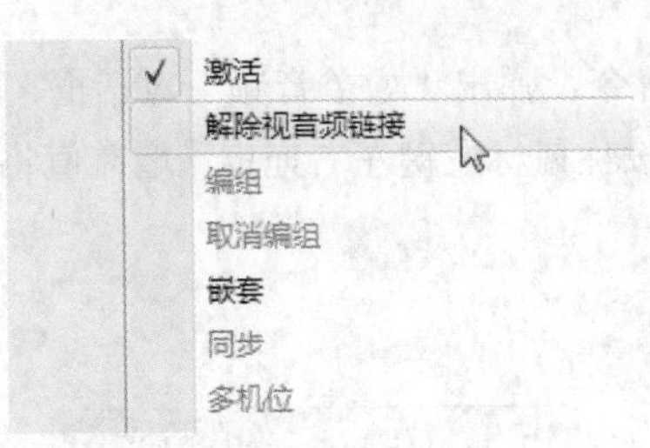

图 7–75

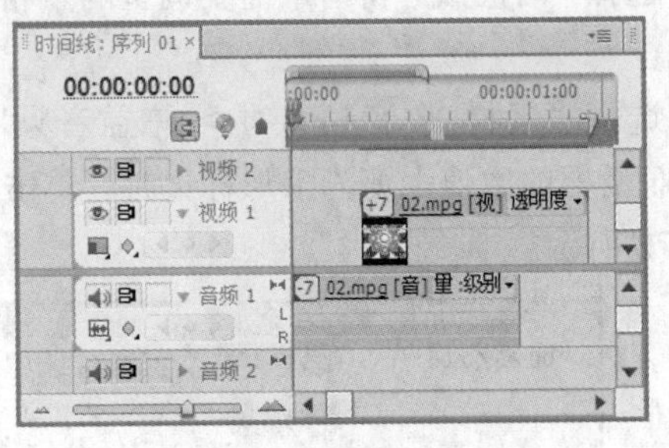

图 7–76

6. 为素材添加特效

音频素材的特效添加方法与视频素材的特效添加方法相同，这里不再赘述。可以在“效果”面板中展开“音频特效”设置栏，分别在不同的音频模式文件夹中选择音频特效进行设置即可，如图 7-77 所示。

提　示　不同音频模式文件夹的特效仅对相同模式音频素材有效。例如，不能对一个立体声的音频素材施加一个 5.1 声道的音频特效。

在“音频过渡”设置栏下，Premiere Pro CS4 还为音频素材提供了简单的切换方式，如图 7-78 所示。为音频素材添加切换的方法与视频素材相同。

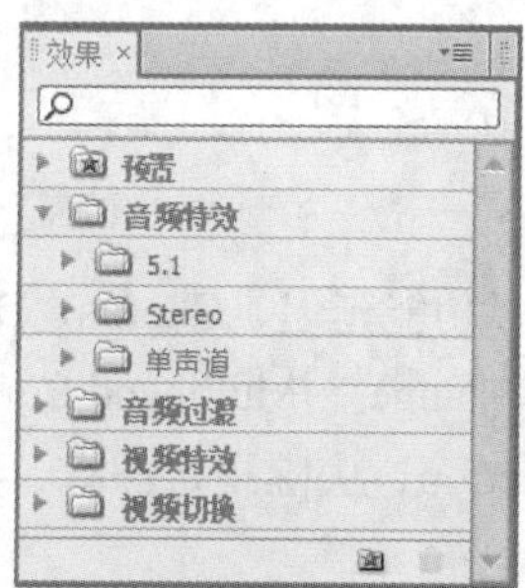

图 7–77

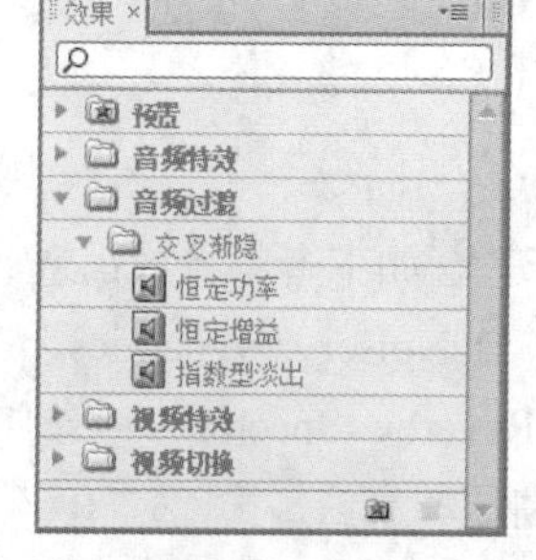

图 7–78

7. 设置轨道特效

除了对轨道上的音频素材设置外，还可以直接对音频轨道添加特效。首先在“调音台”窗口中展开目标轨道的特效设置栏，单击右侧设置栏上的小三角按钮，弹出音频特效下拉列表，如图 7-79 所示，选择需要使用的音频特效即可。可以在同一个音频轨道上添加多个特效并分别控制，如图 7-80 所示。

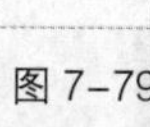

图 7–79

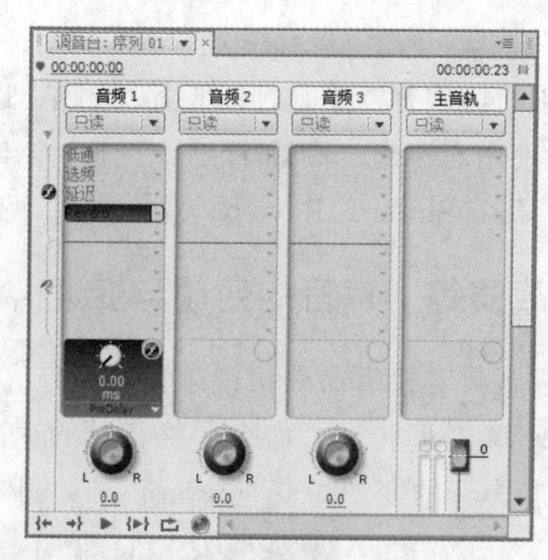

图 7–80

如果要调节轨道的音频特效，可以单击鼠标右键，在弹出的下拉列表中选择设置即可，如图 7-81 所示。在下拉列表中选择“编辑”命令，可以在弹出的特效设置对话框中进行更加详细的设置，图 7-82 所示为“Phaser”的详细调整窗口。

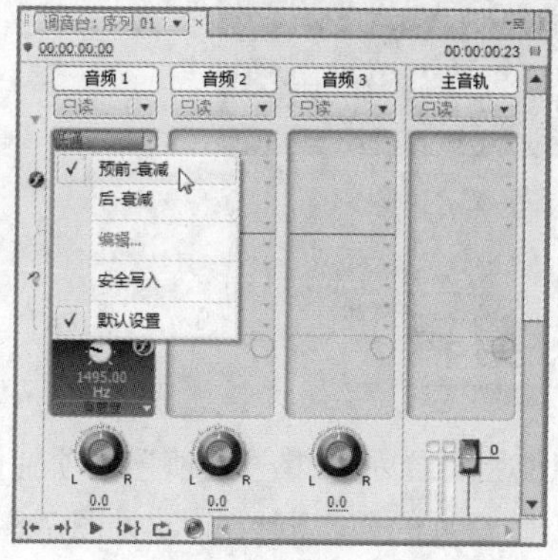

图 7–81

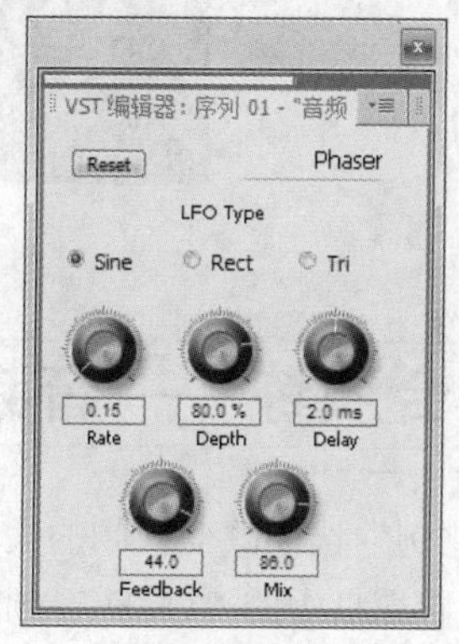

图 7–82

中等职业教育数字艺术类规划教材

8. 音频效果简介

◎ 5.1

在 5.1 音频文件下包含如下音频特效：选频、多功能延迟、Chorus、DeClicker、DeCrackler、DeEsser、DeHummer、DeNoiser、Dynamics、EQ、Flanger、Multiband Compressor、低通、低音、Phaser、PitchShifter、Reverb、Spectral Noise Reduction、去除指定频率、参数均衡、反相、声道音量、延迟、音量、高通和高音。

◎ Stereo

在立体声文件夹下面包含如下音频特效：选频、多功能延迟、Chorus、DeClicker、DeCrackler、DeEsser、DeHummer、DeNoiser、Dynamics、EQ、Flanger、Multiband Compressor、低通、低音、Phaser、PitchShifter、Reverb、平衡、Spectral NoiseReduction、使用右声道、使用左声道、互换声道、去除指定频率、参数均衡、反相、声道音量、延迟、音量、高通和高音。

◎ **单声道**

单声道文件夹下面包含如下音频特效：选频、多功能延迟、Chorus、DeClicker、DeCrackler、DeEsser、DeHummer、Dynamics、EQ、Flanger、Multiband Compressor、低通、低音、Phaser、Pitch Shifter、Reverb、Spectral Noise Reduction、去除指定频率、参数均衡、反相、延迟、音量、高通和高音。

用于轨道音频的特效有以下几种：平衡、选频、低音、声道音量、DeNoiser、延迟、Dynamics、EQ、使用左声道/使用右声道、高通/低通、反相、Multiband Compressor、多功能延迟、去除指定频率、参数均衡、PitchShifter、Reverb、互换声道、高音和音量。

7.2.4 【实战演练】声音的变调与变速

使用“解除视音频链接”命令将视频和音频分离；使用“平衡”命令调整音频的左右声道；使用“PitchShifter”（音调转换）命令调整音频的速度与音调。（最终效果参看光盘中的“Ch07\声音的变调与变速\声音的变调与变速.prproj”，见图 7-83。）

图 7–83

7.3 综合演练——音频的剪辑

使用“缩放比例”选项改变视频的大小；使用“显示轨道关键帧”选项制作音频的淡出与淡入。（最终效果参看光盘中的“Ch07\音频的剪辑\音频的剪辑.prproj”，见图 7-84。）

图 7-84

7.4 综合演练——音频的调节

使用“缩放比例”选项改变图像或视频文件的大小；使用“自动颜色”命令自动调整图像中的颜色；使用“色阶”命令调整图像的亮度对比度；使用“通道混合”命令调整多个通道之间的颜色；使用“剃刀”工具分割文件；使用“调音台”面板调整音频。（最终效果参看光盘中的“Ch07\音频的调节\音频的调节.prproj”，见图 7-85。）

图 7-85

第8章 文件输出

本章主要介绍 Premiere Pro CS4 与节目最终输出有关的编码器、输出的节目类型与格式，以及相关的参数设置。通过本章的学习，读者可以掌握渲染输出的方法和技巧。

课堂学习目标

- Premiere Pro CS4 可输出的文件格式
- 影片项目的预演
- 输出参数的设置
- 渲染输出各种格式文件

8.1 Premiere Pro CS4 可输出的文件格式

在 Premiere Pro CS4 中，可以输出多种文件格式，包括视频格式、音频格式、静态图像、序列图像等。

8.1.1 Premiere Pro CS4 可输出的视频格式

在 Premiere Pro CS4 中可以输出多种视频格式，常用的有以下几种。

（1）AVI：AVI（Audio Video Interleaved）是 Windows 操作系统中使用的视频文件格式，它的优点是兼容性好、图像质量好、调用方便，缺点是文件尺寸较大。

（2）动画 GIF：GIF 是动画格式的文件，可以显示视频运动画面，但不包含音频部分。

（3）Fic/Fli：支持系统的静态画面或动画。

（4）Filmstrip：电影胶片（也称为幻灯片影片），但不包括音频部分。该类文件可以通过 Photoshop 等软件进行画面效果处理，然后再导入到 Premiere Pro CS4 中进行编辑输出。

（5）QuickTime：用于 Windows 和 Mac OS 系统上的视频文件，适合于网上下载。该文件格式是由 Apple 公司开发的。

（6）DVD：DVD 是使用 DVD 刻录机及 DVD 空白光盘刻录而成的。

（7）DV：DV（Digital Video）是新一代数字录像带的规格，它具有体积小、时间长的优点。

8.1.2 Premiere Pro CS4 可输出的音频格式

在 Premiere Pro CS4 中可以输出多种音频格式，其主要输出的音频格式有以下几种。

（1）WAV：WAV（Windows Media Audio）音频文件是一种压缩的离散文件或流式文件。它

采用的压缩技术与 MP3 压缩原理近似，但它并不削减大量的编码。WMA 最主要的优点是，它可以在较低的采样率下压缩出近于 CD 音质的音乐。

（2）MPEG：MPEG（Moving Picture Experts Group）即动态图像专家组，创建于 1988 年，专门负责为 CD 建立视频和音频标准。

（3）MP3：MP3 是 MPEG Audio Layer3 的简称，它能够以高音质，低采样率对数字音频文件进行压缩。

此外，Premiere Pro CS4 还可以输出 DV AVI、Real Media 格式的音频。

8.1.3 Premiere Pro CS4 可输出的图像格式

在 Premiere Pro CS4 中可以输出多种图像格式，其主要输出的图像格式有以下几种。

（1）静态图像格式：Film Strip、FLC/FLI、Targa、TIFF 和 Windows Bitmap。

（2）序列图像格式：GIF 序列、Targa 序列和 Windows Bitmap 序列。

8.2 影片项目的预演

影片预演是视频编辑过程中对编辑效果进行检查的重要手段，它实际上也属于编辑工作的一个部分。影片预演分为两种，一种是实时预演，另一种是生成预演。下面分别进行介绍。

8.2.1 影片实时预演

实时预演也称为实时预览，即平时所说的预览。具体操作步骤如下。

步骤 1 影片编辑制作完成后，在“时间线”面板中将时间标记移动到需要预演的片段开始位置，如图 8-1 所示。

步骤 2 在“节目”窗口中单击“播放/停止切换（Space）”按钮▶，系统开始播放节目，在“节目”窗口中预览节目的最终效果，如图 8-2 所示。

图 8-1

图 8-2

从上面的操作可以看出，进行实时预演的操作很简单，只需要设置预演开始的时间点，然后直接单击“播放/停止”按钮即可对制作效果预览。然而，如果在“时间线”面板叠加了较多的视频轨道且应用了较多的视频特效时，播放画面会出现停顿和跳跃。这是因为影片实时预演是计算机的显卡对画面的实时渲染，画面的平滑程度取决于计算机的硬件设备性能，在这里显卡的性能是关键。

8.2.2 生成影片预演

与实时预演不同的是，生成影片预演不是使用显卡对画面进行实时渲染，而是计算机的 CPU 对画面进行运算，先生成预演文件，然后再播放。因此，生成影片预演取决于计算机 CPU 的运算能力，生成预演播放的画面是平滑的，不会产生停顿或跳跃，所表现出来的画面效果和渲染输出的效果是完全一致的。具体操作步骤如下。

步骤 1 影片编辑制作完成以后，在“时间线”面板中拖曳工具区范围条的两端，以确定要生成影片预演的范围，如图 8-3 所示。

步骤 2 选择“序列 > 渲染工作区内的效果”命令，系统将开始进行渲染，并弹出“正在渲染”对话框显示渲染进度，如图 8-4 所示。

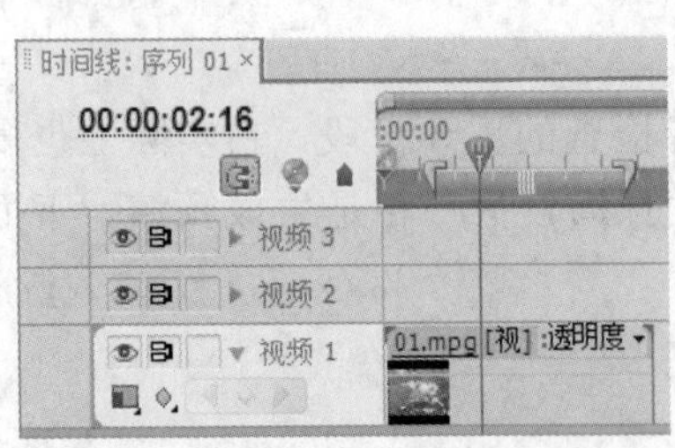

图 8–3

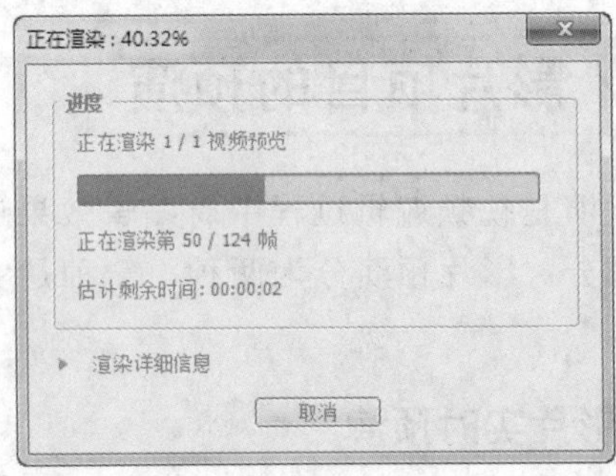

图 8–4

步骤 3 渲染结束后，系统会自动播放该片段，在“时间线”面板中，预演部分将会显示绿色线条，其他部分则保持为红色线条，如图 8-5 所示。

提 示 在渲染对话框中单击“渲染详细信息”选项前面的按钮，展开此选项区域，可以查看渲染的时间，磁盘剩余空间等信息，如图 8-6 所示。

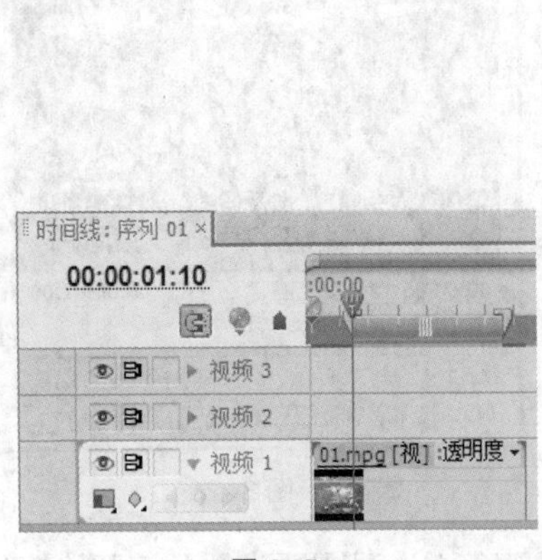

图 8–5

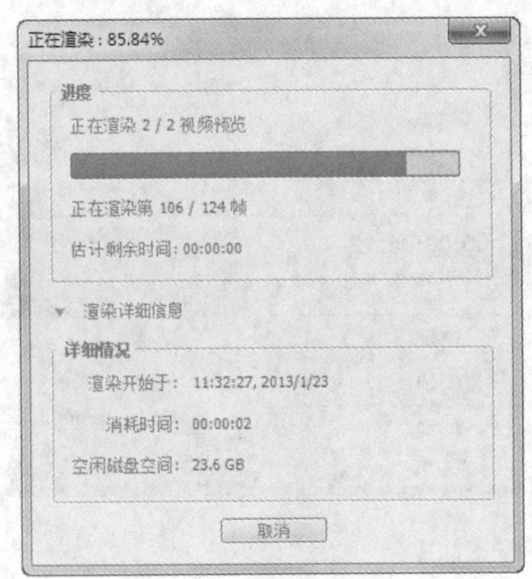

图 8–6

步骤 4 如果用户先设置了预演文件的保存路径，就可在计算机的硬盘中找到预演生成的临时文件，如图 8-7 所示。双击该文件，则可以脱离 Premiere Pro CS4 程序进行播放，如图 8-8 所示。

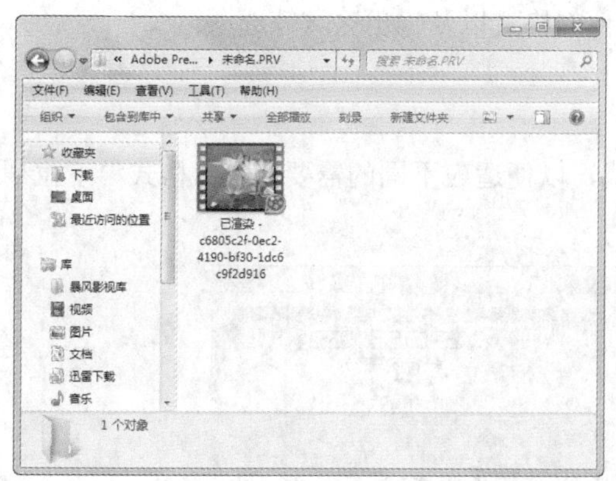

图 8-7

图 8-8

生成的预演文件可以重复使用，用户下一次预演该片段时会自动使用该预演文件。在关闭该项目文件时，如果不进行保存，预演生成的临时文件会自动删除；如果用户在修改预演区域片段后再次预演，就会重新渲染并生成新的预演临时文件。

8.3 输出参数的设置

在 Premiere Pro CS4 中，既可以将影片输出为用于电影或电视中播放的录像带，也可以输出为通过网络传输的网络流媒体格式，以及输出为可以制作 VCD 或 DVD 光盘的 AVI 文件等。但无论输出的是何种类型，在输出文件之前，都必须合理地设置相关的输出参数，才能使输出的影片达到理想的效果。下面以输出 AVI 格式为例，介绍输出前的参数设置方法，其他格式类型的输出设置与此类型基本相同。

8.3.1 输出选项

影片制作完成后即可输出，在输出影片之前，可以设置一些基本参数。其具体操作步骤如下。

步骤 1 在“时间线”面板选择需要输出的视频序列，然后选择“文件 > 导出 > 媒体”命令，在弹出的对话框中进行设置，如图 8-9 所示。

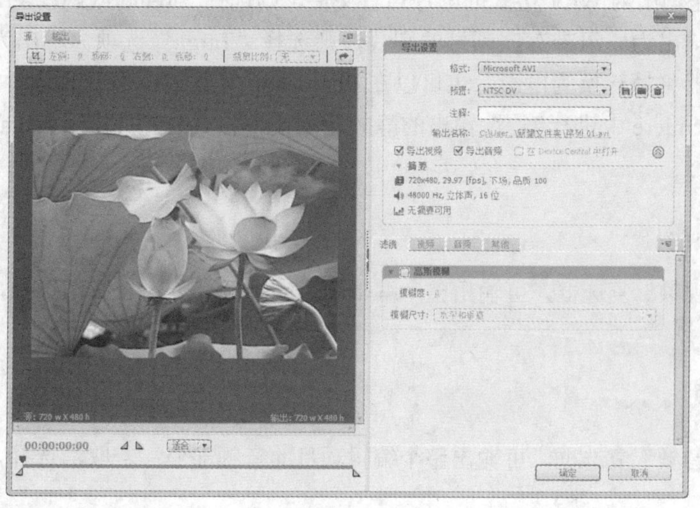

图 8-9

中等职业教育数字艺术类规划教材

步骤 2 在对话框中的右侧的选项区域中设置文件的格式以及输出区域等选项。

1. 文件类型

用户可以将输出的数字电影设置为不同的格式，以便适应不同的需要。在“格式”下拉列表中，可以输出的媒体格式如图 8-10 所示。

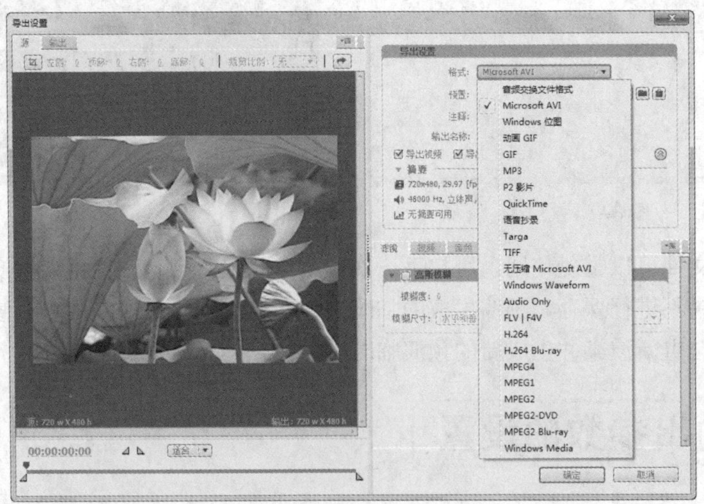

图 8–10

在 Premiere Pro CS4 中默认的输出文件类型或格式主要有以下几种。

（1）如果要输出为基于 Windows 操作系统的数字电影，则选择“Microsoft AVI”（Windows 格式的视频格式）选项。

（2）如果要输出为基于 Mac OS 操作系统的数字电影，则选择“QuickTime”（MAC 视频格式）选项。

（3）如果要输出 GIF 动画，则选择“Animated GIF”选项，即输出的文件连续存储了视频的每一帧，这种格式支持在网页上以动画形式显示，但不支持声音播放。若选择“GIF”选项，则只能输出为单帧的静态图像序列。

（4）如果只是输出为 WAV 格式的影片声音文件，则选择“Windows Waveform”选项。

（5）如果要输出为一组带有序列号的图片，则选择“Targa”选项。输出为序列图片后，可以使用胶片记录器将帧转换为电影，也可以在 Photoshop 等其他图像处理软件中编辑序列图片，然后再导入到 Premiere 中进行编辑。输出的静帧序列文件格式包括 TIFF、Targa、GIF 和 Windows 位图。

2. 输出视频

勾选“导出视频”复选框，可输出整个编辑项目的视频部分；若取消选择，则不能输出视频部分。

3. 输出音频

勾选“导出音频”复选框，可输出整个编辑项目的音频部分；若取消选择，则不能输出音频部分。

8.3.2 “视频”选项区域

在“视频”选项区域中，可以为输出的视频指定使用的格式、品质以及影片尺寸等相关的选择项参数，如图 8-11 所示。

“视频”选项区域中各主要选项含义如下。

视频编解码器：通常视频文件的数据量很大，为了减少所占的磁盘空间，在输出时可以对文件进行压缩。单击该选项右侧的按钮，在弹出的下拉列表中选择需要的压缩方式，如图 8-12 所示。

品质：设置影片的压缩品质，通过拖动品质的百分比来设置。

宽度/高度：设置影片的尺寸。我国使用 PAL 制，选择 720×576。

帧速率：设置每秒播放画面的帧数，提高帧速度会使画面播放得更流畅。如果将文件类型设置为 Microsoft DV AVI，那么 DV PAL 对应的帧速是固定的 29.97 和 25；如果将文件类型设置为 Microsoft AVI，那么帧速可以选择从 1～60 的数值。

场类型：设置影片的场扫描方式，有上场、下场和无场 3 种方式。

纵横比：设置视频制式的画面比。单击该选项右侧的按钮，在弹出的下拉列表中选择需要的选项，如图 8-13 所示。

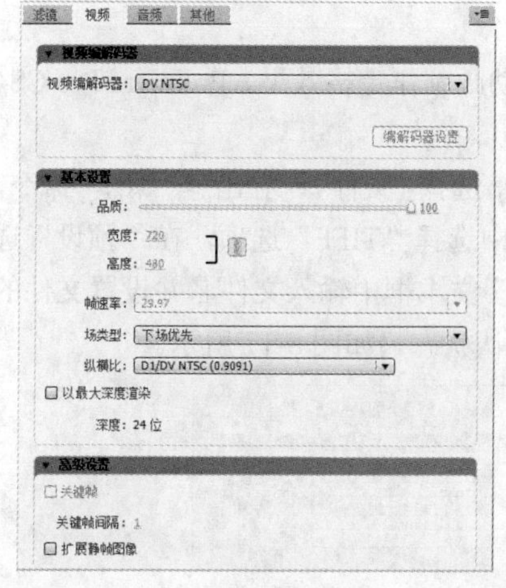

图 8–11

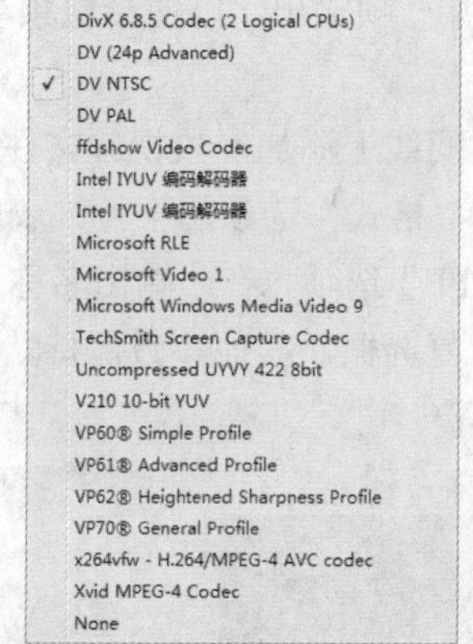

图 8–12

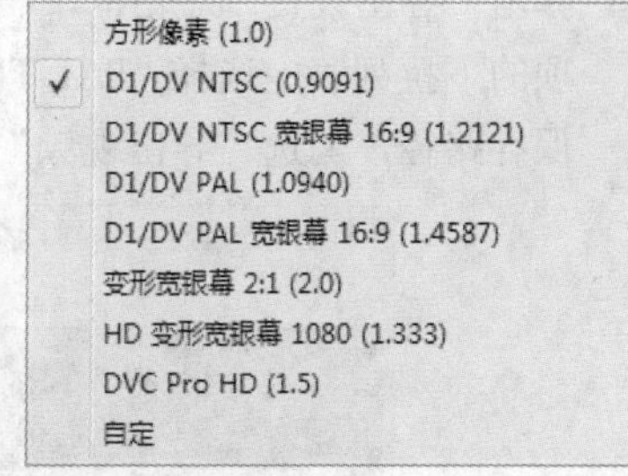

图 8–13

8.3.3 “音频”选项区域

在“音频”选项区域中，可以为输出的音频指定使用的压缩格式、采用速率以及量化指标等相关的选项参数，如图 8-14 所示。

“音频”选项区域中各主要选项的含义如下。

音频编码：为输出的音频选项选择合适的压缩方式进行压缩。Premiere Pro CS4 默认的选项是“无压缩”。

采样率：设置输出节目音频时所使用的采样速率，如图 8-15 所示。采样速率越高，播放质量越好，但所需的磁盘空间越大，占用的处理时间越长。

样本类型：设置输出节目音频时所使用的声音量化倍数，最高要提供 32 位比特数。一般地，要获得较好的音频质量就要使用较高的量化位数，如图 8-16 所示。

声道：在该选项的下拉列表中可以为音频选择单声道或立体声。

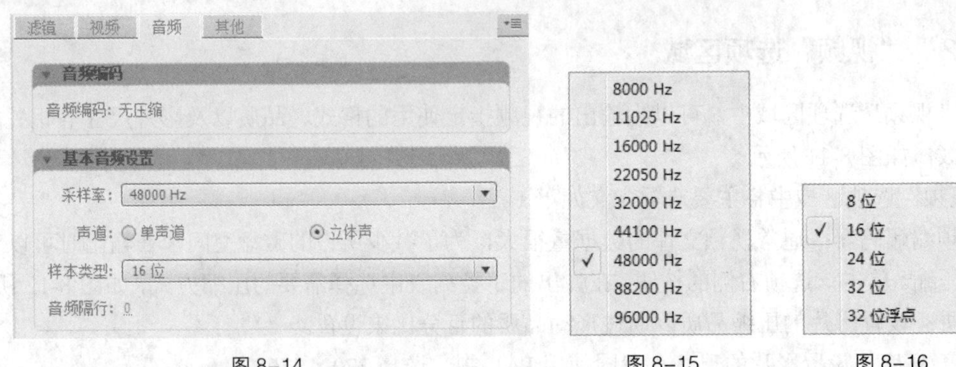

图 8–14　　图 8–15　　图 8–16

8.4 渲染输出各种格式文件

Premiere Pro CS4 可以渲染输出各种格式文件，从而使视频剪辑更加方便灵活。下面重点介绍各种常用格式文件的渲染输出方法。

8.4.1 输出单帧图像

在视频编辑中，可以将画面的某一帧输出，以便给视频动画制作定格效果。Premiere Pro CS4 中输出单帧图像的具体操作步骤如下。

步骤 1 在 Premiere Pro CS4 的时间线上添加一段视频文件，选择“文件 > 导出 > 媒体”命令，弹出“导出设置”对话框，在“格式”选项的下拉列表中选择“TIFF”选项，在“预设”选项的下拉列表中选择“PAL TIFF”选项，在“输出名称”文本框中输入文件名并设置文件的保存路径，勾选“导出视频”复选框，其他参数保持默认状态，如图 8-17 所示。

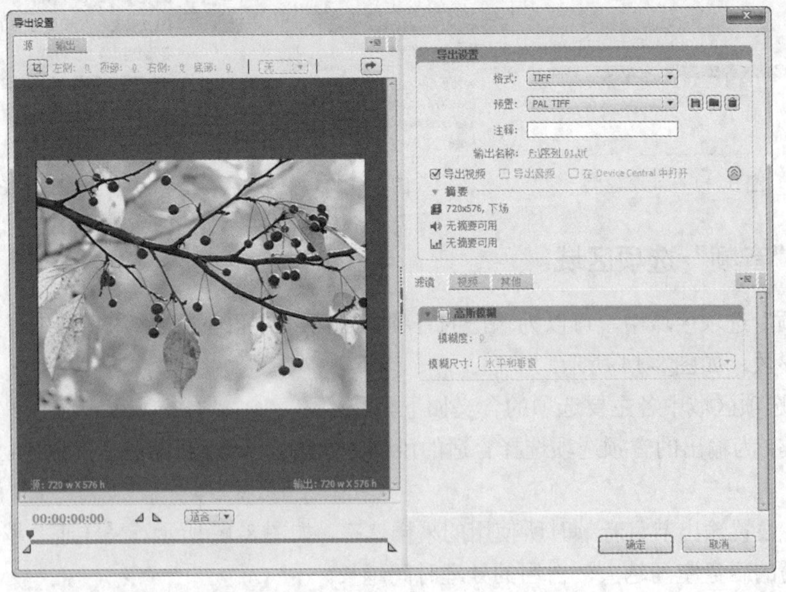

图 8–17

步骤 2 单击“确定”按钮，打开“Adobe Media Encoder”窗口，然后单击右侧的“开始队列”按钮渲染输出视频，如图 8-18 所示。

输出单帧图像时，最关键的是时间指针的定位，它决定了单帧输出时的图像内容。

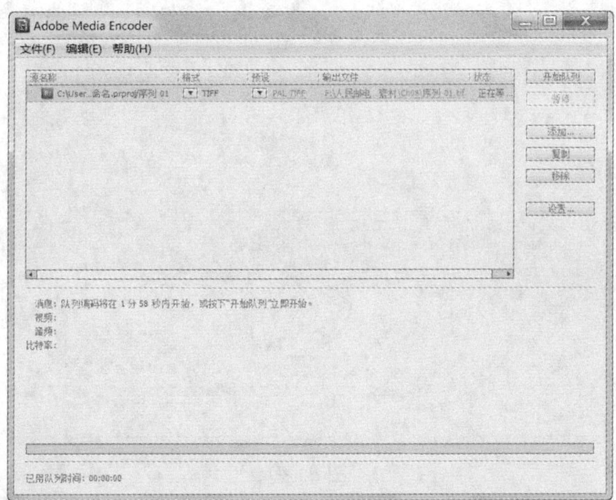

图 8–18

8.4.2 输出音频文件

Premiere Pro CS4 可以将影片中的一段声音或影片中的歌曲制作成音乐光盘等文件。输出音频文件的具体操作步骤如下。

步骤 1 在 Premiere Pro CS4 的时间线上添加一个有声音的视频文件或打开一个有声音的项目文件，选择“文件 > 导出 > 媒体”命令，弹出“导出设置”对话框，在“格式”选项的下拉列表中选择“MP3”选项，在“预设”选项的下拉列表中选择“MP3 128kbps”选项，在“输出名称”文本框中输入文件名并设置文件的保存路径，勾选“导出音频”复选框，其他参数保持默认状态，如图 8-19 所示。

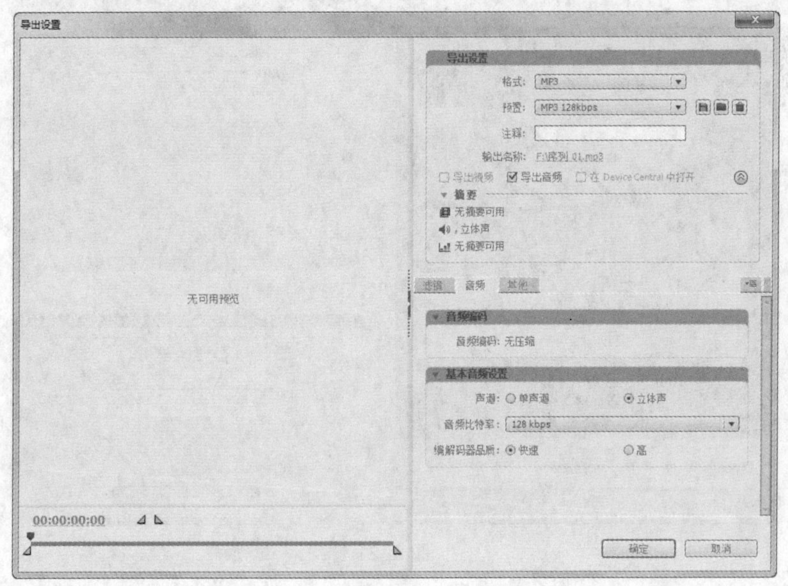

图 8–19

步骤 2 单击“确定”按钮，打开“Adobe Media Encoder”窗口，然后单击右侧的“开始队列”按钮渲染输出音频，如图 8-20 所示。

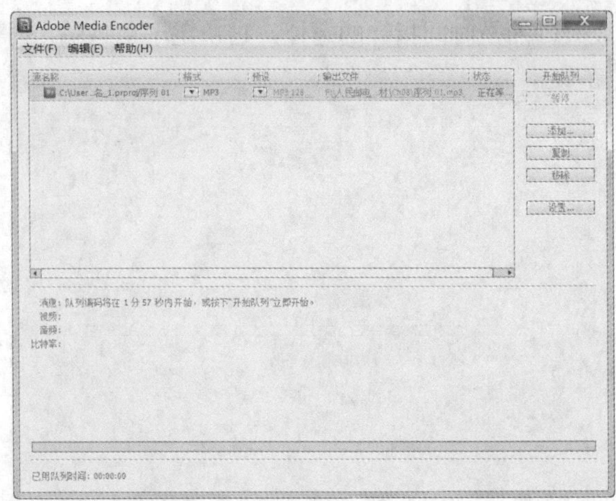

图 8–20

8.4.3 输出整个影片

输出影片是最常用的输出方式。它将编辑完成的项目文件以视频格式输出，可以输出编辑内容的全部或者某一部分，也可以只输出视频内容或者只输出音频内容，一般将全部的视频和音频一起输出。

下面以 Microsoft AVI 格式为例，介绍输出影片的方法，其具体操作步骤如下。

步骤 1 选择“文件 > 导出 > 媒体”命令，弹出“导出设置”对话框。

步骤 2 在“格式”选项的下拉列表中选择“Microsoft AVI”选项。

步骤 3 在“预设”选项的下拉列表中选择“PAL DV”选项，如图 8-21 所示。

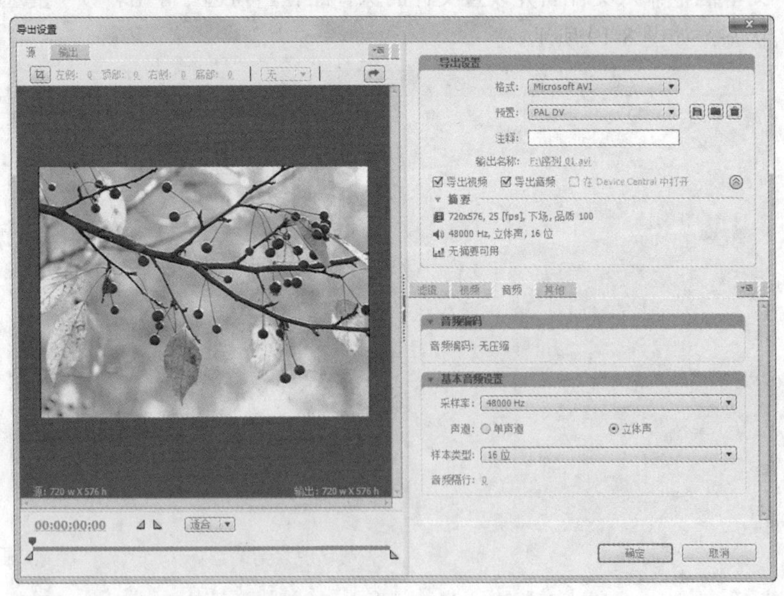

图 8–21

步骤 4 在“输出名称”文本框中输入文件名并设置文件的保存路径，勾选“导出视频”复选框和“导出音频”复选框。

步骤 5 设置完成后，单击“确定”按钮，打开“Adobe Media Encoder”窗口，单击右侧的“开

始队列”按钮渲染输出视频，如图 8-22 所示。渲染完成后，即可生成所设置的 AVI 格式影片。

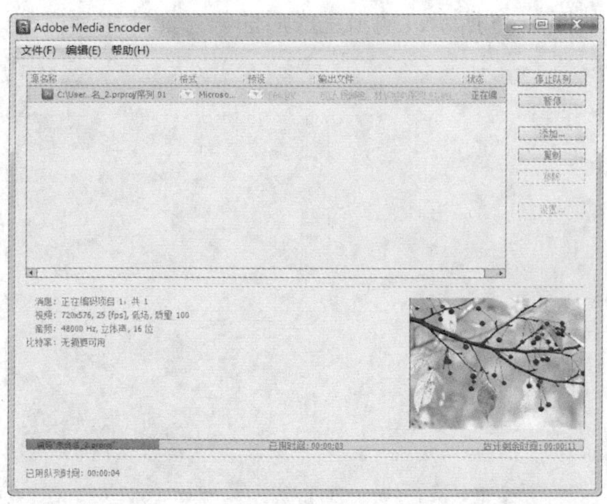

图 8-22

8.4.4 输出静态图片序列

在 Premiere Pro CS4 中，可以将视频输出为静态图片序列。也就是说，将视频画面的每一帧都输出为一张静态图片，这一系列图片中的每一张都具有一个自动编号。这些输出的序列图片可用于 3D 软件中的动态贴图，并且可以移动和存储。

输出图片序列的具体操作步骤如下。

步骤 1 在 Premiere Pro CS4 的时间线上添加一段视频文件，设定只输出视频的一部分内容，如图 8-23 所示。

步骤 2 选择“文件 > 导出 > 媒体”命令，弹出“导出设置”对话框，在“格式”选项的下拉列表中选择“TIFF”选项，在“输出名称”文本框中输入文件名并设置文件的保存路径，勾选“导出视频”复选框，在“视频”扩展参数面板中必须勾选“导出为序列”复选框，其他参数保持默认状态，如图 8-24 所示。

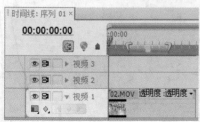

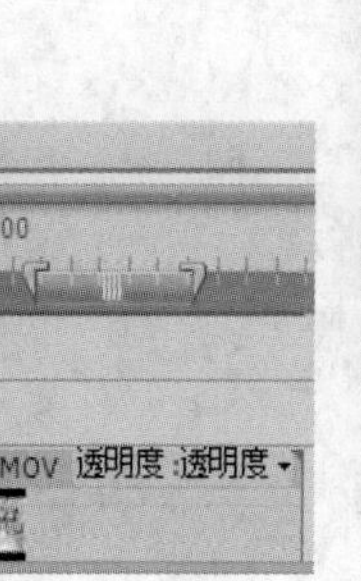

图 8-23

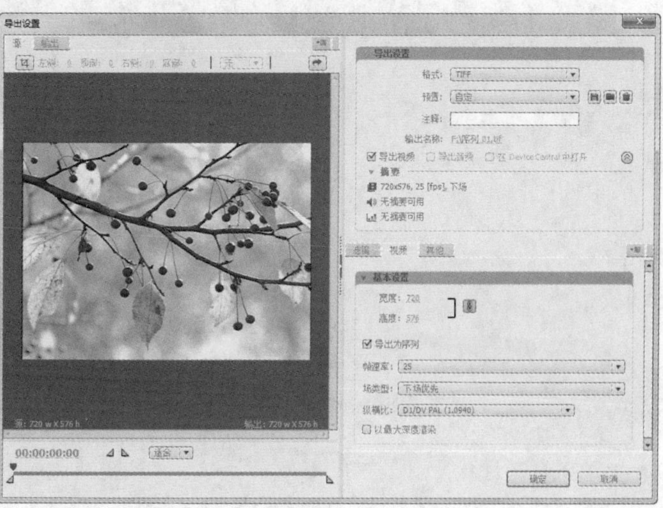

图 8-24

步骤 3 单击“队列”按钮，打开“Adobe Media Encoder”窗口，单击右侧的“开始队列”按钮渲染输出视频，如图 8-25 所示。输出完成后的静态图片序列文件如图 8-26 所示。

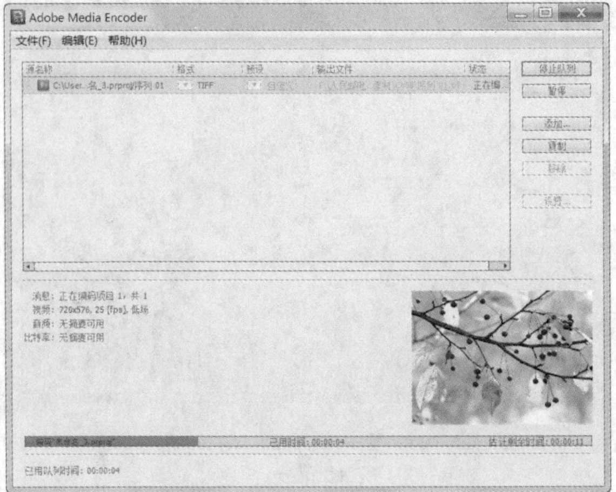

图 8-25

图 8-26